技術士第一次試験

「機械部門」

合格への厳選100問

合否を決める信頼の1冊！

大原良友[著]

第5版

日刊工業新聞社

JN092534

はじめに

　2011年4月20日に本書の初版を発行しましたが、この本の出版に際しての命題は以下の内容でした。

- ・問題数は量より質を重視して、詳細に解説すること。
- ・過去に繰り返し出題された技術項目を重点的に取り入れること。
- ・わかりやすく解説するために、式の導入も含めて基本となる内容を記載すること。
- ・各問題を2ページ見開きでまとめて、技術項目ごとに見やすく完結すること。（結果として3ページ以上になったものもあります）

　その後改訂第2版から第4版を発行しましたが、このたび、令和元年度から令和3年度までの3年間で出題された問題を新しく取り入れた、改訂第5版を発行することになりました。

　本書は、弊著『技術士第一次試験「機械部門」専門科目　受験必修テキスト』の実践書として、具体的に過去問題を解く手順と考え方を記載することを主眼としています。

　なお、平成25年度の技術士試験制度の改正に際して、択一式問題については過去問題を活用する、という方針があるようですのでこれも考慮した内容にしています。

　基本的なコンセプトは初版〜第4版と同じで、「量より質」を重視して試験問題として繰り返し出題されている技術項目を厳選して、問題を選定しています。また、基礎知識が習得できるようにその詳細は解説として説明し、それに対応した解き方を記載しています。基礎知識が理解できれば、応用問題も解けると思います。

　本書の初版発行後に実施された平成23年度から令和3年度までの試験では、本書で解説した問題および練習問題と同じあるいは類似する試験問題が多数出題されていました。そのため、本書と弊著の必修テキストによりしっかりと勉強した方は、合格レベルの点数が取れた（はず）と思っています。これから受験される方々も本書で勉強すれば、専門科目の合格点が取れると確信しています。

　最初に次ページに記載した「この本の使い方」を読んでから、過去問題を解いてください。また、本書と合わせて必修テキストも活用していただければ幸いです。

2022年2月

大　原　良　友

この本の使い方

　本書は、機械部門の専門科目に特化しているため、技術士第一次試験の一般的な内容は概要のみ記載しています。詳細を知りたい受験者は、公益社団法人日本技術士会（以下では、日本技術士会とします）のホームページあるいはそれが詳細に記載された参考書により確認してください。

　ここでは、以下に本書の使い方を記載します。

1. まずは、第1章の技術士第一次試験の概要と、機械部門の専門科目の出題傾向、出題範囲と対策を読んで確認してください。

2. 次に、各科目の過去問題を自分で解いてみてください。そのときには、わからない問題でも初めから解説と解き方を見ないで解いてみてください。なお、取り上げた問題は、カギかっこで出題された年度と問題番号を明記してあります。

　　　注記：解説で説明する技術用語は、日本機械学会発行の『JSMEテキストシリーズ』に記載されているものに合わせました。ただし、問題および練習問題に記載した技術用語は、実際に出題された過去問題と同じものとしてあります。そのため、出題された問題の用語と解説の用語が異なる場合があります。

3. 受験会場に持ち込み可能な電卓は、「四則演算（＋−×÷）、平方根（√）、百分率（％）及び数値メモリのみ有するものに限る」と制限されています。関数電卓やプログラム機能を有しているものの使用は認められていません。

　　　実際に試験会場に持ち込む予定の電卓を使用して問題を解いてください。

　　　注記：以前は関数電卓が持ち込めたために、第2章以降に掲載した過去問題によっては関数計算が必要となる場合があります。その場合は、著者が必要な関数値を追記してあります、なお、近年の問題で関数計算が必要な場合には、数値が問題文として与えられています。

4. 自分で解いた結果と解答が合っていない場合には、解説と解き方を見て
　どこが間違っているのかを確認してください。それを繰り返すことによっ
　て、不得意な科目がわかります。

5. 不得意な科目については、解説を読んで公式などの重要事項を勉強して
　ください。それでも理解できない場合は、教科書的なテキストが多数発行
　されていますので、それを参考にして重点的に勉強してください。紙面の
　都合で教科書のような詳細は、解説できていないものもあります。詳しく
　勉強したい方は、各科目の教科書を巻末資料—1に記載したので参照して
　ください。

6. その後で、再び本書に記載された過去問題を解いてみてください。また、
　練習問題に取り組んでください。練習問題は、各問題の解き方の後に記載
　しました。これも初めは解き方と解答を見ないで自分で解いてみてくださ
　い。なお、過去問題を活用するという方針があるようですので、練習問題
　は過去問題を多く採用することにしました。その場合、出題された年度と
　問題番号をカギかっこで明記してあります。この記載がないものは、筆者
　が考えた問題です。

7. 練習問題を解いた後で解き方と解答により確認してください。間違って
　いた問題については、本文の解説あるいは教科書的なテキストで基本とな
　る事項を再度確認してください。

8. それでもまだ勉強する時間が取れる受験者は、日本技術士会のホーム
　ページに掲載されている過去問題を解く練習をしてください。

目　　次

第3章　機械力学・制御の問題 ……………… *93*

第4章　熱工学の問題 ……………… *155*

第5章　流体工学の問題 …………………………… *213*

第6章　難解な問題例（付録）…………………………… *261*

第7章　練習問題の解き方と解答 …………………… *271*

第1章

技術士第一次試験について

1. 技術士第一次試験の概要

（1）技術士とは

技術士制度は、日本技術士会で発行している『技術士制度について』という冊子の冒頭で、次のように示しています。

> 『技術士制度は、文部科学省が所管する「科学技術に関する技術的専門知識と高等の応用能力及び豊富な実務経験を有し、公益を確保するため、高い技術者倫理を備えた、優れた技術者」の育成を図るための国による技術者の資格認定制度です。』

また、現在の技術士制度の目的は、技術士法の第1条に次のように明記されています。

> 「この法律は、技術士等の資格を定め、その業務の適正を図り、もって科学技術の向上と国民経済の発展に資することを目的とする。」

次に、技術士とはどのような資格であるのか、について説明しますと、その内容が技術士法第2条に次のように定められています。

> 「技術士とは、登録を受け、技術士の名称を用いて、科学技術（人文科学のみに係るものを除く。）に関する高等の専門的応用能力を必要とする事項についての計画、研究、設計、分析、試験、評価又はこれらに関する指導の業務（他の法律においてその業務を行うことが制限されている業務を除く。）を行う者をいう。」

技術士になるためには、技術士第二次試験に合格してから、登録を受ける必要があります。技術士第二次試験は、受験者が技術士となるのに適切であるかどうかを選別するために行う国家試験です。

（2）技術士第二次試験の受験資格

技術士第二次試験の受験資格は、以下のいずれかの要件と実務経験の年数が必要です。

　①技術士第一次試験合格者

　②技術士補登録者

③日本技術者教育認定機構（JABEE）認定コースの修了者

　このように、JABEE認定コースの修了者は、技術士第一次試験に合格しなくても終了後の業務経験年数が規定に達すれば、技術士第二次試験を受験することができます。そのため、将来の技術士第二次試験の受験者は、JABEE認定コースの修了者が多くなると予想されます。しかしながら、JABEE認定コースの修了者以外の受験者が技術士第二次試験を受験する場合には、技術士第一次試験に合格することが必須条件となります。

(3) 技術士第一次試験の試験科目

　受験資格については、年齢、学歴、業務経歴等による制限は一切ありません。

　試験は、以下の3科目についての試験が行われます。

　平成25年度の試験から、それまでにあった「共通科目」試験が廃止されて、基礎科目に統合されました。

　解答方式は、全科目で5肢択一式のマークシート方式となっています。

①基礎科目：

　　科学技術全般にわたる基礎知識を問う問題です。出題内容は、4年制大学の自然科学系学部の専門教育程度です。試験時間は、1時間です。

　　以下の1）〜5）の分野から、それぞれ6問題で計30問が出題されて、受験者は各分野から3問ずつを選択して、合計15問を解答します。配点は、1問1点で15点です。

　　　1）設計・計画に関するもの［設計理論、システム設計、品質管理等］

　　　2）情報・論理に関するもの［アルゴリズム、情報ネットワーク等］

　　　3）解析に関するもの［力学、電磁気学等］

　　　4）材料・化学・バイオに関するもの［材料特性、バイオテクノロジー等］

　　　5）環境・エネルギー・技術に関するもの［環境、エネルギー、技術史等］

②適性科目：

　　技術士法第四章に規定された「技術士等の義務」の遵守に関する適性を問う問題です。試験時間は、1時間です。

　　15問題が出題されて、受験者は全問を解答します。配点は、1問1点で15点です。

③専門科目：

　　20ある技術部門（機械、電気電子、化学、建設など）の中から、あらかじめ選択する1技術部門に係わる基礎知識及び専門知識を問う問題です。出題内容は、4年制大学の自然科学系学部の専門教育程度です。各技術部門とも35問題出題されて、受験者はその中から25問題を選択して解答します。試験時間は、2時間です。配点は、1問2点で50点です。

（4）技術士第一次試験の合否基準

合否決定基準は、令和3年度技術士試験として文部科学省から発表された資料によれば、以下のとおりとなっています。

① 　基礎科目の得点が50%以上であること。
② 　適性科目の得点が50%以上であること。
③ 　専門科目の得点が50%以上であること。

（5）技術士第一次試験の機械部門の合格率

日本技術士会の統計資料によれば、平成16年度から令和3年度までの技術士第一次試験の合格者は、機械部門と全技術部門の合計で表1.1に示すとおりの数値になっています。

出題範囲が明確であることから、基本的な知識や公式などを教科書や受験対策テキストでしっかりと勉強して、また、本書により実際に問題を解くことをすれば受験者の皆様が合格に近づくものと確信しています。

表1.1　技術士第一次試験の受験者と合格率

年　度	部　門	受験申込者数（人）	受験者数（人）	合格者数（人）	対受験者合格率（%）
平成 16 年度	機械部門	1,941	1,486	1,125	75.7
	部門全体の合計	55,351	43,968	22,978	52.3
平成 17 年度	機械部門	2,219	1,781	853	47.9
	部門全体の合計	44,511	36,556	10,063	27.5
平成 18 年度	機械部門	2,326	1,780	1,026	57.6
	部門全体の合計	40,689	32,183	9,707	30.2
平成 19 年度	機械部門	2,231	1,779	1,128	63.4
	部門全体の合計	34,150	27,628	14,849	53.7
平成 20 年度	機械部門	2,291	1,777	1,247	70.2
	部門全体の合計	29,398	23,651	8,383	35.4
平成 21 年度	機械部門	2,771	2,237	1,129	50.5
	部門全体の合計	29,874	24,027	9,998	41.6
平成 22 年度	機械部門	2,775	2,211	1,228	55.5
	部門全体の合計	27,297	21,656	8,017	37.0
平成 23 年度	機械部門	2,546	2,015	639	31.7
	部門全体の合計	22,745	17,844	3,812	21.4
平成 24 年度	機械部門	2,546	1,931	1,268	65.7
	部門全体の合計	22,178	17,188	10,881	63.3
平成 25 年度	機械部門	2,415	1,907	844	44.3
	部門全体の合計	19,317	14,952	5,547	37.1
平成 26 年度	機械部門	2,630	1,944	1,141	58.7
	部門全体の合計	21,514	16,091	9,851	61.2
平成 27 年度	機械部門	2,706	2,141	1,233	57.6
	部門全体の合計	21,780	17,170	8,693	50.6
平成 28 年度	機械部門	2,748	2,205	1,228	55.7
	部門全体の合計	22,371	17,561	8,600	49.0
平成 29 年度	機械部門	2,590	2,080	1,036	49.8
	部門全体の合計	22,425	17,739	8,658	48.8
平成 30 年度	機械部門	2,446	1,884	656	34.8
	部門全体の合計	21,228	16,676	6,302	37.8
令和元年度	機械部門	2,514	908	448	49.3
	部門全体の合計	22,073	9,337	4,537	48.6
令和 2 年度	機械部門	2,093	1,573	877	55.8
	部門全体の合計	19,008	14,594	6,380	43.7
令和 3 年度	機械部門	2,400	1,752	599	34.2
	部門全体の合計	22,753	16,977	5,313	31.3

出典：日本技術士会のホームページより抜粋

（6）技術士第一次試験の受験のお勧め

　上記に記載したように、技術士第一次試験の出題内容は、4年制大学の自然科学系学部の専門教育程度となっています。

　そのため、将来技術士を目指している技術者は、大学卒業後のなるべく早い時期に技術士第一次試験の受験をお勧めします。その理由は、年齢が上がるごとに大学で勉強した専門的基礎知識の記憶が薄れていくこと、および、業務が多忙となり受験勉強をする時間が少なくなるためです。

　なお、技術士第一次試験合格後に第二次試験を受験する場合には、第一次試験で合格した技術部門と異なる技術部門の第二次試験を受験することができます。

2.　機械部門の専門科目の出題傾向

（1）出題される専門科目の範囲

　平成16年度に「技術士第一次試験の科目」が改正されて発表されました。その改正により、機械部門の専門科目の範囲は、「材料力学、機械力学・制御、熱工学、流体工学」の4科目が明記されました。この内容は、現在も同じです。

　出題傾向は、機械工学の4力学である材料力学、機械力学、熱力学、流体力学からの出題が中心となっています。機械力学では、制御に関する問題も出題されています。これらの科目に加えて過去に機械設計、機械材料、機械要素、加工法からもいくつかの問題が出題されていましたが、ここ10年くらいは、ほとんど出題されていません。

　平成16年度までの問題数は30問題でしたが、平成17年度からの専門科目の出題問題数は35問題になっています。そのうち25問題を自由に選択して解答する内容となっています。なお、25問題を超えて解答すると失格となりますので、十分に注意してください。

　各科目からの出題数は、バランス良く配分されています。

　表1.2に平成16年度から令和3年度までの「科目ごとの出題問題数」を示します。

表1.2　科目ごとの出題問題数

年　　度	材料力学	機械力学・制御	熱工学	流体工学	その他
平成 16 年度	5	8 (2)	3	3	11
平成 17 年度	7	8 (4)	7	5	8
平成 18 年度	7	10 (3)	7	7	4
平成 19 年度	9	7 (2)	7	7	5
平成 20 年度	7	13 (6)	6	7	2
平成 21 年度	5	13 (6)	6	7	4
平成 22 年度	6	14 (7)	7	7	1
平成 23 年度	8	12 (6)	7	6	2
平成 24 年度	10	12 (6)	7	6	0
平成 25 年度	10	12 (4)	7	6	0
平成 26 年度	8	12 (4)	7	6	2
平成 27 年度	10	12 (4)	6	7	0
平成 28 年度	9	12 (4)	7	6	1
平成 29 年度	10	11 (4)	7	6	1
平成 30 年度	9	12 (4)	7	6	1
令和元年度	10	12 (4)	6	7	0
令和元年度（再）	10	12 (4)	6	7	0
令和 2 年度	9	12 (4)	7	6	1
令和 3 年度	10	12 (4)	6	7	0

注記　1　「機械力学・制御」の欄のカッコ内の数字は、制御の問題数を示します。
　　　2　「その他」は機械設計、機械材料、機械要素および加工法の合計を示します。

（2）出題形式

各問題の出題形式は、大きく分類すると以下の3つのタイプになります。

①タイプ1：計算問題

　　このタイプでは、実際に与えられた数値を計算してその結果の正しい値を選択して解答するものと、計算式を導入してそれを選択して解答するものの2種類があります。

②タイプ2：正誤の選択問題

　　正しい内容のもの、あるいは間違った内容のものを答えさせる問題です。

　　このタイプでは、文章問題と記号や用語の正誤を選択する問題の2種類があります。

　　文章問題では、記載された文章がいくつかあり、その中から正しい内容

7

あるいは誤った内容が記述されているものを選択して解答する問題です。また、文章ではなく記号や用語の正誤も同様に、記載された記号や用語の正誤について選択して解答する問題です。

③タイプ3：箱抜き用語の選択

　文章内の技術項目や単語を抜き、そこを穴埋めさせる文章の問題です。

　このタイプでは、問題文が記載されていて、その一部の技術項目や単語が箱抜きされた文章があります。この箱抜きされた部分に該当するものをいくつかの候補から選択して、解答する問題です。

なお、表1.3に平成16年度から令和3年度までの「出題形式ごとの問題数」を示します。ここで注目するのは、タイプ1の計算問題がここ数年間では約7割を占めていて、基礎的な計算式を知らないと解答できない問題が多いことです。今後も7割くらいは計算問題になると予想されますので、重要な基礎式は覚え

表1.3　出題形式ごとの問題数

年　　度	タイプ1 計算問題	タイプ2 正誤選択	タイプ3 箱抜き用語選択
平成 16 年度	13	17	0
平成 17 年度	21	14	0
平成 18 年度	23	11	1
平成 19 年度	25	7	3
平成 20 年度	21	11	3
平成 21 年度	21	9	5
平成 22 年度	21	11	3
平成 23 年度	24	10	1
平成 24 年度	26	6	3
平成 25 年度	25	8	2
平成 26 年度	26	8	1
平成 27 年度	30	4	1
平成 28 年度	24	7	4
平成 29 年度	26	6	3
平成 30 年度	29	6	0
令和元年度	28	7	0
令和元年度（再）	30	4	1
令和 2 年度	29	5	1
令和 3 年度	28	5	2

ておく必要があります。基礎式さえ理解していれば、複雑なものでも対応できますし、組合せ問題の式でも導くことが可能になります。

(3) 出題された技術項目

　表1.4に平成16年度から令和3年度までの「出題された問題の項目」を示します。

　また、巻末資料―2に平成16年度から令和3年度までに出題された技術項目を記載しておきますので参考にしてください。この表は、弊著『技術士第一次試験「機械部門」専門科目　受験必修テキスト　第4版』に掲載したものを更新したものです。

　これらの表からわかるように、毎年のように出題されている技術項目があります。このような項目を重点的に学習することにより、確実に得点を取れるように対応しておいてください。本書では、過去に多く出題された技術項目を厳選して、習得すべき基本的な内容と解答までの詳細な手順や考え方を解説します。

(4) 過去に出題された問題との関連

　平成25年度に技術士試験制度が改正されたときに、「はじめに」で記載したとおり「択一式問題については過去問題を活用する。」という方針が示されたようです。

　その実態を検証してみました。結果は、表1.5に平成25年度から令和3年度まで試験問題を「過去問題との関連」として示したとおりです。

　この表に記載したとおり、「過去問題と同じ問題」および「過去問題と類似の問題」が、平成27年度はやや少ないものの、過去9年間で半数以上になっています。言い換えれば、新規の問題はそれほど多くは出題されなかった、ということになります。

　この傾向からも、本書により過去問題を解く基礎をしっかりと勉強しておけば、合格できることがわかると思います。

（注記：「過去問題と同じ問題」には、全く同じ内容のものと、数値は異なるが解き方や計算式が全く同じ内容になるものを含めてあります。）

表1.4　出題された問題の項目（1/5）

問題番号	平成16年度	平成17年度	平成18年度	平成19年度
Ⅳ-1	金属材料の結晶構造	材料と材料力学の用語	長柱の座屈	引張荷重と許容応力
Ⅳ-2	材料の性質	疲労強度の改善方法	強度設計	自重による発生応力
Ⅳ-3	引張荷重、伸びと縦弾性係数	複合材料の縦弾性係数	材料力学の用語	柱の座屈荷重
Ⅳ-4	熱応力	応力集中と許容応力	組合せ応力	単純支持はりの曲げ応力
Ⅳ-5	組合せ応力	モールの応力円	片持ちはりの曲げ応力	組合せ応力
Ⅳ-6	曲げ応力	曲げ応力	熱応力	主応力と主せん断応力
Ⅳ-7	滑車の釣り合い	傾斜断面の応力	機械材料の用語	薄肉円筒
Ⅳ-8	完全弾性衝突	片持ちはりの曲げ応力	焼ばめの温度と応力	剛体振子の固有振動数
Ⅳ-9	並進運動と回転運動	自励振動	ばねの変位	1自由度粘性減衰振動系
Ⅳ-10	振動防止	1自由度ばね-質量系の固有振動数	回転剛体の角速度	固有振動数解析の手法
Ⅳ-11	ばね-質量系の減衰振動	力のモーメント	棒の慣性モーメント	ブロック線図と伝達関数
Ⅳ-12	回転体の運動	剛体の回転運動	剛体振り子の固有周期	フィードバック制御系の安定性
Ⅳ-13	ベルヌーイの式	フィードバック制御系の安定性	機械振動系の伝達関数	クランク-スライダ機構
Ⅳ-14	噴流が平板に及ぼす力	1自由度振動系の伝達関数	フィードバック制御系の安定性	回転体のふれ回り
Ⅳ-15	流体の損失と抵抗	倒立振子の安定性	ブロック線図と伝達関数	レイノルズの相似則
Ⅳ-16	燃焼の理論空気量	制御系の過渡応答と安定性	機械の振動	流体の静水圧
Ⅳ-17	熱機関のサイクル	流体の圧力	1自由度ばね-質量系の固有振動数	円板に働く抗力
Ⅳ-18	熱交換器の熱通過率	流体の無次元数	円板の回転トルク	乱流
Ⅳ-19	電圧の分解能	二次元流れの連続の式	流れの無次元数	円管の圧力損失
Ⅳ-20	測定誤差	容器からの流出	よどみ点圧力	渦の運動
Ⅳ-21	長さの精密測定	管摩擦係数	カルマン渦	羽根車の必要トルク
Ⅳ-22	熱電対による温度計測	火花点火機関の出力向上	層流のせん断力	円管の熱伝導
Ⅳ-23	フィードバック制御	オットーサイクルの効率	平板の境界層	メタンの燃焼
Ⅳ-24	伝達関数の安定性	カルノーサイクルの効率	円管の圧力損失	カルノーサイクルの無効エネルギー
Ⅳ-25	JIS製図法	燃焼の理論空気量	ポンプの動力	スターリングサイクル
Ⅳ-26	機械要素	理想気体の特性	冷凍に必要な電力	熱交換器の伝熱面積
Ⅳ-27	引張強さと安全率	エントロピー変化	熱機関の最大効率	伝熱の形態
Ⅳ-28	キーの設計	熱伝達に関連した用語	カルノーエンジンの出力	バイオ燃料
Ⅳ-29	加工法	金属材料のJIS記号	エントロピー	電車の車軸の発生応力
Ⅳ-30	生産システム用語	プレス機械の容量	放射熱伝達と対流熱伝達	軸継手
Ⅳ-31	出題数は、30問題までとなっていて、以下の問題はない。	加工法	熱力学の基本と無次元数	ねじの強度
Ⅳ-32		工作機械の運動	熱通過	中実丸軸のねじり強さ
Ⅳ-33		信頼性設計	加工法	モータ軸の伝達動力
Ⅳ-34		生産工程の最適生産量	システムの信頼性	材料と材料力学の用語
Ⅳ-35		システムの故障率	生産工程の最適生産量	切削速度と工具寿命

表1.4 出題された問題の項目 (2/5)

平成20年度	平成21年度	平成22年度	平成23年度	平成24年度
熱応力	棒の引張応力と伸び	柱の座屈荷重	金属の引張試験	自重による丸棒の破断強さ
段付き棒の伸び	熱応力	片持ちばり	引張荷重と許容応力	段付き棒の伸び
柱の座屈荷重	中実丸軸のねじり強さ	断面係数	熱伸びと熱応力	中実丸軸のねじれ角
片持ちばりの曲げ応力	組合せ応力	組合せ応力	自重による段付棒の伸び	熱応力
鉄鋼材料の疲労強度	材料と材料力学の用語	材料と材料力学の用語	中実丸軸のねじれ角	トラス構造の軸荷重
伝達軸のキーの応力	力のモーメント	鉄鋼材料の変態と熱処理	はりの曲げ応力	単純支持はりの曲げ応力
中実丸軸のねじり強さ	一自由度の非減衰振動系	2自由度系の固有振動数	薄肉円筒容器の応力	組合せ応力
曲げとねじりを受ける軸の強度	回転する棒の運動エネルギー	共振	組合せ応力	応力集中と許容応力
鋼製ねじの強度	質点や剛体の慣性	滑車の運動	S-N曲線	棒の座屈応力
剛体振子の固有角振動数	回転する円板の制動トルク	はりの振動	材料力学の用語	断面係数
1自由度粘性減衰振動系の振幅倍率曲線	転がり振子	1自由度ばね-質量系の固有振動数	1自由度ばね-質量系の固有振動数	伝達関数の安定性
2自由度振動系の振動方程式	回転円板に働くトルク	慣性モーメント	1自由度振動系の応答	ブロック線図と伝達関数
カムの駆動トルク	フィードバック系ブロック線図	逆ラプラス変換	臨界減衰系	逆ラプラス変換
非線形振動	ブロック線図と伝達関数	ブロック線図	はりの振動	1自由度振動系の伝達関数
回転機械のロータ	制御系の安定性	伝達関数のグラフ表現	係数励振の事例	制御量
横振動するはりの支持条件	2次遅れ系の伝達関数	フィードバック制御	2自由度振動系の固有角振動数	伝達関数の周波数特性
一巡伝達関数ステップ応答の残留偏差	逆ラプラス変換	インディシャル応答	逆ラプラス変換	過減衰、不足減衰、臨界減衰
伝達関数の零点と極	状態方程式(2変数の制御)	ステップ応答の定常位置偏差	ブロック線図	はりの振動
ブロック線図と伝達関数	転がり軸受の特徴	片持ちばりのSFDとBMD	ランプ応答、インパルス応答、インディシャル応答	棒の慣性モーメント
フィードバック制御系の安定性	滑り軸受の設計	閉ループ系の安定性	フィードバック制御	共振
逆ラプラス変換	歯車列の回転速度	抗力	伝達関数を用いた応答	並進運動と回転運動
制御工学の線図	ねじの原理	ばね定数	フィードバック制御系の特性根	1自由度ばね-質量系の固有振動数
円管内の粘性流体の流れ	円管内の層流流れ	熱サイクル図	熱に関連するSI単位	熱に関連するSI単位
シリンダ内の圧力	ジェットエンジンの推力	熱抵抗	エントロピー	蒸気タービンの出力
マノメータによる圧力の測定	ピストンの圧力	エンタルピーと仕事	可逆断熱圧縮	理想気体の状態変化
強制渦	球に働く抗力	ふく射伝熱	熱伝達率	カルノーサイクルの出力と廃熱
噴流が平板に及ぼす力	水車の動力	冷凍機の成績係数	熱流体の無次元数	燃焼の理論空気量
流れの相似則(貯水槽の排水)	境界層の厚み	エントロピー変化量	エントロピー変化量	蒸気タービンサイクル
ピトー管	レイノルズ数	熱流体の無次元数	熱伝達率	熱交換器の熱通過率
熱に関連するSI単位	燃焼の理論空気量	二次元流れの連続の式	ベルヌーイの式	カルマン渦
熱サイクル図	加熱と熱量	浮力	よどみ点圧力	浮力
熱エネルギー	カルノーサイクルの出力	タービンの動力	換気扇の動力	ベルヌーイの式
熱力学の法則	エクセルギー	運動量保存則(反力)	層流のせん断応力による動力	噴流が平板に及ぼす力
円管の熱伝導	蒸気タービンサイクル	マノメータ	流体が曲がり管に及ぼす力	円管内の層流流れ
燃料の燃焼	理想気体の特性	管摩擦係数	レイノルズの相似則	境界層

表1.4　出題された問題の項目　(3／5)

問題番号	平成25年度	平成26年度	平成27年度
Ⅲ-1	自重による段付き棒の伸び	材料の力学的性質と試験方法	材料力学の用語
Ⅲ-2	熱応力	強度設計	傾斜断面の応力
Ⅲ-3	丸棒のねじりモーメント	自重による丸棒の破断強さ	段付き丸棒の弾性ひずみエネルギー
Ⅲ-4	片持ちはりの反力と曲げモーメント	中実丸棒のせん断応力	熱伸びと熱応力
Ⅲ-5	片持ちはりの曲げ応力	両端単純支持はりの曲げモーメント	片持ちはりのたわみ
Ⅲ-6	両端単純支持はりのたわみ	両端単純支持はりの曲げ応力	両端単純支持はりの曲げ応力
Ⅲ-7	組合せ応力	はりのひずみエネルギー	丸棒のねじりモーメント
Ⅲ-8	薄肉円筒容器の応力	モールの応力円	薄肉球殻容器の肉厚
Ⅲ-9	材料力学の用語	薄肉円筒容器の応力	柱の座屈荷重
Ⅲ-10	柱の座屈荷重	円柱の座屈荷重	組合せ応力
Ⅲ-11	フィードバック制御系の安定性	ステップ応答	ブロック線図
Ⅲ-12	ブロック線図	フィードバック制御系の安定性	特性方程式の根
Ⅲ-13	ラプラス変換	ブロック線図	フィードバック制御、外乱を含む伝達関数
Ⅲ-14	伝達関数のグラフ表現	ラプラス変換	フィードバック制御系の特徴
Ⅲ-15	固有角振動数	固有角振動数	1自由度振動系の減衰比
Ⅲ-16	強制振動、周波数応答線図	周波数応答線図	はりの固有角振動数
Ⅲ-17	はりの振動	はりの振動	振動系の減衰
Ⅲ-18	2自由度振動系の固有角振動数	共振	2自由度振動系
Ⅲ-19	円板の重心	モーメント	力のバランス
Ⅲ-20	角運動量	円柱の運動	滑車
Ⅲ-21	圧力	摩擦力	角運動量
Ⅲ-22	回転体に働く力	複合ばね	ボールの打ち上げ
Ⅲ-23	熱流体の無次元数	メタンの燃焼	可逆断熱圧縮
Ⅲ-24	熱エネルギー	熱通過率	燃焼の理論空気量
Ⅲ-25	エントロピー変化量	加熱と熱量	熱交換器の熱通過率
Ⅲ-26	熱サイクル図	理想気体の特性	冷凍庫の消費電力
Ⅲ-27	蒸気サイクルの理論熱効率	仕事と熱エネルギー	自然対流による熱損失
Ⅲ-28	通過熱量	電気ヒーターの消費電力	ふく射エネルギー量
Ⅲ-29	ふく射伝熱	熱エネルギー	容器からの流出
Ⅲ-30	マノメータ	抗力	ベルヌーイの式
Ⅲ-31	流速、連続の式	よどみ圧	強制渦
Ⅲ-32	曲り管に加わる受ける力	円管内の層流	抗力
Ⅲ-33	模型実験	助走距離、無次元化	噴流が平板に及ぼす力
Ⅲ-34	よどみ点圧力	運動量	曲り管に加わる受ける力
Ⅲ-35	ファンの効率	連続の式	ファンの効率

表1.4　出題された問題の項目　(4/5)

問題番号	平成28年度	平成29年度	平成30年度
Ⅲ-1	強度設計	材料力学の用語	材料の力学的性質と試験方法
Ⅲ-2	自重と軸荷重による応力	棒の引張応力と伸び	両端固定された棒の発生応力
Ⅲ-3	片持ちはりの曲げ応力	トラス構造の軸力	トラス構造の軸荷重
Ⅲ-4	両端単純支持はりのたわみ	熱応力	熱応力
Ⅲ-5	丸棒のねじれ角	両端単純支持はりの曲げモーメント	両端単純支持はりの曲げモーメント
Ⅲ-6	棒の座屈応力	片持ちはりの反力と曲げモーメント	片持ちはりのたわみ
Ⅲ-7	熱応力	中実丸軸の伝達動力	中実丸棒と中空丸棒のねじりせん断応力
Ⅲ-8	組合せ応力	柱の座屈荷重	棒の座屈荷重
Ⅲ-9	楕円孔の応力集中	組合せ応力	組合せ応力
Ⅲ-10	薄肉円筒容器の応力	薄肉円筒容器の応力	薄肉球殻容器の応力
Ⅲ-11	フィードバック系のブロック線図	PID制御	フィードバック制御、ブロック線図、極
Ⅲ-12	伝達関数の安定性	フィードバック制御系の安定性	ラプラス変換
Ⅲ-13	不可観測	伝達関数のグラフ表現	特性方程式、安定性
Ⅲ-14	伝達関数、ラプラス変換	ブロック線図	ランプ応答、インパルス応答、ステップ応答
Ⅲ-15	クランクの駆動トルク	1自由度振動系の周波数応答	1自由度振動系、減衰比
Ⅲ-16	2自由系の固有角振動数	定滑車の運動	剛体振り子、運動エネルギー
Ⅲ-17	機械の振動	ねじの原理	棒の縦振動
Ⅲ-18	固有振動数、複合ばね	はりの横振動	2自由系の固有角振動数
Ⅲ-19	過減衰、不足減衰、臨界減衰	並進振動と回転振動の固有角振動数	1自由系の固有角振動数
Ⅲ-20	剛体棒の固有角振動数	振り子	並進運動と回転運動
Ⅲ-21	アームの回転運動	滑車を含む系の固有周期	滑車を含む系の固有角振動数
Ⅲ-22	力の釣合い、慣性力	1自由度振動系、臨界減衰定数	複合ばね
Ⅲ-23	理想気体のマイヤーの関係式	冷凍機の成績係数	理想気体の状態変化
Ⅲ-24	加熱と熱量	熱流体の無次元数	エンタルピー
Ⅲ-25	加熱による熱量、エンタルピー、内部エネルギー、エントロピーの変化量	ふく射エネルギー量	熱交換器
Ⅲ-26	熱サイクル図	蒸気の比エンタルピー	熱伝導による熱通過率
Ⅲ-27	保温された円管の熱損失	フィン	冷凍に必要な電力
Ⅲ-28	熱伝達の熱移動量	エントロピー変化の式	メタンの燃焼
Ⅲ-29	ふく射伝熱	蒸気タービンの出力	自然対流による熱伝達量
Ⅲ-30	傾斜管マノメータ	圧力	強制渦
Ⅲ-31	マノメータ、ベルヌーイの式	ベルヌーイの式	連続の式
Ⅲ-32	定常状態、質量保存の式、ニュートン流体、ポテンシャル流れ、強制渦	強制渦	円管内の流れ、助走距離
Ⅲ-33	運動量の法則	噴流により加わる力	運動量
Ⅲ-34	粘性	運動量、スプリンクラーの回転	境界層、運動量厚さ
Ⅲ-35	乱流	円管内の層流	流れの相似則

表1.4　出題された問題の項目（5/5）

問題番号	令和元年度	令和元年度（再試験）	令和2年度	令和3年度
Ⅲ−1	段付き丸棒の弾性ひずみエネルギー	軸の伸びと応力	材料の力学的性質と試験方法	材料力学の用語
Ⅲ−2	トラス構造の変位量	自重による引張応力	棒の伸び	両端固定された棒の荷重点の移動量
Ⅲ−3	熱応力	単純支持はりのせん断力	滑節支持棒の引張力	トラス構造の荷重点の変位量
Ⅲ−4	単純支持はりのせん断力と曲げモーメント	はりのひずみエネルギー	熱応力	片持ちはりの曲げモーメント図
Ⅲ−5	はりの曲げ応力	片持ちはりの曲げ応力	片持ちはりの曲げ応力	片持ちはりのたわみ
Ⅲ−6	片持ちはりのたわみ	丸棒のねじりモーメント	片持ちはりのたわみ	はりのひずみエネルギー
Ⅲ−7	中実丸棒のねじりせん断応力	円柱の座屈荷重	段付き丸棒のねじり角	中実丸棒と中空丸棒のねじりせん断応力
Ⅲ−8	長柱の座屈荷重	組合せ応力	柱の座屈荷重	柱の座屈荷重
Ⅲ−9	組合せ応力	楕円孔の応力集中	組合せ応力	モールの応力円
Ⅲ−10	薄肉円筒容器の応力	薄肉円筒容器のひずみ	薄肉円筒容器の軸方向ひずみ	球形薄肉圧力容器の応力
Ⅲ−11	伝達関数	伝達関数の零点、極	フィードバック制御系の安定性	伝達関数、定常出力
Ⅲ−12	ラプラス変換	伝達関数のグラフ表現	ラプラス変換	フィードバック制御系、安定性
Ⅲ−13	ブロック線図、伝達関数	ラプラス変換	閉ループ系、特性方程式	PID制御
Ⅲ−14	フィードバック系のブロック線図	操作量	動的システムのステップ応答	フィードバック制御系、定常偏差
Ⅲ−15	振動系における減衰振動	等価ばね定数	振動系における減衰	振動の特徴
Ⅲ−16	アームの運動	棒の縦振動	円板の重心	ねじり振動系、固有角振動数
Ⅲ−17	はりの横振動	運動方程式、雨滴の自由落下	1自由度振動系の固有振動数	1自由度系の固有角振動数
Ⅲ−18	単振り子	1自由系の強制振動	ばね支持された回転円板の固有角振動数	1自由度系の固有振動数、減衰
Ⅲ−19	1自由度系の固有角振動数	1自由系の自由振動、粘性減衰要素	強制振動	滑車を含む系の固有周期
Ⅲ−20	円板の慣性モーメント	定滑車の運動	1自由度振動系、減衰比	臨界減衰系、減衰係数
Ⅲ−21	棒の回転運動	弦の横振動	ロータの運動、角運動量保存	1自由度系の振動応答
Ⅲ−22	U字管の液柱振動	並進振動と回転振動	はりの曲げ振動	2自由度振動系の固有角振動数
Ⅲ−23	エントロピー変化量	エントロピー変化量	エネルギーと熱量	暖房に必要な最小電力
Ⅲ−24	ディーゼルサイクルの理論熱効率	冷凍機の成績係数	エントロピー変化量	湿り水蒸気の乾き度
Ⅲ−25	熱に関連するSI単位	沸騰伝熱に関する記述	蒸気サイクルの理論熱効率	熱通過率
Ⅲ−26	伝熱の熱流束	保温された円管の熱損失	理想気体の特性	エントロピーに関する記述
Ⅲ−27	冷凍庫の消費電力	理想気体の質量変化	△熱伝導の通過熱量	熱伝達率
Ⅲ−28	理想気体の断熱変化の式	電気ヒーターの消費電力	熱交換器の対数平均温度差	伝熱に関する無次元数
Ⅲ−29	よどみ点、ベルヌーイの式	トリチェリの定理	対流伝熱、ふく射伝熱	流体の抗力
Ⅲ−30	ファンの動力・効率	マノメータ	連続の式	循環
Ⅲ−31	粘性、渦、ニュートン流体、連続の式、流線、流跡線、流脈線	質量保存の式	水膜上平板に加わる流体のせん断応力、動力	円管内の流れ
Ⅲ−32	連続の式	円管が受ける力	2次元流れの渦度	流体の抗力
Ⅲ−33	運動量の法則	連続の式	よどみ点圧力	カルマン渦
Ⅲ−34	配管が受ける力	振動平板の流れ	流線、流跡線、流脈線	連続の式
Ⅲ−35	平板境界層	平板境界層の遷移位置	抗力	ベルヌーイの式

表1.5　過去問題との関連（1/4）

問題番号	平成 25 年度	平成 26 年度	平成 27 年度
Ⅲ－1	H23 年度 Ⅳ－4 と同じ問題	H17 年度 Ⅳ－1 と類似の問題	H23 年度 Ⅳ－10 と類似の問題
Ⅲ－2	新規問題	H18 年度 Ⅳ－2 と類似の問題	H17 年度 Ⅳ－7 と類似の問題
Ⅲ－3	H24 年度 Ⅳ－3 と類似の問題	H24 年度 Ⅳ－1 と同じ問題	新規問題
Ⅲ－4	H22 年度 Ⅳ－2 と同じ問題	H19 年度 Ⅳ－32 と類似の問題	H23 年度 Ⅳ－3 と同じ問題
Ⅲ－5	新規問題	新規問題	新規問題
Ⅲ－6	新規問題	H19 年度 Ⅳ－4 と類似の問題	H24 年度 Ⅳ－6 と同じ問題
Ⅲ－7	H22年度 Ⅳ－4 と同じ問題	新規問題	H25 年度 Ⅲ－3 と同じ問題
Ⅲ－8	H23年度 Ⅳ－7 と同じ問題	H17 年度 Ⅳ－5 と同じ問題	新規問題
Ⅲ－9	H23年度 Ⅳ－10 と同じ問題	H19 年度 Ⅳ－7 と類似の問題	新規問題
Ⅲ－10	H20年度 Ⅳ－3 と同じ問題	新規問題	H21 年度 Ⅳ－4 と同じ問題
Ⅲ－11	新規問題	新規問題	H23 年度 Ⅳ－18 と同じ問題
Ⅲ－12	H22 年度 Ⅳ－14 と同じ問題	新規問題	H21 年度 Ⅳ－15 と同じ問題
Ⅲ－13	H21 年度 Ⅳ－17 と類似の問題	H21 年度 Ⅳ－14 と同じ問題	新規問題
Ⅲ－14	H22 年度 Ⅳ－15 と同じ問題	H23 年度 Ⅳ－17 と同じ問題	新規問題
Ⅲ－15	新規問題	新規問題	新規問題
Ⅲ－16	H20 年度 Ⅳ－11 と類似の問題	H25 年度 Ⅲ－16 と類似の問題	新規問題
Ⅲ－17	H22 年度 Ⅳ－10 と同じ問題	H24 年度 Ⅳ－18 と同じ問題	新規問題
Ⅲ－18	H20 年度 Ⅳ－12 と同じ問題	H24 年度 Ⅳ－20 と同じ問題	H20 年度 Ⅳ－12 と同じ問題
Ⅲ－19	新規問題	新規問題	新規問題
Ⅲ－20	新規問題	新規問題	H24 年度 Ⅳ－21 と類似の問題
Ⅲ－21	H20 年度 Ⅳ－24 と同じ問題	新規問題	新規問題
Ⅲ－22	H19 年度 Ⅳ－14 と同じ問題	H22 年度 Ⅳ－22 と同じ問題	新規問題
Ⅲ－23	H22 年度 Ⅳ－29 と同じ問題	H19 年度 Ⅳ－23 と類似の問題	H23 年度 Ⅳ－25 と同じ問題
Ⅲ－24	新規問題	H24 年度 Ⅳ－29 と類似の問題	H24 年度 Ⅳ－27 と同じ問題
Ⅲ－25	H23 年度 Ⅳ－28 と類似の問題	H21 年度 Ⅳ－31 と同じ問題	H24 年度 Ⅳ－29 と同じ問題
Ⅲ－26	H22 年度 Ⅳ－23 と同じ問題	H21 年度 Ⅳ－35 と同じ問題	新規問題
Ⅲ－27	新規問題	新規問題	新規問題
Ⅲ－28	新規問題	新規問題	新規問題
Ⅲ－29	H22 年度 Ⅳ－26 と同じ問題	H25 年度 Ⅲ－24 と同じ問題	新規問題
Ⅲ－30	H20 年度 Ⅳ－25 と同じ問題	新規問題	新規問題
Ⅲ－31	新規問題	H25 年度 Ⅲ－34 と同じ問題	新規問題
Ⅲ－32	H23 年度 Ⅳ－34 と同じ問題	新規問題	H21 年度 Ⅳ－26 と同じ問題
Ⅲ－33	H19 年度 Ⅳ－15 と同じ問題	新規問題	H24 年度 Ⅳ－33 と同じ問題
Ⅲ－34	H23 年度 Ⅳ－31 と類似の問題	H24 年度 Ⅳ－32 と同じ問題	H25 年度 Ⅲ－32 と同じ問題
Ⅲ－35	H23 年度 Ⅳ－32 と同じ問題	H22 年度 Ⅳ－30 と同じ問題	H25 年度 Ⅲ－35 と同じ問題
新規問題の数	11	14	18
新規問題の割合	31%	40%	51%

表1.5　過去問題との関連（2/4）

問題番号	平成 28 年度	平成 29 年度	平成 30 年度
Ⅲ－1	H26 年度 Ⅲ－2 と同じ問題	H27 年度 Ⅲ－1と同じ問題	H26 年度 Ⅲ－1 と類似の問題
Ⅲ－2	新規問題	H21 年度 Ⅳ－1 と類似の問題	新規問題
Ⅲ－3	H20 年度 Ⅳ－4 と類似の問題	新規問題	H24 年度 Ⅳ－5 と同じ問題
Ⅲ－4	H25 年度 Ⅲ－6 と同じ問題	H24 年度 Ⅳ－4 と同じ問題	H28 年度 Ⅲ－7 と類似の問題
Ⅲ－5	新規問題	新規問題（H26 年度 Ⅲ－6 が参考）	H26 年度 Ⅲ－5 と同じ問題
Ⅲ－6	H24 年度 Ⅳ－9 と同じ問題	H25 年度 Ⅲ－4 と同じ問題	新規問題
Ⅲ－7	H25 年度 Ⅲ－2 と類似の問題	H19 年度 Ⅳ－33 と同じ問題	新規問題
Ⅲ－8	新規問題（H24 年度 Ⅳ－7 が参考）	新規問題	H25 年度 Ⅲ－10 と同じ問題
Ⅲ－9	新規問題	H25 年度 Ⅲ－7 と同じ問題	H27 年度 Ⅲ－10 と同じ問題
Ⅲ－10	H25 年度 Ⅲ－8 と同じ問題	H26 年度 Ⅲ－9 と同じ問題	H27 年度 Ⅲ－8 と類似の問題
Ⅲ－11	H21 年度 Ⅳ－13 と同じ問題	新規問題	H26 年度 Ⅲ－12 と似た問題
Ⅲ－12	H24 年度 Ⅳ－11 と同じ問題	H26 年度 Ⅲ－12 と類似の問題	H26 年度 Ⅲ－14 と似た問題
Ⅲ－13	新規問題	H25 年度 Ⅲ－13 と同じ問題	新規問題
Ⅲ－14	新規問題	H19 年度 Ⅳ－11 と同じ問題	H23 年度 Ⅳ－19 と同じ問題
Ⅲ－15	H19 年度 Ⅳ－13 と同じ問題	H26 年度 Ⅲ－16 と同じ問題	H27 年度 Ⅲ－15 と似た問題
Ⅲ－16	H23 年度 Ⅳ－16 と類似の問題	H24 年度 Ⅳ－21 と同じ問題	H18 年度 Ⅳ－20 と似た問題
Ⅲ－17	H18 年度 Ⅳ－15 と同じ問題	H21 年度 Ⅳ－22 と同じ問題	新規問題
Ⅲ－18	H18 年度 Ⅳ－17 と同じ問題	H25 年度 Ⅲ－17 と同じ問題	H23 年度 Ⅳ－16 と同じ問題
Ⅲ－19	H24 年度 Ⅳ－17 と同じ問題	H22 年度 Ⅳ－7 と同じ問題	H25 年度 Ⅲ－15 と同じ問題
Ⅲ－20	新規問題	新規問題	新規問題
Ⅲ－21	新規問題	新規問題	H29 年度 Ⅲ－21 と似た問題
Ⅲ－22	新規問題	新規問題	H22 年度 Ⅳ－22 と似た問題
Ⅲ－23	新規問題	H22 年度 Ⅳ－27 と同じ問題	新規問題
Ⅲ－24	H26 年度 Ⅲ－25 と同じ問題	H23 年度 Ⅳ－27 と同じ問題	新規問題
Ⅲ－25	新規問題	H27 年度 Ⅲ－28 と同じ問題	新規問題
Ⅲ－26	H25 年度 Ⅲ－26 と同じ問題	新規問題	新規問題
Ⅲ－27	新規問題	新規問題	H18 年度 Ⅳ－26 と同じ問題
Ⅲ－28	新規問題	新規問題	H26 年度 Ⅲ－23 と同じ問題
Ⅲ－29	H25 年度 Ⅲ－29 と同じ問題	H24 年度 Ⅳ－24 と類似の問題	H27 年度 Ⅲ－27 と同じ問題
Ⅲ－30	H20 年度 Ⅳ－25 と同じ問題	新規問題	H27 年度 Ⅲ－31 と同じ問題
Ⅲ－31	H22 年度 Ⅳ－34 と同じ問題	H23 年度 Ⅳ－30 と同じ問題	新規問題
Ⅲ－32	新規問題	新規問題	H26 年度 Ⅲ－33 と同じ問題
Ⅲ－33	新規問題	H22 年度 Ⅳ－33 と同じ問題	新規問題
Ⅲ－34	H23 年度 Ⅳ－33 と同じ問題	新規問題	新規問題
Ⅲ－35	H19 年度 Ⅳ－18 と同じ問題	H26 年度 Ⅲ－32 と同じ問題	H25 年度 Ⅲ－33 と同じ問題
新規問題の数	15	13	13
新規問題の割合	43%	37%	37%

表1.5　過去問題との関連（3/4）

問題番号	令和元年度	令和元年度（再試験）
Ⅲ－1	H27 年度 Ⅲ－3 と同じ問題	新規問題
Ⅲ－2	新規問題	新規問題
Ⅲ－3	H28 年度 Ⅲ－7 と同じ問題	新規問題
Ⅲ－4	H27 年度 Ⅲ－6 と類似の問題	H26 年度 Ⅲ－7 と類似の問題
Ⅲ－5	H23 年度 Ⅳ－6 と同じ問題	H25 年度 Ⅲ－5 と同じ問題
Ⅲ－6	新規問題	H27 年度 Ⅲ－7 と同じ問題
Ⅲ－7	新規問題	H26 年度 Ⅲ－10 と同じ問題
Ⅲ－8	H29 年度 Ⅲ－8 と類似の問題	新規問題
Ⅲ－9	H28 年度 Ⅲ－8 と類似の問題	H28 年度 Ⅲ－9 と同じ問題
Ⅲ－10	H29 年度 Ⅲ－10 と同じ問題	新規問題
Ⅲ－11	H28 年度 Ⅲ－12 と似た問題	H28 年度 Ⅲ－12 と似た問題
Ⅲ－12	H30 年度 Ⅲ－12 と同じ問題	H29 年度 Ⅲ－13 と同じ問題
Ⅲ－13	H26 年度 Ⅲ－13 と同じ問題	H30 年度 Ⅲ－12 と似た問題
Ⅲ－14	H28 年度 Ⅲ－11 と同じ問題	H24 年度 Ⅳ－15 と似た問題
Ⅲ－15	H27 年度 Ⅲ－17 と似た問題	H26 年度 Ⅲ－22 と似た問題
Ⅲ－16	H28 年度 Ⅲ－21 と同じ問題	H26 年度 Ⅲ－15 と似た問題
Ⅲ－17	H26 年度 Ⅲ－17 と同じ問題	新規問題
Ⅲ－18	H29 年度 Ⅲ－20 と同じ問題	H23 年度 Ⅳ－12 と同じ問題
Ⅲ－19	H28 年度 Ⅲ－18 と似た問題	H30 年度 Ⅲ－15 とほぼ同じ問題
Ⅲ－20	H22 年度 Ⅳ－12 と同じ問題	H29 年度 Ⅲ－16 と同じ問題
Ⅲ－21	H18 年度 Ⅳ－10 と同じ問題	新規問題
Ⅲ－22	新規問題	H29 年度 Ⅲ－19と同じ問題
Ⅲ－23	H25 年度 Ⅲ－25 と同じ問題	新規問題
Ⅲ－24	新規問題	H29 年度 Ⅲ－23 と同じ問題
Ⅲ－25	H23 年度 Ⅳ－23 と同じ問題	新規問題
Ⅲ－26	新規問題	H28 年度 Ⅲ－28 と同じ問題
Ⅲ－27	H27 年度 Ⅲ－26 と同じ問題	新規問題
Ⅲ－28	新規問題	H26 年度 Ⅲ－28 と同じ問題
Ⅲ－29	H26 年度 Ⅲ－30 と似た問題	H27 年度 Ⅲ－29 と同じ問題
Ⅲ－30	H25 年度 Ⅲ－35 と同じ問題	H28 年度 Ⅲ－31 と同じ問題
Ⅲ－31	H28 年度 Ⅲ－32 と同じ問題	H25 年度 Ⅳ－31 と同じ問題
Ⅲ－32	H30 年度 Ⅲ－31 と似た問題	H27 年度 Ⅳ－34 と同じ問題
Ⅲ－33	H29 年度 Ⅲ－33 と似た問題	H26 年度 Ⅲ－35 と同じ問題
Ⅲ－34	新規問題	新規問題
Ⅲ－35	H24 年度 Ⅳ－35 と同じ問題	新規問題
新規問題の数	8	12
新規問題の割合	23%	34%

表1.5　過去問題との関連（4/4）

問題番号	令和2年度	令和3年度
Ⅲ－1	H30年度 Ⅲ－1 と同じ問題	H25年度 Ⅲ－9 と同じ問題
Ⅲ－2	新規問題	H30年度 Ⅲ－2 と類似の問題
Ⅲ－3	新規問題	R1年度 Ⅲ－2 と同じ問題
Ⅲ－4	H29年度 Ⅲ－4 と同じ問題	新規問題
Ⅲ－5	H28年度 Ⅲ－3 と同じ問題	H27年度 Ⅲ－5 と同じ問題
Ⅲ－6	H30年度 Ⅲ－6 と類似の問題	新規問題
Ⅲ－7	新規問題	H30年度 Ⅲ－7 と同じ問題
Ⅲ－8	新規問題	新規問題
Ⅲ－9	H28年度 Ⅲ－8 と同じ問題	H26年度 Ⅲ－8 と同じ問題
Ⅲ－10	新規問題	H30年度 Ⅲ－10 と類似の問題
Ⅲ－11	H25年度 Ⅲ－11と同じ問題	H23年度 Ⅳ－21 と似た問題
Ⅲ－12	H30年度 Ⅲ－12 と似た問題	H26年度 Ⅲ－12 と同じ問題
Ⅲ－13	H30年度 Ⅲ－11 と似た問題	H29年度 Ⅲ－11 と同じ問題
Ⅲ－14	H26年度 Ⅲ－11 と同じ問題	H22年度 Ⅳ－18 と似た問題
Ⅲ－15	H27年度 Ⅲ－17 と同じ問題	H28年度 Ⅲ－17 と同じ問題
Ⅲ－16	H25年度 Ⅲ－19 と同じ問題	新規問題
Ⅲ－17	H24年度 Ⅳ－22 と似た問題	新規問題
Ⅲ－18	新規問題	新規問題
Ⅲ－19	H24年度 Ⅳ－20 と同じ問題	H29年度 Ⅲ－21 と同じ問題
Ⅲ－20	H27年度 Ⅲ－15 と同じ問題	H29年度 Ⅲ－22 と似た問題
Ⅲ－21	H25年度 Ⅲ－20 と同じ問題	新規問題
Ⅲ－22	H30年度 Ⅲ－17 と似た問題	H30年度 Ⅲ－18 と同じ問題
Ⅲ－23	新規問題	新規問題
Ⅲ－24	H22年度 Ⅳ－28 と同じ問題	H29年度 Ⅲ－26 と類似の問題
Ⅲ－25	H25年度 Ⅲ－27 と同じ問題	H27年度 Ⅲ－25 と類似の問題
Ⅲ－26	H26年度 Ⅲ－26 と同じ問題	H23年度 Ⅳ－24 と同じ問題
Ⅲ－27	新規問題	新規問題
Ⅲ－28	新規問題	H29年度 Ⅲ－24 と同じ問題
Ⅲ－29	H18年度 Ⅳ－30 と同じ問題	新規問題
Ⅲ－30	R1年度再 Ⅳ－33 と似た問題	新規問題
Ⅲ－31	H28年度 Ⅲ－34 と同じ問題	H27年度 Ⅳ－34 と似た問題
Ⅲ－32	新規問題	H22年度 Ⅳ－21 と似た問題
Ⅲ－33	H26年度 Ⅲ－31 と同じ問題	H24年度 Ⅳ－30 と似た問題
Ⅲ－34	新規問題	R1年度再 Ⅲ－33 と同じ問題
Ⅲ－35	H27年度 Ⅲ－32 と同じ問題	H27年度 Ⅲ－30 と同じ問題
新規問題の数	11	11
新規問題の割合	31%	31%

3. 各科目の受験対策

　機械部門の各専門科目の受験対策は以下のとおりです。

　第2章から実際に出題された問題を科目ごとに分類して掲載しています。

　「この本の使い方」にも記載しましたが、まずは解答を見ないで問題を解いてください。解けない問題は、解説を読んでから解いてください。その後、練習問題を解いてください。

（1）材料力学

　応力とひずみの問題は、材料力学の最も基本的な項目です。応力と荷重の関係、応力とひずみの関係を確実に理解してください。ここ数年の荷重、応力と伸びに関連する問題では、軸荷重の不静定問題が幾つか出題されています。単純な外力のみの釣り合い式のみでは解けませんので、基本をしっかりと理解して複雑な問題も解けるように勉強してください。

　熱応力の問題もよく出題されていますので、熱膨張と発生する応力の関係などの基礎をしっかりと勉強してください。少しひねった問題でも解答できるように、熱応力の本質をつかむことが重要です。

　疲労強度に関連する問題も出題されていますので、$S-N$線図、応力振幅など基本的な事項を学習してください。疲労強度に関連するものとして応力集中がありますが、ここ数年の試験で楕円孔に関する応力集中係数の問題が出題されています。

　はりの問題は、過去に出題された問題の例をみると、「片持ちはり」と「単純支持はり」の2種類のみです。この2種類の場合に、種々の荷重による曲げモーメントと曲げ応力を求める式が計算できるように勉強してください。また、曲げモーメントと曲げ応力に加えて、せん断力図（SFD）と曲げモーメント図（BMD）についても学習する必要があります。曲げ応力の計算に必要な断面係数も学習してください。なお、はりのたわみの問題が、平成25年度の試験で初めて出題されました。その後もたびたび出題されています。そのため、はりのたわみについては、片持ちはりと両端単純支持はりの場合に、それぞれ集中荷重と等分布荷重が作用したときの式を学習しておいてください。

　中実丸軸のねじり強さに関連する問題は、基本的な公式を覚えてどのような

問題にも対応できるようにしてください。なお、中空丸軸のねじり強さに関連する問題が、平成30年度で初めて出題されました。そのため、中空丸軸のねじり強さについても学習してください。また、軸の伝達動力とねじり強さについても実際の設計と合わせて学習してください。

長柱の座屈の問題は、基本的な座屈に関連する事項は学習する必要があります。以前はオイラーの公式が問題文に記載されている問題もありましたが、ここ数年の問題では「オイラーの公式」を記憶していないと解けない問題が出題されています。そのため、オイラーの公式と境界条件の係数は必ず記憶しておいてください。

組合せ応力の問題は、毎年のように出題されています。2軸引張力とせん断力が作用した場合の主応力と主せん断力の関係を学習してください。また、モールの応力円についても合わせて学習してください。

ひずみエネルギーの問題が、平成27年度の試験で初めて出題されました。また、ひずみエネルギーとはりのたわみの関係式であるカスチリアノの定理を知らないと解けない問題が、平成26年度に出題されています。ひずみエネルギーについては、本著の初版から取り上げていますが、出題された問題に照らし合わせて学習してください。

トラス構造の問題が、平成24年度で出題され、その後も出題されています。基本的な事項と解法を学習してください。

薄肉円筒容器および球殻の問題が、ここ数年で毎年のように出題されています。内圧が作用した場合に発生する応力およびひずみの関係式を確実に覚えるようにしてください。応用問題としては、内圧が作用したときの必要な肉厚の計算が出題されています。

機械材料に関連する問題がここ数年間でもたびたび出題されています。材料力学の用語などに関連して出題されている問題もあります。機械材料の力学的特性を試験する方法に関する基本的な事項も学習してください。

(2) 機械力学・制御

力の釣り合いや摩擦などの静力学に関連する基本的な問題、および運動量、運動エネルギーなど動力学に関連する基本的な問題が出題されています。滑車、

斜面、棒の回転などを対象に、静力学および動力学の問題が出題されています。まずは機械力学の基本事項を覚えてください。特に、令和3年度の出題は、力学に関しては全問振動に関する出題でした。基本的な振動の問題には解答できるように準備しておいてください。

　毎年1問題は、ばね−質量系の振動に関して出題されており、振動に関する出題数は増加する傾向にあります。ばね定数の計算から固有振動数や系の振動について学習してください。また、自由振動における、過減衰、臨界減衰、不足減衰の応答に関する問題、強制振動に関する問題も出題されています。

　近年の出題では、剛体の運動に関連する問題が出題されています。カム機構の駆動トルクや重心と慣性モーメント、剛体振動、並進運動と回転運動についても学習してください。回転体のふれまわり、危険速度に関する問題も出題されています。

　平成22年度から制御の問題が多く出題されるようになりました。制御に関しては、ブロック線図と伝達関数を問う問題が毎年必ず出題されています。ラプラス変換に関連する問題もよく出題されています。また、ステップ応答（インディシャル応答）、定常残留偏差に関する問題も出題されています。制御の基本として、目標値、制御量、制御器、操作量、制御対象などの用語に関する問題、PID制御の問題なども出題されています。

　制御系の安定性に関する出題も多く、特性方程式の極（根）により判定する問題が出題されています。フィードバック応答に関する安定性の問題も出題されています。また、平成30年度には、今まで出題の無かった、近代制御における可観測性の問題が出題されました。

（3）熱工学

　過去に出題された問題の内容は、大きく熱力学と伝熱学の2つに分類できます。

　熱力学では、熱量、熱エネルギーと仕事、熱力学の法則、エントロピーやエンタルピーといった熱力学の基本事項についての出題が多くあります。

　理想気体に関する問題もよく出題されていますので、基本的な事項は学習してください。理想気体の状態方程式は、確実に記憶してください。この式を知

らないと解けない問題も出題されています。また、理想気体の状態変化に関連する問題もよく出題されていますので、状態変化の式を学習してください。

　カルノーサイクルについては、効率、出力と廃熱の関係式を覚えてください。これを基本として、各種の熱サイクルの特徴やP–V線図とT–S線図についても相違点を覚えておいてください。熱サイクルに関連する問題は、頻繁に出題されています。なお、冷凍サイクルでは、冷凍庫の成績係数と消費電力に関連した問題が出題されています。ヒートポンプの消費電力の問題も出題されていますので、これも合わせて覚えてください。

　エントロピーに関連する問題もよく出題されていますので、学習してください。特に、エントロピー変化に関連する式は、必ず覚えておいてください。

　伝熱学では、熱伝導、対流伝熱（熱伝達）、放射伝熱（ふく射伝熱）についての出題がありますので、基本的事項と熱量計算の式を確実に覚えておいてください。この組合せ問題として、熱通過や熱抵抗に関連する問題や熱交換器の伝熱面積の問題も出題されていますので合わせて学習しておいてください。

　ここ数年では出題がありませんが以前に燃焼時の理論空気量の計算問題が出題されていますので、燃焼の基礎的な項目と基礎式および理論空気量の計算式については、覚えておく必要があります。

（4）流体工学

　毎年ベルヌーイの定理とそれを利用したピトー管、マノメータ、トリチェリの定理などの応用問題が出題されていますので、基本と各種のパターンに対応できるように学習してください。

　流体の運動については、連続の式に関する問題、運動エネルギー／運動量に関する問題が出題されています。曲がり管など運動量変化から流体力を求める問題もよく出題されます。また、一様流の中に置かれた物体が受ける抵抗についても出題されていますので、学習しておいてください。流体が管内を流れる場合の管摩擦係数、圧力損失、入口部からの助走距離に関する問題も出題されています。令和3年度は、渦度と循環の問題が出題されました。計算式を知っていれば、簡単に解ける問題なので、学習しておいてください。

　層流と乱流について、また境界層に関して出題されていますので、基本的な

事項は学習しておいてください。

　熱流体分野の無次元数については、式のみではなくてその意味を問う問題が出題されています。そのため、物理的な意味とどのように利用するのかも理解してください。流れの相似則、およびそれに関連して模型実験についても理解しておいてください。

　ポンプや圧縮機のような流体機械の問題も過去に出題されていますので、流体機械に関する基本的なことは学習しておくことが必要です。特に、流体機械の動力について出題されています。

（5）その他

　上記の（1）〜（4）以外では、過去には機械設計、機械材料、機械要素と加工法からの出題がありました。ただし、近年の10年間を見ると表1.2に示したとおり、ほとんど出題されていません。また、機械材料とその力学的な特性を試験する方法に関する問題が出題されていますが、材料力学の用語などに関連したものとして出題されています。そのため、今回の改訂版では、この問題に関連するものは材料力学の項目に移行しました。

　また、今回の改訂版では、機械要素や加工法など、ここ10年くらいで出題されていない項目は削除しました。

（6）難解な問題への対応策

　ここでは、新規問題が出題されて、それが難解な問題である場合の注記事項を述べます。

　ここ5年間くらいで出題された問題の中には、難解な問題がいくつかありました。

　ここで言う難解な問題とは、基本となる定義と式を理解したうえで、その基本的な式を微分や積分計算あるいは複雑な計算をして導き出す必要がある問題のことです。

　筆者としてはこのような難解でマニアックとも言えるような問題は、試験会場で解くのはふさわしくない問題であり、最初から切り捨てるのが良いと考えます。その理由は、以下のとおりです。

①2時間で25問題を解答することになりますが、1問題あたり平均して5分弱の時間しかないため、時間がこれ以上にかかり時間制限に間に合わなくなります。

②前項の「機械部門の専門科目の出題傾向」の（4）「過去に出題された問題との関連」で説明したとおり、新規の問題はそれほど多く出題されていません。また、合格率から判断すれば、確実に13問題を正解すれば良いことになります。よって、このような難解な問題と新規問題を外しても十分に合格できます。

　本書では読者の参考のため、このような難解な幾つかの問題の例およびその解き方を第6章に付録として記載しておきますので参考にしてください。

　なお、改訂第5版で取り上げた令和元年度から令和3年度までに出題された問題で難解な問題に相当するものは、材料力学では出題されていませんでした。

　ただし、第6章で取り上げた問題とまったく同じ問題が、今後の試験で出題された場合ですが、「完璧に式を記憶している」と確信が持てるときには解答するのは当然です。

　このような複雑な問題が、新規問題として出題された場合には最初から切り捨てる、という趣旨でここに例題を幾つか説明した次第です。

第2章

材料力学の問題

1. 荷重、応力とひずみ—1

問題1　右図に示すように、長さ $a+b$、断面積 A、縦弾性係数 E の一様断面な棒がある。その棒は、左端Bで剛体壁に固定されている。棒のC点及びD点にそれぞれ軸力 P、Q を作用させたとき、棒全体の伸びとして、最も適切なものはどれか。

[令和2年度　Ⅲ－2]

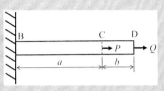

① $\dfrac{Pa + Qb}{AE}$ ② $\dfrac{P(a-b) + Qb}{AE}$ ③ $\dfrac{P(a-b) + Q(a+b)}{AE}$

④ $\dfrac{P(a+b) + Q(a-b)}{AE}$ ⑤ $\dfrac{Pa + Q(a+b)}{AE}$

■ 出題の意図　荷重、応力と伸びに関する知識を要求しています。

解 説

(1) 引張荷重と応力

図2.1に示すように、棒状の材料が、長さに沿って伸びる方向に作用する引張力 P を**引張荷重**といいます。この引張荷重が外力として棒材料に作用すると、外力と釣り合うように内部にも力が発生します。このように、引張力により棒材料の任意の断面に発生する単位面積あたりの内力を**引張応力**といいます。

ここで、棒材料の初期の断面積を A とすれば、引張応力 σ は次式で表されます。

$$\sigma = \frac{P}{A} = \frac{\text{引張荷重}}{\text{断面積}}$$

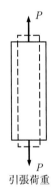

図2.1　引張荷重

(2) 応力とひずみの関係

物体に外力が作用すると、その内部に応力が生じてごく微小ですが形状や大きさが変化します。このときの変形量の割合を**ひずみ**といいます。

初期の長さが l_0 の棒に引張荷重 P が作用した後で、その長さが l_1 となった場合のひずみ ε は、次式で表されます。

$$\varepsilon = \frac{l_1 - l_0}{l_0} = \frac{\lambda}{l_0} \quad \text{ここで、}\lambda\text{ は棒の伸びを表します}$$

このように引張荷重が作用した場合のひずみを**引張ひずみ**といいます。

なお、物体が弾性域内にある場合、応力とひずみの関係は、直線で表されて応力とひずみには比例関係が成り立ちます。この関係を**フックの法則**といいます。

引張荷重が作用した場合、弾性域での応力σとひずみεの比例関係は次式で表されます。

$$\sigma = E\varepsilon$$

ここで、Eは応力とひずみの比例定数で、**縦弾性係数**あるいは**ヤング係数**といい、**ヤング率**ともいいます。この値は、温度が決まれば材料によって固有の値となります。

(3) 引張荷重と伸びの関係

以上の関係式から、引張荷重Pが作用する長さl_0、断面積A、縦弾性係数Eの棒の伸びは、以下の式で計算できます。

$$\lambda = l_0\varepsilon = l_0\frac{\sigma}{E} = \frac{Pl_0}{AE}$$

■ 解き方

剛体壁Bからの反力をRとして、右向きの力を正、左向きの力を負とすると、軸力の釣合いから、以下の式となります。

$$-R + P + Q = 0 \quad \therefore R = P + Q$$

一方で、棒のBC点間の断面に生じる軸力をF_{BC}、CD点間の断面に生じる軸力をF_{CD}とすると、軸力の釣合いから以下の式が得られます。

BC点間：$-R + F_{BC} = 0 \qquad F_{BC} = R = P + Q$

CD点間：$-F_{CD} + Q = 0 \qquad F_{CD} = Q$

棒全体の伸びをδとすると、BC点間とCD点間の伸びの総和であるから、以下のとおり計算できます。

$$\delta = \frac{(P+Q)a}{AE} + \frac{Qb}{AE} = \frac{Pa + Q(a+b)}{AE}$$

解答⑤

練習問題1 右図に示すように、部材1と2を剛体壁に固定し、部材1と2の平行な隙間をλ（$\lambda \ll l_1,\ l_2$）とする。A端に右方向の軸荷重を負荷してB端に密着させた後、A端とB端を接合した。その後、A端に負荷した軸方向荷重を除荷し

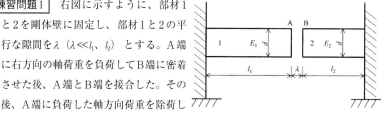

たとき、部材1と2に発生する応力σとして、最も適切なものはどれか。ただし、部材1と2の縦弾性係数をE_1、E_2、長さをl_1、l_2、部材1と2の直径は共にdとし、剛体壁は剛体床に固定されているものとする。 ［令和元年度（再試験） Ⅲ－1］

① $\sigma = \dfrac{E_1 E_2 \lambda}{2(l_1 E_2 + l_2 E_1)}$ 　② $\sigma = \dfrac{2E_1 E_2 \lambda}{l_1 E_2 + l_2 E_1}$ 　③ $\sigma = \dfrac{E_1 E_2 \lambda}{l_1 E_2 + l_2 E_1}$

④ $\sigma = \dfrac{2E_1 E_2 \lambda}{l_1 E_1 + l_2 E_2}$ 　⑤ $\sigma = \dfrac{E_1 E_2 \lambda}{l_1 E_1 + l_2 E_2}$

2. 荷重、応力とひずみ―2

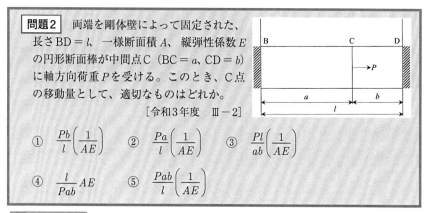

問題 2　両端を剛体壁によって固定された、長さ BD = l、一様断面積 A、縦弾性係数 E の円形断面棒が中間点 C（BC = a、CD = b）に軸方向荷重 P を受ける。このとき、C 点の移動量として、適切なものはどれか。

[令和 3 年度　Ⅲ－2]

① $\dfrac{Pb}{l}\left(\dfrac{1}{AE}\right)$　② $\dfrac{Pa}{l}\left(\dfrac{1}{AE}\right)$　③ $\dfrac{Pl}{ab}\left(\dfrac{1}{AE}\right)$

④ $\dfrac{l}{Pab}AE$　⑤ $\dfrac{Pab}{l}\left(\dfrac{1}{AE}\right)$

出題の意図　荷重応力と伸びに関する知識を要求しています。

解 説

（1）応力-ひずみ線図

軟鋼の引張試験による典型的な**応力-ひずみ線図**を図 2.2 に示します。

図中の原点 O から上降伏点までは、応力の増加とともにひずみが比例的に増加しています。この直線部分を**弾性域**と呼びます。この範囲では物体に荷重を加えると変形が生じますが、荷重を除去すれば元の形状に戻ります。このときに生じるひずみを**弾性ひずみ**といいます。

弾性域よりさらに荷重を増加すると、荷重を除去しても変形が残り元の形状に戻らないで、永久変形が生じます。このときの変形を**塑性変形**といい、この永久的なひずみを**塑性ひずみ**と呼びます。この弾性域から塑性変形が生じる塑性域の境界を**降伏点**といいます。特に軟鋼の場合では、図中のような上降伏点とその後の下降伏点が見られますが、実用的には下降伏点が限界値として使用されます。この降伏点での応力を**降伏応力**といいます。

降伏点以降の塑性域においては、最大の応力に達するまでは、塑性変形とともに応力が増加します。このとき、材料は硬くなっていきますが、この現象を**加工硬化**と呼びます。

塑性変形が生じて応力が増加し続けると、やがて最大応力となる点に到達します。このときの応力を**引張強さ**と呼びます。この引張強さの位置からさらに変形が生じると、応力は減少して材料は破断します。この破断した点を**破断点**といい、そのときのひずみを**破断ひずみ**と呼びます。

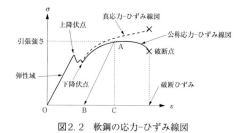

図 2.2　軟鋼の応力-ひずみ線図

降伏応力や引張強さは、材料の強度の重要な値であり設計をする際のデータとして用いられています。

（2）応力とひずみの関係

問題1の解説でも述べましたが、荷重、応力と伸びに関係する式は、確実に記憶してください。

最近の出題では、荷重（軸力）の釣合い式のみでは解けない、不静定の問題が出題されています。このようなときは、荷重と伸びの相互の関係式を連立方程式にして解きます。

■ 解 き 方

B端には引張反力 R_B、D端には圧縮反力 R_D が発生します。

これらの反力は、力の釣合いから以下の式になります。

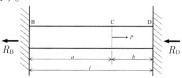

$$R_B + R_D = P$$

一方で、長さ a 部分の伸びは、 $\delta_a = \dfrac{R_B a}{AE}$

また、長さ b 部分の縮みは、 $-\delta_b = -\dfrac{R_D b}{AE}$

全体の長さ l は変化しないから、 $\delta_a + \delta_b = 0$ となり、この絶対値が等しくなります。

$$\delta_a = \delta_b = \frac{R_B a}{AE} = \frac{R_D b}{AE} \qquad \therefore R_B a = R_D b$$

これらの式から、以下のとおり計算できます。

$$R_B + R_B \frac{a}{b} = P \quad \rightarrow \quad R_B = P\frac{b}{l}$$

よって、C点の移動量は、この軸力が長さ a の棒に作用したときの伸び λ として計算できます。

$$\lambda = \frac{R_B a}{AE} = P\frac{b}{l}\frac{a}{AE} = \frac{Pab}{l}\left(\frac{1}{AE}\right)$$

▌解答⑤▐

練習問題2 右図に示すように、剛体棒ABが滑節な節点Aで剛体壁に固定され、さらに、2本の同一な鋼線で天井から水平に支えられている。B点に下向きに荷重Pを負荷したとき、これら鋼線に生じる引張力 S_1、S_2 の組合せとして、最も適切なものはどれか。　　　　［令和2年度　Ⅲ－3］

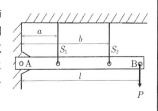

① $S_1 = \dfrac{l-b}{a-b}P$ 、　　$S_2 = -\dfrac{l-a}{a-b}P$　　② $S_1 = -\dfrac{l+b}{a-b}P$ 、　$S_2 = \dfrac{l+a}{a-b}P$

③ $S_1 = \dfrac{a}{l}P$ 、　　　　　$S_2 = \dfrac{b}{l}P$　　　　　④ $S_1 = \dfrac{al}{a^2-b^2}P$ 、　$S_2 = \dfrac{bl}{a^2-b^2}P$

⑤ $S_1 = \dfrac{al}{a^2+b^2}P$ 、　$S_2 = \dfrac{bl}{a^2+b^2}P$

3．傾斜断面に発生する応力 ─────────

問題3　下図に示すように、一様な断面積 A の棒に軸方向の引張荷重 P が作用するとき、棒の軸方向に対して面法線が θ の角度を持った仮想断面を考える。この仮想断面における垂直応力 σ とせん断応力 τ として、最も適切なものはどれか。

［平成27年度　Ⅲ−2］

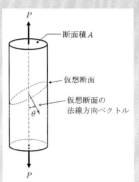

① $\sigma = \dfrac{P}{A}\cos\theta$ 、 $\tau = \dfrac{P}{A}\sin\theta$

② $\sigma = \dfrac{P}{A}\sin\theta$ 、 $\tau = \dfrac{P}{A}\cos\theta$

③ $\sigma = \dfrac{P}{A}\cos^2\theta$ 、 $\tau = \dfrac{P}{A}\cos\theta\sin\theta$

④ $\sigma = \dfrac{P}{A}\cos\theta\sin\theta$ 、 $\tau = \dfrac{P}{A}\sin^2\theta$

⑤ $\sigma = \dfrac{P}{A}\cos^2\theta$ 、 $\tau = \dfrac{P}{A}\sin^2\theta$

（図中：P　断面積 A　仮想断面　仮想断面の法線方向ベクトル　θ　P）

■ **出題の意図**　垂直応力とせん断応力に関する知識を要求しています。

解　説

（1）垂直応力とせん断応力

　問題1の解説で説明したように、引張荷重を受ける棒にはこの荷重と釣り合うように内部に引張応力が発生します。この引張応力は、式からわかるように断面積に対して直角に作用するものです。これが**垂直応力**です。垂直応力には、問題図に示された引張荷重による引張応力のほかに**圧縮応力**があります。**圧縮荷重**とは、図2.3に示すように引張荷重とは反対の方向に作用する力で、棒状の材料が縮む方向に作用する荷重です。この圧縮荷重により内部に発生する応力を圧縮応力といいます。引張荷重と圧縮荷重を総称して**軸荷重**ともいいます。

　一方、図2.4（a）に示すようにある断面に沿って上下から荷重を受ける場合がありますが、このような荷重を**せん断荷重**といいます。例えば、図2.4（b）のように金属板同士をリベットで接合する場合がありますが、板に図のような力を加えたときに接合部分のリベットには横方向の荷重が作用します。これがせん断荷重です。

せん断応力 τ は、せん断荷重によってせん断面に平行に生じる単位面積あたりの荷重で次式となります。

（右図：Pc　Pc　圧縮荷重　図2.3　圧縮荷重）

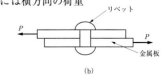

（a）　（b）　リベット　P　P　金属板

図2.4　せん断荷重

$$\tau = \frac{P}{A} = \frac{\text{せん断荷重}}{\text{断面積}}$$

(2) 任意断面に発生する垂直応力とせん断応力

図2.5は、引張荷重を受ける棒において、棒材料の任意の断面が軸に対して傾斜した断面に発生する応力を表しています。ここで、応力を考える面を断面Aからθだけ傾いた断面A'上として、この面での垂直力P_Nおよびせん断力P_Sとすれば次式で表されます。

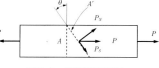

図2.5 傾斜断面の応力

$$A' = \frac{A}{\cos\theta} \, 、 \quad P_N = P\cos\theta \, 、 \quad P_S = P\sin\theta$$

よって、任意の断面A'上に作用する垂直応力σ'およびせん断応力τ'は次式で表されます。

$$\sigma' = \frac{P_N}{A'} = \frac{P}{A}\cos^2\theta = \sigma\cos^2\theta$$

$$\tau' = \frac{P_S}{A'} = \frac{P}{A}\sin\theta\cos\theta = \sigma\sin\theta\cos\theta = \frac{1}{2}\sigma\sin 2\theta$$

このように、傾斜した断面の応力の大きさは、どの面上で考えるかによってその値が異なり、考える断面の傾斜角θの関数となります。なお、この式でσは引張荷重を断面積で割ったものですから、単純引張応力を表します。また、この式から、垂直応力が最大となるのは、$\theta = 0°$のときでその値はσと同じ値になります。せん断応力が最大となるのは、$\theta = 45°$のときで垂直応力（単純引張応力）の$\frac{1}{2}$、すなわち引張応力の半分になります。

■ 解 き 方

上記の解説で詳細を述べたとおり、θの角度を持った仮想断面の垂直応力とせん断力は次式で表されます。

$$\sigma = \frac{P}{A}\cos^2\theta \, 、 \quad \tau = \frac{P}{A}\cos\theta\sin\theta$$

解答③

練習問題3 引張荷重Pを受ける棒（断面積A）において、図に示すような60°傾いた面における垂直応力σおよびせん断応力τとして最も近い値を選べ。

[平成17年度　Ⅳ－7]

① $\sigma = \frac{P}{A}$、$\tau = 0$ ② $\sigma = 0.87\frac{P}{A}$、$\tau = 0.5\frac{P}{A}$

③ $\sigma = 0.43\frac{P}{A}$、$\tau = 0.75\frac{P}{A}$ ④ $\sigma = 0.5\frac{P}{A}$、$\tau = 0.87\frac{P}{A}$

⑤ $\sigma = 0.75\frac{P}{A}$、$\tau = 0.43\frac{P}{A}$

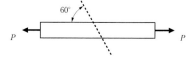

4. 許容応力と安全率

> **問題4**　円形断面のワイヤロープに荷重 P が長手方向に作用している。ワイヤロープの引張強さを σ_B、安全率を S とするとき、許容されるロープの最小の直径として正しいものはどれか。　　　　　　　[平成23年度　Ⅳ－2]
>
> ①　$2\sqrt{\dfrac{\sigma_B S}{\pi P}}$　　②　$2\sqrt{\dfrac{PS}{\pi \sigma_B}}$　　③　$2\sqrt{\dfrac{\pi \sigma_B}{PS}}$　　④　$\sqrt{\dfrac{PS}{\pi \sigma_B}}$　　⑤　$2\sqrt{\dfrac{\pi PS}{\sigma_B}}$

■ 出題の意図　　許容応力と安全率に関する知識を要求しています。

解　説

(1) 使用応力と許容応力

　機械や構造物を設計する際には、使用する材料が実際に負荷される種々の荷重に対して十分に耐え、使用期間中に破壊しないように考慮しておかなければなりません。これは設計をするときに大変重要なことであり、安全にその機械や構造物が機能しなければ、重大な事故につながります。

　そのため機械の設計に際して、設計技術者は機械や構造物の各部に生じる応力を計算し、それが使用する材料の許容限界を超えないように検討する必要があります。

　機械や構造物の各部材に、実際の使用状態における荷重下で生じている応力を**使用応力**といいます。しかしながら、この使用応力を正確に予測して計算することは不可能です。そのため、安全な範囲の上限の応力を**許容応力**として定めて、この値以下になるようにして部材の設計を行います。

(2) 許容応力と安全率

　この許容応力 σ_a は、ある余裕を持たせて弾性限界よりも小さくしておく必要がありますので、以下の式で定義しています。

$$\sigma_a = \frac{\text{基準強さ}}{\text{安全率}} = \frac{\sigma_t \text{ or } \sigma_y}{S} \qquad \text{ただし、} S > 1$$

　基準強さは、一般的に延性材料が静的荷重を受ける場合は、引張強さ σ_t あるいは降伏応力 σ_y が用いられ、繰返し荷重を受ける疲労強度を検討する場合には $S{-}N$ 線図を、高温で静的荷重を受けてクリープを考慮する場合には**クリープ限界**を用います。

　使用応力、許容応力と基準強さは、次のような関係があります。

　　使用応力＜許容応力＜基準強さ

安全率 S は、1より大きな数であり応力計算の不確実さに応じて大きな値をとる必要があります。単純な計算式のみで設計する場合には安全率は大きくなり、詳細な応力解析をすみずみまで実施する場合には安全率は小さくなります。したがって、「安全率が大きい」ということは「応力計算の不確実性が大きい」ということを意味しており、安全性が高いこととは意味が異なります。また、大きすぎれば経済性の低下になりますので、機械や構造物の使用環境や目的などに応じて決定する必要があります。

(3) 引張荷重と発生応力

この関係式については、「1. 荷重、応力とひずみ―1」で述べたとおりですが、引張荷重を P とし、棒材料の初期の断面積を A とすれば、引張応力 σ は次式で表されます。

$$\sigma = \frac{P}{A} = \frac{引張荷重}{断面積}$$

■ **解 き 方**

許容される最小のロープの直径を d とすれば、ロープの断面積 A は以下の式になります。

$$A = \pi \left(\frac{d}{2}\right)^2 = \frac{\pi d^2}{4}$$

また、ロープに使用される材料の引張強さを σ_B として、この場合の安全率を S とすれば、ロープの許容応力 σ_a は、$\sigma_a = \sigma_B / S$ となります。

このロープに荷重 P が長手方向にかかっているので、発生応力を許容応力とすれば、以下の式となります。

$$\sigma_a = \frac{\sigma_B}{S} = \frac{P}{A} = \frac{4P}{\pi d^2}$$

この式からロープの直径 d を求めると、以下の式になります。

$$d = 2\sqrt{\frac{PS}{\pi \sigma_B}}$$

‖解答②‖

| 練習問題4 | 引張強さ $400\ \text{N}/\text{mm}^2$ の角鋼棒を引張荷重 $45\ \text{kN}$ を受ける構造部材として使用したい。安全率を8とするとき、最も適切な角棒の辺長は次のうちどれか。 [平成16年度 Ⅳ－27] |

① 20 mm ② 30 mm ③ 50 mm ④ 112.5 mm ⑤ 9000 mm

5. 自重による棒の応力と伸び

問題 5　下図に示すように、段付棒の上端を固定して鉛直に吊り下げている。自重によって生じる段付棒全体の伸びとして最も適切なものはどれか。なお、段付棒の各部分の長さを l_1 と l_2、断面積を A_1 と A_2 とし、棒の材料の密度を ρ、縦弾性係数を E、重力加速度を g とする。　　　［平成 25 年度　Ⅲ－1］

① $\dfrac{\rho g A_2 l_1 l_2}{A_1 E}$

② $\dfrac{\rho g A_2 l_1 l_2}{A_1 E} + \dfrac{\rho g (l_1^2 + l_2^2)}{2E}$

③ $\dfrac{\rho g (l_1 + l_2)^2}{2E}$

④ $\dfrac{\rho g A_2 l_1 (l_1 + l_2)}{(A_1 + A_2) E} + \dfrac{\rho g (l_1^2 + l_2^2)}{2E}$

⑤ $\dfrac{\rho g A_1 l_1 l_2}{A_2 E} + \dfrac{\rho g (l_1^2 + l_2^2)}{2E}$

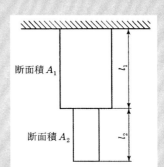

断面積 A_1

l_1

断面積 A_2

l_2

■ 出題の意図　自重により棒に発生する応力と伸びに関する知識を要求しています。

解　説

図 2.6 に示すように、上端を固定された棒が下に垂直に吊り下がっている場合の、棒の伸び量を求めます。

この棒の断面積を A、長さを l、棒の単位体積あたりの重さを w とした場合に、下端から x の位置にある断面に作用する荷重は、$P = Awx$ で表されます。

なお、棒の密度を ρ として、重力加速度を g とすれば、$w = \rho g$ となります。

この断面での発生応力 σ は、以下の式となります。

$$\sigma = \frac{P}{A} = wx = \rho g x$$

x が長さ l となったとき、すなわち上端部で応力が最大となり、その値は以下となります。

$$\sigma_{\max} = wl = \rho g l$$

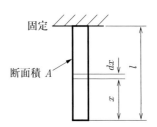

固定

断面積 A

dx

l

x

図 2.6　自重による棒の伸び

一方、ひずみ ε は縦弾性係数を E としたとき、次式で表されます。

$$\varepsilon = \frac{\sigma}{E} = \frac{wx}{E} = \frac{\rho g x}{E}$$

よって、下端から x の位置にある断面の微小な長さ dx 部分の伸び $d\lambda$ は、以下となります。

$$d\lambda = \varepsilon dx = \frac{wx}{E} dx = \frac{\rho g x}{E} dx$$

棒全体の伸び λ は、棒の全長にわたって積分すればよいので以下のとおりに計算できます。

$$\lambda = \int_0^l \frac{wx}{E} dx = \left[\frac{wx^2}{2E} \right]_0^l = \frac{wl^2}{2E} = \frac{\rho g l^2}{2E}$$

■ 解き方

上記の解説で述べたとおり、棒の長さを l、断面積を A、棒の密度を ρ、重力加速度を g、縦弾性係数 E とすれば、自重による棒の伸び λ は、$\lambda = \dfrac{\rho g l^2}{2E}$ で計算できます。

問題の図の上の部分の伸びは、自重による伸びに加えて下の棒の重量による伸びが加わるため、以下の両方の和になります。

自重による伸び：$\lambda_1 = \dfrac{\rho g l_1^2}{2E}$　　下の棒の重量による伸び：$\lambda_2 = \dfrac{Pl_1}{A_1 E} = \dfrac{A_2 l_2 \rho g l_1}{A_1 E}$

ここで、P は下の棒の重量による引張荷重ですが、$P = A_2 l_2 \rho g$ となります。

一方、下の棒の自重による伸びは、$\lambda_3 = \dfrac{\rho g l_2^2}{2E}$　となります。

よって、全体の伸びは以下の式となります。

$$\lambda = \lambda_1 + \lambda_2 + \lambda_3 = \frac{\rho g l_1^2}{2E} + \frac{A_2 l_2 \rho g l_1}{A_1 E} + \frac{\rho g l_2^2}{2E} = \frac{\rho g A_2 l_1 l_2}{A_1 E} + \frac{\rho g (l_1^2 + l_2^2)}{2E}$$

解答②

練習問題5　右図に示すように、直径 d の丸棒の上端を天井に固定して鉛直につり下げるとき、自重によって丸棒が破断しない長さ l の条件として、最も適切なものはどれか。ただし、丸棒の密度を ρ、重力加速度を g とし、丸棒は引張応力が引張強さ σ_B に達したときに破断するものとする。

[令和元年度（再試験）　Ⅲ－2]

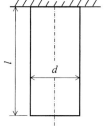

① $l < \dfrac{4\sigma_B}{\rho g}$　　② $l < \dfrac{\sigma_B}{\rho g}$　　③ $l < \dfrac{\sigma_B}{4\rho g}$

④ $l < \dfrac{4\sigma_B}{\pi d^2 \rho g}$　　⑤ $l < \dfrac{\sigma_B}{\pi d^2 \rho g}$

6. 応力集中と疲労限度

問題6　下図に示すように、楕円孔を有する無限に広い一様な厚さの板に一軸の引張応力σを負荷するとき、楕円孔の縁に応力集中によって生じる最大引張応力が最も低くなるときの$2a$と$2b$の組合せとして、最も適切なものはどれか。

［令和元年度（再試験）　Ⅲ－9］

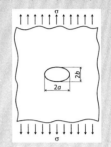

	$2a$	$2b$
①	80 mm	20 mm
②	40 mm	20 mm
③	80 mm	80 mm
④	20 mm	40 mm
⑤	20 mm	80 mm

■ 出題の意図　応力集中に関する知識を要求しています。

解　説

（1）応力集中

応力集中の典型的な例は、円孔に生じる応力集中であり、実際の設計ではボルト締結などの機械部品の組立てにおいて考慮すべきものとなります。

図2.7（a）のように断面が一様な板に引張荷重Pが作用すると、その板の内部に生じる応力は、断面全体に一様に分布します。

しかし、同図（b）のように板に穴が開いていると、穴を通る断面の応力は一様には分布しないで、穴の周辺で特に大

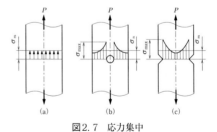

図2.7　応力集中

きくなり、穴から遠ざかるに従って応力は急に減少します。この断面での平均応力をσ_nとすれば、穴の近傍部分に発生する最大応力σ_{max}はσ_nより大きくなり、断面の両端の応力はσ_nより小さくなります。

また、同図（c）のように板の両端に切り欠き溝があると、溝の底部で最大応力σ_{max}が発生し、中心部分の応力は平均応力σ_nより小さくなります。

このように、物体に穴や溝があって形状が急激に変わる部分があるときには、穴や溝の

近傍部分に発生する応力は、局部的に大きくなります。この現象を**応力集中**と呼びます。

また、局部的に生じる最大応力σ_{max}（ただし弾性限度内とする）を評価する断面の平均応力σ_nで割った値、すなわちσ_{max}とσ_nの比αを**応力集中係数**といい次式となります。応力集中係数は、**形状係数**ということもあります。

$$\alpha = \frac{\sigma_{max}}{\sigma_n}$$

応力集中係数の値が大きいと、機械部品が繰返し荷重などの動荷重を受ける場合、応力集中によってその材料が破壊されやすくなります。

（2）疲労強度

物体や材料に繰り返しの荷重が作用して起こる破壊のことを**疲労破壊**といいます。

その材料に発生する応力が、降伏点以下の弾性限度内にあっても破壊することがあり、機械や構造物に実際に起こる破壊のほとんどが、この疲労破壊が原因といわれています。長期にわたって使用する機械や構造物の設計では、疲労に対する検討が不可欠となります。

疲労強度を設計段階で検討する場合には、$S-N$線図が用いられます。この線図は、試験片に図2.8に示すような**繰返し荷重**を与えて、破断時の繰返し回数を調べて作成します。この繰返し荷重の振幅の半分をSとして、Sの値を変化させて破断時の繰返し回数Nを試験します。その試験結果を縦軸にSの値、横軸にNを対数でとったものが**$S-N$線図**です。図2.9に一例を示します。この図では、Sの値がある限界値より小さくなると、それ以上繰返し負荷を与えても破断が発生しなくなります。これを**疲労限度**といいます。通常の鉄鋼材料では、この現象が10^6〜10^7でみられ$S-N$線図では水平な線となります。

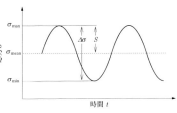

図2.8　繰返し荷重

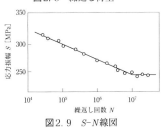

図2.9　$S-N$線図

（3）許容応力と安全率：「4. 許容応力と安全率」を参照してください。

■ **解 き 方**

問題図のように無限平板に、長軸の長さが$2a$、短軸の長さが$2b$の楕円の孔が空いている場合、応力集中によって孔縁に生ずる最大応力σ_{max}は次式で与えられています。

$$\sigma_{max} = \sigma\left(1 + 2\frac{2a}{2b}\right)$$

設問の図の応力集中係数 α は、以下のとおり計算できます。

① $2a = 80$、$2b = 20$ であるから、$\alpha = \left(1 + 2\dfrac{80}{20}\right) = 9$

② $2a = 40$、$2b = 20$ であるから、$\alpha = \left(1 + 2\dfrac{40}{20}\right) = 5$

③ $2a = 80$、$2b = 80$ であるから、$\alpha = \left(1 + 2\dfrac{80}{80}\right) = 3$

④ $2a = 20$、$2b = 40$ であるから、$\alpha = \left(1 + 2\dfrac{20}{40}\right) = 2$

⑤ $2a = 20$、$2b = 80$ であるから、$\alpha = \left(1 + 2\dfrac{20}{80}\right) = 1.5$

したがって、⑤が一番小さいので正解です。

【参考】円形の孔の場合には $\alpha = 3$ であるが、この式で $2a = 2b$ とすれば同じ結果が得られます。

解答⑤

練習問題6 繰返し引張荷重がかかる安全率 S が4で設計された鋼製の部材の中央部に、都合により、小孔（応力集中係数 $\alpha = 3$）を設けることになった。新たな許容応力 σ_a として最も適切な設計値を次の中から選べ。ただし、鋼材の引張強さ σ_B は400 MPa、引張疲労限度 σ_F は150 MPaとする。　　[平成24年度　Ⅳ－8]

①　12.5 MPa　　②　33.3 MPa　　③　37.5 MPa　　④　50 MPa　　⑤　100 MPa

7. 熱応力—1

問題7 右図に示すように、長さが l の棒1
と棒2が接合され、剛体壁で無理なく固定
されている。棒1と棒2の縦弾性係数を E_1、
E_2、断面積を A_1、A_2、線膨張係数を α_1、α_2
とする。それぞれの棒の温度を微小量 ΔT

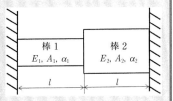

だけ上昇させたとき、棒1に発生する応力 σ_1 として、最も適切なものはどれか。

[令和2年度 Ⅲ—4]

① $\sigma_1 = \dfrac{(\alpha_1 - \alpha_2)A_2E_1E_2}{A_1E_1 - A_2E_2}\Delta T$ 　　② $\sigma_1 = \dfrac{-(\alpha_1 + \alpha_2)A_2E_1E_2}{A_1E_1 - A_2E_2}\Delta T$

③ $\sigma_1 = \dfrac{-(\alpha_1 + \alpha_2)A_2E_1E_2}{A_1E_1 + A_2E_2}\Delta T$ 　　④ $\sigma_1 = \dfrac{(\alpha_1 - \alpha_2)A_2E_1E_2}{A_1E_1 + A_2E_2}\Delta T$

⑤ $\sigma_1 = \dfrac{-(\alpha_1 - \alpha_2)A_2E_1E_2}{A_1E_1 + A_2E_2}\Delta T$

■ **出題の意図** 熱伸びと熱応力に関する知識を要求しています。

解 説

(1) 熱膨張と線膨張係数

物体は、温度変化によって膨張または収縮します。一般に固体材料の温度変化による
伸縮量は、温度の変化する量に比例します。温度が1℃変化したときの単位長さの変化
量を**線膨張係数** α といいます。これは**熱膨張係数**ともいいます。

長さ l の棒が T ℃上昇したときの熱膨張による伸び λ は、この線膨張係数 α を用いると、
$\lambda = \alpha Tl$ で計算できます。

(2) 熱ひずみ、熱応力

温度変化により生じるひずみを**熱ひずみ**といい、それによって生じる応力を**熱応力**と
いいます。熱応力は、熱膨張による伸び量を計算することによって求めることができます。

図2.10 (a) に示すように、長さ l、断面積 A、縦弾性係数 E、線膨張係数 α の棒が、
両端を剛体の固定壁に固定されている場合を考えます。

この状態で温度が T ℃上昇したとき、棒に発生する熱応力を求めます。

同図 (b) の棒のように片方が自由面として考えて、これに荷重 P を加えて膨張した
のと同じひずみ量を元に戻す、と考えれば計算できます。

まず、温度が T℃上昇したときに棒が λ だけ伸びますが、この伸び λ は線膨張係数 α を用いて表すと、$\lambda = \alpha Tl$ となります。よって、この棒に生じる熱ひずみ ε_t は次式となります。

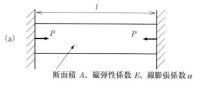

$$\varepsilon_t = \frac{\lambda}{l} = \alpha T$$

一方、元に戻す力 P によって生じる弾性ひずみ ε_c は、$\dfrac{P}{AE}$ となります。しかし、熱ひずみと弾性ひずみの和がゼロになりますので、次式で表せます。

図2.10　棒の熱ひずみ

$$\alpha T + \frac{P}{AE} = 0$$

これから、$P = -\alpha TAE$　という圧縮力が生じることがわかります。

また、内部に生じている熱応力は圧縮応力で、$\sigma_t = -\alpha TE = -\varepsilon_t E$　となります。

この式から、熱応力は部材の断面積と長さには無関係であることがわかります。

解き方

両端が自由面として考えると、長さ l の棒が温度 ΔT だけ上昇したときの伸び λ は、棒1と棒2で、それぞれ以下となります。

　　　棒1：$\lambda_1 = \alpha_1 \Delta Tl$ 　、　　棒2：$\lambda_2 = \alpha_2 \Delta Tl$

この伸びたぶんだけ両端の壁に力が加わっています。言い換えると、これに相当する反力が棒に圧縮力として作用しています。

この圧縮力をそれぞれの棒で R_1、R_2 とすれば、フックの法則（$\sigma = \dfrac{P}{A} = E\varepsilon = \dfrac{E\lambda}{l}$）および力の釣合い（$R_1 = R_2$）から以下の関係式が得られます。

　　　棒1：$\lambda_1 = \dfrac{R_1 l}{A_1 E_1}$ 　、　　棒2：$\lambda_2 = \dfrac{R_2 l}{A_2 E_2} = \dfrac{R_1 l}{A_2 E_2}$

しかし、棒は両端を剛体壁で固定されているので、伸びはゼロとならなければいけません。

これから、以下の式が得られます。

$$\alpha_1 \Delta Tl + \alpha_2 \Delta Tl + \frac{R_1 l}{A_1 E_1} + \frac{R_1 l}{A_2 E_2} = 0$$

この式から、R_1 を求めると以下の式になります。

$$R_1 = -\frac{(\alpha_1 + \alpha_2)A_1 E_1 A_2 E_2}{A_1 E_1 + A_2 E_2}\Delta T \qquad \therefore \sigma_1 = \frac{R_1}{A_1} = \frac{-(\alpha_1 + \alpha_2)A_2 E_2 E_2}{A_1 E_1 + A_2 E_2}\Delta T$$

解答③

練習問題7 下図に示すように、長さ l の一様断面の棒の一端を剛体壁（A点）に固定した。他端（B点）と剛体壁（C点）の間には、平行な隙間 δ（$\delta \ll l$）がある。この初期状態から棒の温度を上昇させ隙間 δ が0となるときの温度上昇量 ΔT_1 と、ΔT_1 よりさらに棒の温度を上昇させて初期状態からの温度上昇量が ΔT_2 となったときに棒に生じる熱応力 σ の組合せとして最も適切なものはどれか。ただし、棒の線膨張係数を α、縦弾性係数を E とする。

[平成27年度　Ⅲ－4]

① $\Delta T_1 = \dfrac{l}{\alpha \delta}$ 、 $\sigma = -E\alpha \Delta T_2$

② $\Delta T_1 = \dfrac{\alpha \delta}{l}$ 、 $\sigma = -E\alpha(\Delta T_2 - \Delta T_1)$

③ $\Delta T_1 = \dfrac{\delta}{\alpha l}$ 、 $\sigma = -E\alpha \Delta T_2$

④ $\Delta T_1 = \dfrac{\delta}{\alpha l}$ 、 $\sigma = -E\alpha(\Delta T_2 - \Delta T_1)$

⑤ $\Delta T_1 = \dfrac{\alpha \delta}{l}$ 、 $\sigma = -E\alpha \Delta T_2$

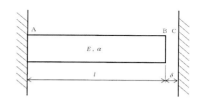

8. 熱応力—2

問題8　右図に示すように、円柱（長さl、断面積A_1、縦弾性係数E_1、線膨張係数α_1）と円筒（長さl、断面積A_2、縦弾性係数E_2、線膨張係数α_2）を同軸で組合せて、両端を剛体板で接合している。円柱と円筒の両方に応力が生じていない状態から、温度がΔTだけ上昇したとき、円柱と円筒の伸び量Δlとして、最も適切なものはどれか。

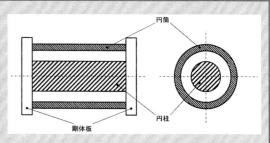

円筒

円柱

剛体板

[令和元年度　Ⅲ－3]

ただし、$\alpha_1 < \alpha_2$とし、円柱と円筒の半径方向の変形は無視できるものとする。

① $\quad \Delta l = \dfrac{E_1 A_1 \alpha_1 + 2E_2 A_2 \alpha_2}{E_1 A_1 + 2E_2 A_2} l \Delta T$

② $\quad \Delta l = \dfrac{E_1 A_1 + E_2 A_2}{E_1 A_1 \alpha_1 + E_2 A_2 \alpha_2} \alpha_1 \alpha_2 l \Delta T$

③ $\quad \Delta l = \dfrac{E_1 A_1 - E_2 A_2}{E_1 A_1 \alpha_1 - E_2 A_2 \alpha_2} \alpha_1 \alpha_2 l \Delta T$

④ $\quad \Delta l = \dfrac{E_1 A_1 \alpha_1 + E_2 A_2 \alpha_2}{E_1 A_1 + E_2 A_2} l \Delta T$

⑤ $\quad \Delta l = \dfrac{E_1 A_1 \alpha_1 - E_2 A_2 \alpha_2}{E_1 A_1 - E_2 A_2} l \Delta T$

■ 出題の意図　熱応力に関する知識を要求しています。

■ 解　説

前項の「7. 熱応力—1」で説明した図2.10が一番単純な場合ですが、ここでは次に、図2.11のように同じ長さlの2つの異なる材料が、剛体板に固定されている場合を考えます。

材料1、2の断面積、縦弾性係数、線膨張係数は、それぞれA_1、E_1、α_1とA_2、E_2、α_2とします。この状態で温度がT℃上昇したときの熱応力と長さの変化を求めます。ただし、両端の剛体板は平行にしか動かないものと仮定します。また、ここでは$\alpha_1 > \alpha_2$のときの問題とします。

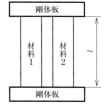

図2.11　熱応力

材料1の熱伸びが大きいことから、材料1には圧縮力、材料2には引張力が発生します。T℃に上昇した後は、両者の長さが等しくなりますので、この圧縮力と引張力の大きさは等しくなります。この値をPとすると、この力Pによる材料1、2のひずみε_1、ε_2は、それぞれ次式で表せます。

$$\varepsilon_1 = -\frac{P}{A_1 E_1}, \qquad \varepsilon_2 = \frac{P}{A_2 E_2}$$

また、棒に生じる熱ひずみは$\alpha_1 T$と$\alpha_2 T$で表されて、これらのひずみの総和は材料1と2で等しくなることから、次式が得られます。

$$\alpha_1 T - \frac{P}{A_1 E_1} = \alpha_2 T + \frac{P}{A_2 E_2} \qquad \therefore P = \frac{(\alpha_1 - \alpha_2)A_1 E_1 A_2 E_2 T}{A_1 E_1 + A_2 E_2}$$

材料に作用する力Pがわかれば、それぞれの材料に発生する熱応力は計算できます。

$$\sigma_1 = \frac{P}{A_1} = \frac{(\alpha_1 - \alpha_2)E_1 A_2 E_2 T}{A_1 E_1 + A_2 E_2} \quad (圧縮) \quad \sigma_2 = \frac{P}{A_2} = \frac{(\alpha_1 - \alpha_2)E_1 A_1 E_2 T}{A_1 E_1 + A_2 E_2} \quad (引張)$$

また、棒の伸びλは次式のようになります。

$$\lambda = l\left(\alpha_1 T - \frac{P}{A_1 E_1}\right) = l\left(\alpha_2 T + \frac{P}{A_2 E_2}\right) = \frac{(\alpha_1 A_1 E_1 + \alpha_2 A_2 E_2)l}{A_1 E_1 + A_2 E_2}T$$

このように複雑な場合でも、熱応力は、熱膨張による伸び量を計算してそれに相当する軸荷重を考慮することによって求めることができます。

■ 解き方

問題文から$\alpha_1 < \alpha_2$であることから、解説に記載した材料1が円筒、材料2が円柱として考えれば解説と同じ式で解けます。すなわち解説の添え字1と2が逆転しただけですが、結果的には同じ式になります。

$$\therefore \lambda = \frac{\alpha_1 A_1 E_1 + \alpha_2 A_2 E_2}{A_1 E_1 + A_2 E_2}l\Delta T$$

解答④

練習問題8 右図に示すように、2枚の鋼板の間に銅板を接着した。このとき積層板に応力は発生していない。鋼板と銅板それぞれの横断面積をA_S、A_C、縦弾性係数をE_S、

E_C、線膨張係数をα_S、α_Cとし、$\alpha_S < \alpha_C$とする。積層板の温度をΔTだけ上昇させたとき、鋼板に生じる熱応力σ_Sと銅板に生じる熱応力σ_Cの組合せとして、最も適切なものはどれか。 [平成30年度 Ⅲ－4]

① $\sigma_S = \dfrac{(\alpha_C - \alpha_S)E_C E_S A_C}{(2E_S A_S + E_C A_C)}\Delta T$ 、 $\sigma_C = -\dfrac{2(\alpha_C - \alpha_S)E_C E_S A_S}{(2E_S A_S + E_C A_C)}\Delta T$

② $\sigma_S = \dfrac{(\alpha_C - \alpha_S)E_C E_S A_C}{2(2E_S A_S + E_C A_C)}\Delta T$ 、 $\sigma_C = -\dfrac{(\alpha_C - \alpha_S)E_C E_S A_S}{(2E_S A_S + E_C A_C)}\Delta T$

③ $\sigma_S = \dfrac{(\alpha_C - \alpha_S)E_C E_S A_C}{(2E_S A_S + E_C A_C)}\Delta T$ 、 $\sigma_C = -\dfrac{(\alpha_C - \alpha_S)E_C E_S A_S}{(2E_S A_S + E_C A_C)}\Delta T$

④ $\sigma_S = \dfrac{2(\alpha_C - \alpha_S)E_C E_S A_C}{(2E_S A_S + E_C A_C)}\Delta T$ 、 $\sigma_C = -\dfrac{(\alpha_C - \alpha_S)E_C E_S A_S}{(2E_S A_S + E_C A_C)}\Delta T$

⑤ $\sigma_S = \dfrac{2(\alpha_C - \alpha_S)E_C E_S A_C}{(2E_S A_S + E_C A_C)}\Delta T$ 、 $\sigma_C = -\dfrac{4(\alpha_C - \alpha_S)E_C E_S A_S}{(2E_S A_S + E_C A_C)}\Delta T$

9. 片持ちはり

問題9 長さ l の片持ちはりに対して、図（a）のように自由端（A点）に集中荷重 P を作用させる場合と、図（b）のように単位長さあたり q の等分布荷重を作用させる場合を考える。両者の最大曲げ応力が等しいとき、P と q の関係として、最も適切なものはどれか。

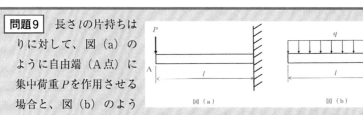

図（a）　　　　　　　図（b）

［令和2年度　Ⅲ－5］

① $P = 4ql$　② $P = 2ql$　③ $P = ql$　④ $P = \dfrac{ql}{2}$　⑤ $P = \dfrac{ql}{4}$

■ 出題の意図　片持ちはりに発生する反力および曲げモーメントに関する知識を要求しています。

解　説

（1）片持ちはり

設問の図のようにはりの片方が剛体壁に固定支持されていて、反対側は支持がなく自由に移動できる自由端になっているものを**片持ちはり**といいます。

（2）はりに作用する荷重

設問の図①のように、ある1点に荷重が負荷された状態を**集中荷重**といいます。

また、設問の図②のように、ある領域にわたって一様な大きさの荷重が均等に分布している状態ですが、これを**等分布荷重**といいます。

（3）集中荷重を受ける片持ちはり

図2.12は集中荷重 P が作用する長さ l の片持ちはりを示します。このはりの**せん断力**と**曲げモーメント**を求めます。

なお、ここでは、荷重、せん断力と反力は上向きを正とし、モーメントは時計回りを正としています。

固定端B点に生じる反力 R_B は、力の釣合いから、$R_B - P = 0$　となりますので、$R_B = P$

また、自由端A点から x 離れたX断面に作用するせん断力 F は、どの断面でも等しくなり、$F = -P$　となります。

図2.12　集中荷重を受ける片持ちはり

曲げモーメント M は、X断面に作用するものを考えると、$M = -Px$ となります。

これらの式から、せん断力は一定の値となり、曲げモーメントは荷重からの距離 x に比例して増加し、固定端で最大（$-Pl$）となることがわかります。

（4）等分布荷重を受ける片持ちはり

図2.13は等分布荷重 w が作用する長さ l の片持ちはりを示します。このはりのせん断力と曲げモーメントを求めます。

固定端B点に生じる反力 R_B は、力の釣合いから、$R_B - wl = 0$ となりますので、$R_B = wl$ となります。

また、自由端A点から x 離れたX断面に作用するせん断力 F は、$F = -wx$

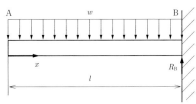

図2.13 等分布荷重を受ける片持ちはり

自由端Aでは $x = 0$ であるため、$F = 0$ となります。固定端Bでは $x = l$ であるため、

$$F = -wl = -R_A$$

次に、X断面に作用する曲げモーメント M は、$M = -wx \times \dfrac{x}{2} = -\dfrac{wx^2}{2}$

これらの式から、せん断力は自由端の0から固定端まで距離に比例して増加し、固定端で最大の値（$-wl$）となります。

一方、曲げモーメントは自由端の0から固定端まで距離 x の二次関数で増加し固定端で最大の値（$-\dfrac{wl^2}{2}$）となります。

（5）はりに発生する曲げ応力

図2.12あるいは図2.13のように曲げモーメントを作用させると、はりの上面には引張応力、下面には圧縮応力が生じますが、曲げ作用を受けてはりの内部に生じる垂直応力を**曲げ応力**と呼びます。

具体的には、はりに発生する最大応力ははりの上表面、下表面に生じ、次の式で計算できます。

$$\sigma_{\max} = \frac{M}{Z} \qquad$$ ここで、Z は**断面係数**と呼びます。

詳細については、「11. 断面係数」を参照してください。

■ 解 き 方

はりに発生する曲げ応力は、次の式で計算できます。

$$\sigma_{\max} = \frac{M}{Z} \qquad$$ ここで、M は曲げモーメントです。

この式から、曲げモーメントを計算して比較すれば以下のとおりになります。

図（a）の場合は、$Ma = Pl$

図（b）の場合は、$Mb = \dfrac{1}{2}ql^2$

曲げ応力が等しくなるためには、　$Ma = Mb = Pl = \dfrac{1}{2}ql^2$　　　$\therefore P = \dfrac{1}{2}ql$

|解答④|

練習問題9-1　右図に示すように、材質と長さが同一である2本の長方形断面の片持ちはりA（断面：高さh、幅$2b$、図（a））と片持ちはりB（断面：高さ$2h$、幅b、図（b））の先端に、同一の荷重Pが作用している。片持ちはりAとBのそれぞれに生じる最大曲げ応力σ_Aとσ_Bの比$\sigma_A : \sigma_B$として、最も適切なものはどれか。ただし、高さh、幅bの長方形断面のはりの断面二次モーメントは$bh^3 / 12$である。

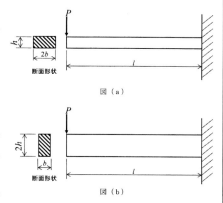

[令和元年度（再試験）　Ⅲ-5]

①　2：1　　②　4：1　　③　6：1　　④　1：2　　⑤　1：4

練習問題9-2　下図に示すように、一様断面の長さlの片持ちはりに、集中荷重及び等分布荷重のいずれか一方、若しくは両方が作用している。図中のPは集中荷重、wは等分布荷重を表し、Pとwの間には$P = wl$の関係がある。このとき、固定端（A点）における反力の大きさがPとなり、曲げモーメントの大きさが$\dfrac{3}{4}Pl$となる片持ちはりの荷重のかけ方として、最も適切なものはどれか。ただし、反力と曲げモーメントの正負は問わない。

[平成29年度　Ⅲ-6]

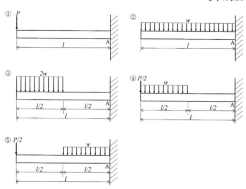

10. 両端単純支持はり

> **問題10** 下図に示すように、長さ $4l$ の単純支持はりにA点から l、B点から l の2か所の位置（C点、D点）に集中荷重 P が作用している。はりの中央（端から $2l$ の位置）に発生するせん断力 F と曲げモーメント M の組合せとして、最も適切なものはどれか。 ［令和元年度　Ⅲ－4］
>
>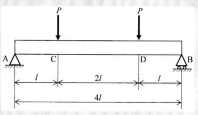
>
> ① $F = 0$、$M = Pl$ ② $F = 0$、$M = 2Pl$ ③ $F = P$、$M = Pl$
>
> ④ $F = P$、$M = 2Pl$ ⑤ $F = 2P$、$M = Pl$

出題の意図 両端単純支持はりに発生する曲げ応力に知識を要求しています。

解　説

（1）集中荷重を受ける両端単純支持はり

図2.14に示す集中荷重 P が作用する長さ l の場合のせん断力と曲げモーメントを求めます。

x–y 座標の原点をA点とします。はりに作用する反力をA点での x 方向の反力 H_A、y 方向の反力 R_A とし、B点での y 方向の反力 R_B とします。

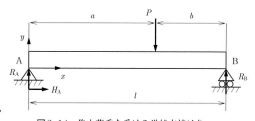

図2.14　集中荷重を受ける単純支持はり

力の釣合いを考えると、x 方向の釣合いから、$H_A = 0$ となります。

また、y 方向の釣合いから、$R_A + R_B - P = 0$、B点におけるモーメントの釣合いから、$R_A l - Pb = 0$、これらの式から、支持点の反力は、$R_A = \dfrac{Pb}{l}$、$R_B = \dfrac{Pa}{l}$、となります。

次に、x 方向に任意の位置におけるせん断力 F と曲げモーメント M を求めます。

ただし、集中荷重 P の位置の左右で条件が変化しますので、$x = a$ の位置で分けて考える必要があります。A点より $x \leq a$ の位置では、次式のとおりとなります。

y 方向の釣合いから $R_A - F = 0$、x 点におけるモーメントの釣合いから $R_A x - M = 0$

支持点の反力を代入すれば、せん断力Fと曲げモーメントMは次式の値となります。

$$F = \frac{Pb}{l} \qquad M = \frac{Pbx}{l}$$

同様にして、xの位置がPよりもB点側にあるときは、y方向の釣合いから、

$R_A - P - F = 0$、x点におけるモーメントの釣合いから、$R_A x - P(x - a) - M = 0$

同様に支持点の反力を代入して、せん断力Fと曲げモーメントMは、次式で求められます。

$$F = -\frac{Pa}{l} \qquad M = \frac{Pa(l - x)}{l}$$

(2) 等分布荷重を受ける両端単純支持はり

図2.15に示す等分布荷重がwで長さlの場合のせん断力と曲げモーメントを求めます。

集中荷重のときと同様に、A点での反力R_A、B点の反力R_Bとします。

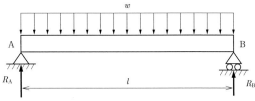

図2.15　等分布荷重を受ける単純支持はり

y方向の釣合いから、$R_A - wl + R_B = 0$、B点におけるモーメントの釣合いから、

$R_A l - \dfrac{wl^2}{2} = 0$　、これからの式から、支持点の反力は、$R_A = R_B = \dfrac{wl}{2}$の値となります。

次に、x方向に任意の位置におけるせん断力Fと曲げモーメントMを求めます。

力の釣合いから、$R_A - wx - F = 0$　となりますので、これからせん断力Fは、

$$F = w\left(\frac{l}{2} - x\right)$$

x点におけるモーメントの釣合いから、$R_A x - \dfrac{wx^2}{2} - M = 0$

これから曲げモーメントMは次式で求められます。

$$M = \frac{wx}{2}(l - x)$$

この式から、せん断力は中央$\left(x = \dfrac{l}{2}\right)$でゼロとなり、曲げモーメントは中央で最大となりますが、両端ではゼロとなることがわかります。

■ 解 き 方

支持点の反力は、$R_A = R_B = P$となります。

はりの中央に発生するせん断力Fは下向きの荷重を＋方向とすれば、以下のようになります。

$$F = -R_A + P = 0$$

一方、はりの中央に発生する曲げモーメントは、時計回りを＋とすれば以下のようになります。

$$M = 2lR_{\text{A}} - Pl = Pl$$

よって、この組合せは①となります。

解答①

練習問題10-1　下図に示すように、一様断面の長さlの単純支持はりの支点A、Bに曲げモーメントM_{A}とM_{B}が作用している。支点Aから距離xの位置におけるはりのせん断力として、最も適切なものはどれか。

[令和元年度（再試験）　Ⅲ－3]

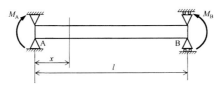

① $\dfrac{M_{\text{A}}}{l}$　　② $\dfrac{M_{\text{B}}}{l}$　　③ $-\dfrac{M_{\text{A}} + M_{\text{B}}}{l^2}x + \dfrac{M_{\text{A}}}{l}$

④ $-\dfrac{M_{\text{A}} - M_{\text{B}}}{l}$　　⑤ $\dfrac{M_{\text{A}} + M_{\text{B}}}{l}$

練習問題10-2　長さLの両端単純支持はりに対して、集中荷重P又は一様分布荷重qをそれぞれ下図のように作用させる。集中荷重を受けるときの最大曲げ応力と一様分布荷重を受けるときの最大曲げ応力が等しいとき、Pとqの関係として最も適切なものはどれか。

[平成26年度　Ⅲ－6]

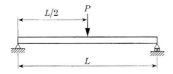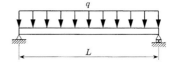

集中荷重が作用する場合　　　　　　一様分布荷重が作用する場合

① $P = qL / 2$　　② $P = 2qL / 3$　　③ $P = qL$

④ $P = 3qL / 2$　　⑤ $P = 2qL$

11. 断面係数

問題11　直径 D の丸棒から下図に示すように高さ h、幅 b の矩形断面の棒を削り出したとき、曲げ荷重に対して最も断面係数が大きくなる二辺の長さの比 $h:b$ を次の中から選べ。　　　　　　　　　　[平成24年度　Ⅳ－10]

① 　　1：1
② $\sqrt{2}$：1
③ $\sqrt{3}$：1
④ 　　2：1
⑤ $\sqrt{6}$：1

■ 出題の意図　断面係数に関する知識を要求しています。

┗ 解　説 ┓

　問題10の図2.14あるいは図2.15のように曲げモーメントを作用させると、はりの上面には圧縮応力、下面には引張応力が生じます。

　曲げ作用を受けてはりの内部に生じる垂直応力を**曲げ応力**と呼びます。

　実際には、はりにはせん断力と曲げモーメントが発生してたわみが生じるのですが、材料力学の分野では、主に曲げモーメントによりはりがたわむと仮定して、発生応力とたわみ量を求めます。これは、せん断応力に比べて曲げ応力の値が格段に大きく支配的になるため、「はりは曲げ応力のみで計算する」としています。

　曲げモーメントを受けるはりの断面の応力分布は、図2.16に示すようになります。曲げ応力の大きさは、中立軸からの距離に比例し、中立軸から最も離れた上面あるいは下面で縮みと伸びが最大となり、ひずみおよび応力の大きさが $\sigma^-{}_{max}$ または $\sigma^+{}_{max}$ で最大となります。**中立軸**とは、曲げモーメントが作用しても長さが変化しない面（**中立面**）と曲げ応力を計算するはりの任意断面との交線をいいます。この中立軸では曲げ応力は発生しません。

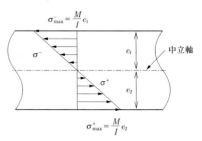

$$\sigma^-{}_{max} = \frac{M}{I} e_1$$

中立軸

$$\sigma^+{}_{max} = \frac{M}{I} e_2$$

図2.16　曲げ応力の分布

　曲げモーメント M が作用しているときのはりの**曲げ応力**を求める場合、次式から計算できます。

$$\sigma = \frac{M}{I} y$$

　ここで、I は**断面二次モーメント**といい、はりの断面形状によって決定される量で以下の式で計算できます。

$$I = \int_A y^2 dA \qquad$$ ここで、y は中立軸からの距離、dA は中立軸に平行な微小面積です。

また、中立軸からの上端および下端までの距離を e_1、e_2 とすれば、それぞれの位置で応力は負の最大値（圧縮）、正の最大値（引張）となり次式で計算できます。

$$\sigma^-_{\max} = \frac{M}{I} e_1 = \frac{M}{Z_1} \qquad \sigma^+_{\max} = \frac{M}{I} e_2 = \frac{M}{Z_2}$$

ここで、$Z_1 = \dfrac{I}{e_1}$　$Z_2 = \dfrac{I}{e_2}$ を中立軸に関する**断面係数**と呼びます。

これから、はりに発生する最大応力は、次式により計算できます。

$$\sigma_{\max} = \frac{M}{Z}$$

なお、曲げモーメント M は荷重を受けるはりの曲げモーメント線図によって求めた最大値を使い、断面係数 Z は応力を算出する断面の最小値を用いることになります。

ここでは、設問にある長方形断面について、断面二次モーメント I と断面係数 Z を求めてみます。図2.17 に示すように、長方形断面の幅を b とし高さを h とします。$dA = bdy$ より、

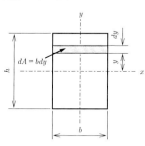

図2.17　長方形の係数

$$I = \int_A y^2 dA = b \int_{-\frac{h}{2}}^{\frac{h}{2}} y^2 dy = b \left(\frac{y^3}{3} \right)_{-\frac{h}{2}}^{\frac{h}{2}} = \frac{bh^3}{12} \qquad \therefore Z = \frac{I}{\frac{h}{2}} = \frac{bh^2}{6}$$

■ 解 き 方

図2.18 に示すように直径 d の丸棒から幅 b で高さが h の長方形断面の棒を削り出す、と考えます。断面係数を Z とすれば、$Z = \dfrac{bh^2}{6}$ となります。また、直径 d と幅 b および高さ h の間には、$d^2 = b^2 + h^2$ の関係がありますので、以下の式が成り立ちます。

$$Z = \frac{bh^2}{6} = \frac{b(d^2 - b^2)}{6} = \frac{1}{6}(bd^2 - b^3)$$

Z は幅 b の関数であるため、最大値は微分して $\dfrac{dZ}{db} = 0$ のときになります。

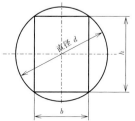

したがって、$\dfrac{dZ}{db} = \dfrac{d^2 - 3b^2}{6} = 0 \qquad \therefore d^2 - 3b^2 = 0$

図2.18　円形からの長方形断面の削り出し

これから、$b = \dfrac{d}{\sqrt{3}}$ 、$\quad h = \sqrt{d^2 - b^2} = \sqrt{\dfrac{2}{3}} d \qquad \therefore h : b = \sqrt{2} : 1$

▐ 解答② ▐

注記：時間は掛かりますが、①から⑤まで d の関数として係数を計算してもできます。

練習問題11　同一材料の中実丸軸で直径 d および直径が $2d$ の大きさのものがある。この2本の軸の断面係数の比は、次のうちどれか。

①　$1 : 2$　　②　$1 : 4$　　③　$1 : 8$　　④　$1 : 16$　　⑤　$1 : 32$

12. はりのせん断力図と曲げモーメント図 ─────────

問題12 片持ちはりの全長 l にわたり一定の分布荷重 q が作用する場合を考える。このとき、分布荷重 q により生じる曲げモーメント図として、適切なものはどれか。　　　　　　　　　　　　　　　　　［令和3年度　Ⅲ−4］

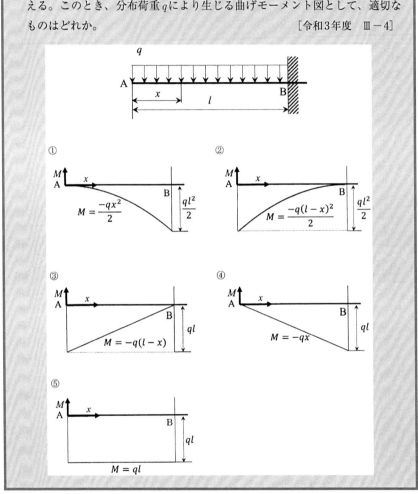

■ 出題の意図 はりのせん断力図と曲げモーメント図に関する知識を要求しています。

解 説

（1）せん断力図と曲げモーメント図

「9. 片持ちはり」および「10. 両端単純支持はり」では、せん断力と曲げモーメント

52

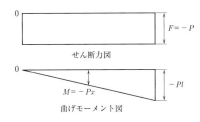

図2.19 SFDとBMD
（片持ちはりに集中荷重が作用）

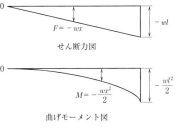

図2.20 SFDとBMD
（片持ちはりに等分布荷重が作用）

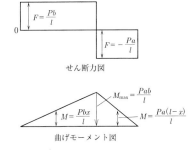

図2.21 SFDとBMD
（単純支持はりに集中荷重が作用）

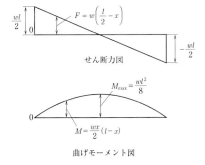

図2.22 SFDとBMD
（単純支持はりに等分布荷重が作用）

は式として求めましたが、これをもっと理解しやすくするために図で表示したものが、**せん断力図（SFD）、曲げモーメント図（BMD）** と呼ばれるものです。

（2）片持ちはりおよび単純支持はりのSFDとBMD

片持ちはりに集中荷重が作用しているときは、図2.19に示すとおりになります。

片持ちはりに等分布荷重が作用しているときは、図2.20に示すとおりになります。この図で、上の図をせん断力図（SFD）、下の図を曲げモーメント図（BMD）と呼びます。

また、**単純支持**はりに集中荷重が作用しているときは図2.21に示すとおりになり、等分布荷重が作用しているときは、図2.22に示すとおりになります。

■ 解き方

自由端Aの曲げモーメントは0（ゼロ）で、固定端Bの曲げモーメントは $\dfrac{ql^2}{2}$ となります。

よって、この値を表しているのは①です。

解答①

53

練習問題12　図に示すように等分布荷重 w と集中荷重 P を受ける長さ L の片持ちはりがある。ここで、$wL = P$ とする。はりのせん断力を Q、曲げモーメントを M とするとき、このはりのせん断図と曲げモーメント図の正しい組合せを①〜⑤の中から選べ。　　　　　　　　　　　　　　　　　　　　　［平成22年度　IV-19］

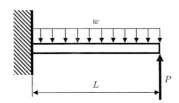

①

②

③
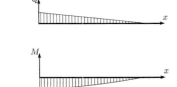

④
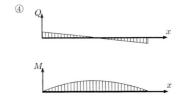

⑤
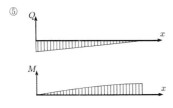

13. はりのたわみ

問題13 曲げ剛性 EI、

長さ l の片持ちはりに対

して、右図（a）に示す

ように自由端Aに集中

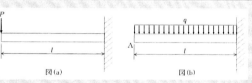

図(a)　　　　　図(b)

荷重 P が作用するときの自由端Aのたわみと、図（b）に示すように等分布

荷重 q が作用するときの自由端Aのたわみが等しいとき、P と q の関係を表

す式として、最も適切なものはどれか。　　　　　　［平成30年度　Ⅲ－6］

① $P = \dfrac{ql}{8}$ 　② $P = \dfrac{3}{4}ql$ 　③ $P = \dfrac{3}{8}ql$ 　④ $P = ql$ 　⑤ $P = 2ql$

□ 出題の意図　片持ちはりのたわみの知識を要求しています。

解説

（1）はりのたわみ曲線の微分方程式

はりがたわむとはりの縦主軸（中心軸）は曲線になるため、**たわみ曲線**と呼びます。

たわみ曲線と元の縦主軸との距離 y を**たわみ**といい、たわみ曲線の接線と元の縦主軸と

のなす角度を**たわみ角** θ として表します。

実際にはりのたわみを計算するときには、以下のたわみ曲線の微分方程式が用いられ

ます。

たわみ曲線の微分方程式：$\dfrac{d^2y}{dx^2} = -\dfrac{M}{EI}$

たわみ角 θ：$\theta = \dfrac{dy}{dx} = -\displaystyle\int \dfrac{M(x)}{EI}\,dx$

たわみ量 y：$y = \displaystyle\int \theta\,dx = -\displaystyle\iint \dfrac{M(x)}{EI}\,dxdx$

ここで、EI を**曲げ剛性**と呼び、はりの曲がりにくさを表す量となります。

これらの式から、曲げモーメントの分布とはりの

境界条件がわかれば、たわみ角とたわみ量を求める

ことができます。

（2）片持ちはりのたわみ

簡単な例として、図2.23に示す片持ちはりの先端

に荷重 P が作用したときを考えてみます。

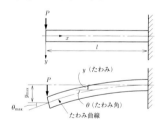

図2.23　片持ちはりのたわみ

自由端からxの距離の曲げモーメントは、$Mx = -Px$となります。

たわみ曲線の微分方程式から、

$$EI \frac{d^2y}{dx^2} = -Mx = Px \qquad EI \frac{dy}{dx} = \frac{1}{2}Px^2 + C_1 \qquad EIy = \frac{1}{6}Px^3 + C_1x + C_2$$

ここで、C_1とC_2は積分定数ですが、はりの境界条件により決まります。

境界条件を考えると、$x = l$ではたわみ角とたわみ量はともに0となります。

これから、C_1とC_2は次式となります。

$$C_1 = -\frac{1}{2}Pl^2 \qquad C_2 = \frac{1}{3}Pl^3$$

これらの式から、たわみ角θとたわみ量yは、次式で求められます。

$$\theta = \frac{P}{2EI}(x^2 - l^2) \qquad y = \frac{P}{6EI}(x^3 - 3l^2x + 2l^3)$$

このときの最大たわみ角と最大たわみ量は、$x = 0$で生じて、次式の値となります。

$$\theta = -\frac{P}{2EI}l^2 \qquad y = \frac{P}{3EI}l^3$$

（3）両端単純支持はりのたわみ

上記同様に、はりの長さがlとしてその中央に荷重Pが作用すると考えれば、支持端の反力は$R = \frac{1}{2}P$　で、支持端からxの距離の曲げモーメントは$M = \frac{1}{2}Px$、となります。

たわみ曲線の微分方程式から、

$$EI \frac{d^2y}{dx^2} = -Mx = -\frac{1}{2}Px \qquad EI \frac{dy}{dx} = -\frac{1}{4}Px^2 + C_1 \qquad EIy = -\frac{1}{12}Px^3 + C_1x + C_2$$

条件として、$x = 0$でたわみ量$y = 0$、$x = \frac{1}{2}l$でたわみ角$\theta = 0$、であることから、

$$C_1 = -\frac{1}{16}Pl^2 \qquad C_2 = 0 \quad となり、たわみは以下のとおり計算できます。$$

$$y = \frac{Px}{48EI}(3l^2 - 4x^2) \qquad \therefore y_{max} = y_{x=\frac{1}{2}l} = \frac{Pl^3}{48EI}$$

■ 解き方

図（a）のたわみは、上記の解説（2）で説明したように以下のとおりになります。

$$y_{max} = \frac{P}{3EI}l^3$$

図（b）のたわみは、解説（1）のたわみ方程式より、以下のとおり計算できます。

自由端A点からxの距離にある位置での曲げモーメントは、$\left(-\frac{qx^2}{2}\right)$　です。

たわみ曲線の微分方程式は、$\frac{d^2y}{dx^2} = -\frac{M}{EI} = \frac{q}{2EI}x^2$ですから、この式より

$$\frac{dy}{dx} = \frac{q}{2EI}\left(\frac{x^3}{3} + C_1\right) \qquad y = \frac{q}{2EI}\left(\frac{x^4}{12} + C_1x + C_2\right) となります。$$

C_1およびC_2は積分定数ですが、$x = l$で$\frac{dy}{dx} = 0$、$y = 0$となるから以下のとおり計算できます。

$$C_1 = -\frac{l^3}{3} \qquad C_2 = \frac{l^4}{3}$$

よって、たわみは以下の式になります。

$$y = \frac{q}{24EI}\left(x^4 - 4l^3 x + 3l^4\right) \quad \rightarrow \quad \text{最大たわみは、} x = 0 \text{を代入して、} y_{\max} = \frac{q}{8EI}l^4$$

図（a）と図（b）のたわみが等しいときのPとqの関係は、以下のとおり計算できます。

$$\frac{P}{3EI}l^3 = \frac{q}{8EI}l^4 \qquad \therefore P = \frac{3}{8}ql$$

解答③

練習問題13-1　下図に示すように、長さlの単純支持はりの中央（A点）に集中荷重Pが作用している。はりの最大たわみとして、最も適切なものはどれか。なお、はりの曲げ剛性をEIとする。　　　　［平成28年度　Ⅲ－4］

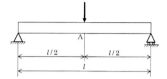

①　$\dfrac{Pl^3}{16EI}$　　②　$\dfrac{Pl^3}{24EI}$　　③　$\dfrac{Pl^3}{32EI}$

④　$\dfrac{Pl^3}{48EI}$　　⑤　$\dfrac{Pl^3}{64EI}$

練習問題13-2　下図に示すように、長さlの片持ちはりの先端（自由端）に曲げモーメントMが作用している。次のうち、はりの最大たわみとして、最も適切なものはどれか。ただし、はりの曲げ剛性をEIとする。　　［令和元年度　Ⅲ－6］

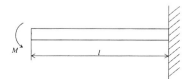

①　$\dfrac{Ml^2}{EI}$　　②　$\dfrac{Ml^2}{2EI}$　　③　$\dfrac{Ml^2}{4EI}$　　④　$\dfrac{Ml^2}{8EI}$　　⑤　$\dfrac{Ml^2}{12EI}$

14. 軸のねじり

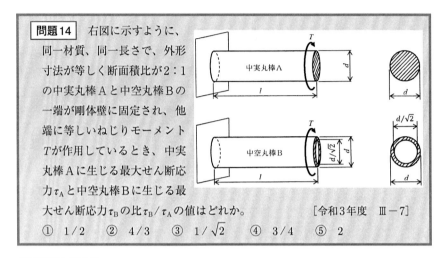

問題14　右図に示すように、同一材質、同一長さで、外形寸法が等しく断面積比が2：1の中実丸棒Aと中空丸棒Bの一端が剛体壁に固定され、他端に等しいねじりモーメントTが作用しているとき、中実丸棒Aに生じる最大せん断応力τ_Aと中空丸棒Bに生じる最大せん断応力τ_Bの比τ_B/τ_Aの値はどれか。　　　［令和3年度　Ⅲ－7］

①　$1/2$　　②　$4/3$　　③　$1/\sqrt{2}$　　④　$3/4$　　⑤　2

□ **出題の意図**　　中実丸棒および中空丸棒のねじりに関する知識を要求しています。

■ **解　説**

（1）軸のねじりの定義

丸棒の一端を固定して、他端に偶力を作用させると棒にねじれ現象が生じます。このように棒に偶力が作用してねじられることを**ねじり**といいます。曲げ作用を受ける棒材をはりと呼んだのに対して、ねじりを受ける棒材を**軸**といいます。

ねじりを発生させる力は、**ねじり荷重**です。これは、**ねじりモーメント**あるいは**トルク**ともいいます。

（2）丸棒のねじり角とせん断応力

図2.24のように一端が固定された丸棒で、固定端の反対側の端面にねじりモーメントTが作用する場合を考えます。丸棒の長さをl、半径をRとします。

ここで、ねじる前の直線ABがねじりを生じた後では、AB′に変化したとします。こ

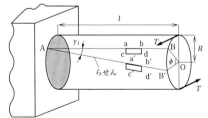

図2.24　中実丸軸のねじり

のAB′はらせんとなり、このときにABとAB′がなす角を**らせん角**と呼び、γ_1とします。また、図に示されるようにABに沿った長方形abcdを考えてみると、ねじりが生じた後では、a′b′c′d′となります。この長方形においては、らせん角γ_1だけ角度がずれて変形したことになります。これは、せん断ひずみを意味しています。

58

せん断ひずみの定義は、図2.25に示すように以下のように定義されています。

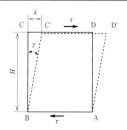

図2.25　せん断ひずみ

高さHの四辺形において、上下の辺にせん断応力τを受けた場合に、下が固定で上の辺が長さλだけずれた場合に、**せん断ひずみ**γは、$\gamma = \dfrac{\lambda}{H}$ で表されます。

一方、軸の右端では、BがB′に移動して、OBはOB′となりϕだけ回転したことになります。このϕを**ねじり角**と呼びます。ねじり角は軸の長さに比例して増加しますので、ねじりの程度を表すには単位長さあたりのねじり角を用います。これを**比ねじり角**θといい $\theta = \dfrac{\phi}{l}$ で表されます。

また、γ_1とϕ（ラジアン）が微小と考えると、図2.24の円弧BB′の長さから$\gamma_1 l = R\phi$となります。これから、次式が得られます。

$$\gamma_1 = \frac{R\phi}{l} = R\theta$$

なお、せん断応力τとせん断ひずみγとの間にも「1. 荷重、応力とひずみ―1」の解説で述べたのと同様の関係があり、$\tau = G\gamma$で表されます。

ここで、Gは比例定数であり、**横弾性係数**または**せん断弾性係数**といいます。

よって、ねじりによる外表面のせん断応力をτ_1とすれば、次式で計算できます。

このせん断応力はねじり作用によるものですから、**ねじり応力**と呼ぶこともあります。

$$\tau_1 = G\gamma_1 = GR\theta$$

また、図2.26に示すように中心から半径rの位置にある円筒を考えてみます。

$\gamma l = r\phi$ となることから、次式が得られます。

$$\gamma = \frac{r\phi}{l} = r\theta = \gamma_1 \frac{r}{R}$$

同様にせん断応力は、次式となります。

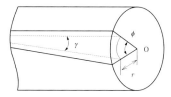

図2.26　円筒のひずみ

$$\tau = G\gamma = Gr\theta = G\gamma_1 \frac{r}{R} = \frac{r}{R}\tau_1$$

これらの式から、丸棒に発生するせん断応力は、中心は0で、外表面で最大となり中心からの距離に比例することがわかります。

次に、ねじりが作用する場合に、丸棒の断面に発生するせん断応力とねじりモーメントの関係を考えます。

図2.27に示すように、中心から半径rのせん断応力をτとすれば、微小面積dAとの積が微小部分に作用するせん断力となりますから、これに半径rをかければ微小部分のモーメントとなります。これを断面にわたって積分すれば、ねじりモーメントTに釣り合うことになります。この関係から、次式が得られます。

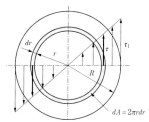

$dA = 2\pi r dr$

図2.27　せん断応力の分布

$$T = \int_A r\tau dA$$

微小面積 $dA = 2\pi rdr$ および上述の τ を代入すれば、ねじりモーメント T は次式のとおりに求められます。

$$T = \int_0^R 2\pi\tau r^2 dr = \frac{2\pi}{R}\tau_1\int_0^R r^3 dr = \frac{\pi R^3}{2}\tau_1$$

これらの式をまとめると、せん断応力、せん断ひずみ、比ねじり角は以下の式となり、丸棒の半径と横弾性係数 G がわかれば計算できます。

$$\tau_1 = \frac{2}{\pi R^3}T \qquad \gamma_1 = \frac{\tau_1}{G} = \frac{2}{\pi R^3 G}T \qquad \theta = \frac{\gamma_1}{R} = \frac{2}{\pi R^4 G}T$$

また、軸についても、はりの場合と同様に断面形状や寸法によって決まる値が存在します。それを**断面二次極モーメント** I_P といい、次式で定義されています。

$$I_P = \int_A r^2 dA$$

上記の丸棒の場合には次の値となります。

$$I_P = \int_A r^2 dA = \int_0^R 2\pi r^3 dr = \frac{\pi R^4}{2} = \frac{\pi d^4}{32} \qquad ここで d は直径$$

この値を用いると上に示した式は以下のようになります。

$$\theta = \frac{T}{GI_P} \qquad \tau_1 = \frac{TR}{I_P} = \frac{T}{Z_P} \qquad \gamma_1 = \frac{T}{GZ_P} \qquad ここで、 Z_P = \frac{I_P}{R} = \frac{\pi d^3}{16}$$

上式の分母の GI_P を**ねじり剛性**と呼び、軸にねじり荷重が作用するときには、この値が大きいほどねじり角が小さい、すなわちねじれにくいことがわかります。また、Z_P は**極断面係数**といい、最大せん断応力を求めるのに用いられます。

なお、中空丸棒の場合に外径を d_o、内径を d_i とすれば断面二次極モーメント I_P は、次の値になります。

$$I_P = \int_A r^2 dA = \int_{R_i}^{R_o} 2\pi r^3 dr = \frac{\pi(R_o{}^4 - R_i{}^4)}{2} = \frac{\pi}{32}(d_o{}^4 - d_i{}^4)$$

■ 解 き 方

詳細は解説（2）を参照してください。

トルクを T とすれば軸に生じるせん断応力は、以下の式で計算できます。

$$\tau = \frac{TR}{I_P} = \frac{Td}{2I_P} \qquad ここで、 I_P は断面二次極モーメントで、 d は外径です。$$

中実丸棒および中空丸棒の断面二次極モーメントは、棒の外径を d、内径を d_i とすれば以下の式になります。

中実丸棒： $I_{PA} = \dfrac{\pi d^4}{32}$

中空丸棒： $I_{PB} = \dfrac{\pi}{32}(d^4 - d_i{}^4) = \dfrac{\pi}{32}\left[d^4 - \left(\dfrac{d}{\sqrt{2}}\right)^4\right] = \dfrac{3\pi d^4}{32 \times 4} = \dfrac{3}{4}I_{PA}$

よって、$\tau_B / \tau_A = 4/3$　です。

■解答②■

練習問題14-1　　下図に示すように、同一の材料でできた段付き丸棒の両端を固定し、段付き部にねじりモーメント T を負荷する。このとき、段付き部に生じるねじり角として、最も適切なものはどれか。ただし、材料の横弾性係数を G とする。　　　　　　　　　　　　　　　　　　　　　　　　　　　　［令和2年度　Ⅲ－7］

①　$\dfrac{64Tl_1l_2}{\pi G(d_1^4l_1 + d_2^4l_2)}$　　　②　$\dfrac{64Tl_1l_2}{\pi G(d_1^4l_2 + d_2^4l_1)}$

③　$\dfrac{32Tl_1l_2}{\pi G(d_1^4l_1 + d_2^4l_2)}$　　　④　$\dfrac{32Tl_1l_2}{\pi G(d_1^4l_2 + d_2^4l_1)}$

⑤　$\dfrac{16Tl_1l_2}{\pi G(d_1^4l_1 + d_2^4l_2)}$

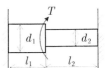

練習問題14-2　　下図に示すように、同一材質の丸棒 A（直径 d、長さ l）と丸棒 B（直径 $3d$、長さ $3l$）の一端が剛体壁に固定され、他端にねじりモーメント T_A と T_B がそれぞれ作用しているとき、丸棒 A と丸棒 B の両端間のねじれ角が等しくなった。このとき、ねじりモーメントの比 $T_A : T_B$ として、最も適切なものはどれか。　　　　　　　　　　　　　　　　　　　　　　　　　　　　［令和元年度（再試験）　Ⅲ－6］

①　$1:81$　　②　$1:27$　　③　$1:18$　　④　$1:9$　　⑤　$1:3$

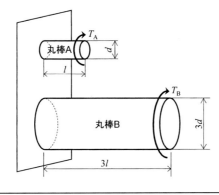

---

15. 軸の伝達動力

問題15　軸直径 $d = 40$ [mm] の中実丸軸を回転数 $N = 2000$ [rpm] で回転させて動力を伝達する。軸材料の許容せん断応力を $\tau_a = 100$ [MPa] とするとき、最大伝達動力 H_{max} に最も近い値はどれか。　　　[平成29年度　Ⅲ－7]

① $H_{max} = 132$ [kW]　　② $H_{max} = 263$ [kW]　　③ $H_{max} = 526$ [kW]

④ $H_{max} = 1053$ [kW]　　⑤ $H_{max} = 2106$ [kW]

出題の意図　中実丸軸の伝達動力に関する知識を要求しています。

解　説

(1) 中実丸軸

　一般的な機械は、モータやエンジンなどの回転運動を軸が伝達して動きます。このように、動力を伝えるために回転する棒が**軸**です。軸には、前項の「14. 軸のねじり」で述べたねじりが作用します。

　この軸の断面形状が円形のもので中身が詰まったものを**中実丸軸**といい、中心部が空間となっているものを**中空丸軸**といいます。中実丸軸は、前項の丸棒のことです。

(2) 軸の伝達動力

　軸は、動力を伝達するためには必須の機械部品です。**伝達軸**とは、ねじり回転しながらトルクを伝達して、動力を伝える部品のことをいいます。例えば、自動車のドライブシャフトは、エンジンで発生した動力を車輪に伝える伝達軸で、どのくらいの速度で動力を伝達できるかが重要となります。

　ここでは前項で説明した軸に発生するせん断応力とそのときの軸の径とトルクの関係から、伝達軸で伝えることができる動力を考えます。

　仕事とは、力 F とその力の方向に動いた長さ s との積で表され、単位は [N・m] です。これはエネルギーの単位であるジュール [J] となります（1 J = 1 N・m）。

　また、仕事を伝える割合のことを**仕事率** P と呼び、単位時間に行われる仕事のことで、動力を意味しています。仕事率は [J/s] あるいは [N・m/s] となりますが、これをワット [W] と呼びます。

　ここで、半径 R の軸に力 F が作用して、回転数 N [rpm] で動力を伝達している場合に、伝達軸として必要な径を考えます。

　トルク T は、力 F と軸の半径 R との積として $T = FR$ で計算されます。

　また、仕事 A は「力×移動距離」で計算されるので、軸の回転数を N とすれば、次式

のようになります。

$$A = F \times 2\pi RN = 2\pi TN$$

動力 P は、仕事 $A \div$ 所要時間 t で計算されるので、回転数の単位を rpm で考えると時間 t は60秒となります。これから、次式が得られます。

$$P = \frac{2\pi TN}{60} \qquad \therefore T = \frac{60P}{2\pi N}$$

また、中実丸軸にかかるトルクを T、軸の半径を R（直径 d）とすれば、発生するせん断応力 τ は、前項の「14. 軸のねじり」で説明したとおり以下の式となります。

$$\tau = \frac{T}{Z_P} = \frac{2T}{\pi R^3} = \frac{16T}{\pi d^3} \qquad \therefore T = \frac{\tau \pi R^3}{2} = \frac{\tau \pi d^3}{16}$$

これらの式から、動力を伝達するために必要な軸の半径 R は、次式で計算できます。

$$R = ^3\sqrt{\frac{2T}{\pi \tau}} = ^3\sqrt{\frac{60P}{\pi^2 \tau N}}$$

■ **解 き 方**

解説（2）で説明したとおり、動力 P は、作用しているトルクを T、回転数を N rpm とすると以下の式で計算できます。

$$P = \frac{2\pi TN}{60}$$

また、中実軸にかかるトルクを T、軸の直径を d、ねじりせん断応力を τ とすれば、以下の関係式となります。

$$T = \frac{\tau \pi d^3}{16}$$

これらの式から、伝達動力は、以下のように計算できます。

$$P = \frac{2\pi N}{60} \frac{\tau \pi d^3}{16} = \frac{2\pi^2 \times 2000 \times 100 \times 10^6 \times 0.04^3}{60 \times 16} = 2.63 \times 10^5 \ [\text{W}] = 263 \ [\text{kW}]$$

解答②

練習問題15 直径150 mm の中実丸軸が150 kW を伝達しながら110 rpm で回転しているとき、ねじりによる軸材料の最大せん断応力はいくらか。最も近いものを次の中から選べ。 ［平成20年度　Ⅳ－7］

① 4.90 MPa　② 7.35 MPa　③ 9.80 MPa

④ 14.7 MPa　⑤ 19.6 MPa

16. 曲げモーメントとトルクを受ける軸

問題16　曲げモーメント M を受けながらトルク T を伝達している直径 d の鋼製軸がある。材料の許容せん断応力を τ_a としたとき、許容される最小軸径を算出するうえで正しい計算式を次の中から選べ。　［平成20年度　Ⅳ−8］

① $d = \sqrt{\dfrac{32}{\pi\tau_a}\sqrt{M^2 + T^2}}$　　② $d = \sqrt[3]{\dfrac{16}{\pi\tau_a}\sqrt{M^2 + T^2}}$

③ $d = \sqrt[3]{\dfrac{32}{\pi\tau_a}\sqrt{M^2 + T^2}}$　　④ $d = \sqrt[4]{\dfrac{16}{\pi\tau_a}\sqrt{M^2 + T^2}}$

⑤ $d = \sqrt[4]{\dfrac{32}{\pi\tau_a}\sqrt{M^2 + T^2}}$

出題の意図　曲げモーメントとトルクを受ける軸に関する知識を要求しています。

解　説

　図2.28に示す円形断面の棒について曲げモーメントを受けながらトルクが作用する場合を考えます。これは、「9. 片持ちはり」の図2.12に「14. 軸のねじり」の図2.24に示す荷重が追加されたとみなすことができます。

　すなわち、この片持ちはりの棒には、荷重 P とトルク T が自由端に作用して、棒の内部には曲げモーメントによる応力とねじりモーメントによる応力が発生しています。

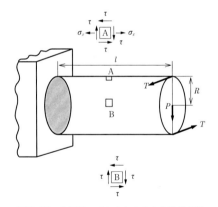

図2.28　曲げモーメントとトルクを受ける軸

　荷重点 P からの距離を x とすれば、その位置の曲げモーメント M は、$M = Px$ となります。

　棒の上表面の図中のA部分には、この曲げモーメント M による曲げ応力 σ_x とねじりモーメント T によるせん断応力 τ が発生しています。

　これらの発生応力は、棒の直径を d とすれば以下の式となります。

$$\sigma_x = \frac{M}{Z} = \frac{32M}{\pi d^3} \quad,\quad \tau = \frac{T}{Z_P} = \frac{16T}{\pi d^3}$$

ここで、Zは断面係数で、丸棒の場合には$Z = \dfrac{\pi d^3}{32}$となります。

また、Z_pは極断面係数で、丸棒の場合には$Z_p = \dfrac{\pi d^3}{16}$となります。

σ_xとτがわかれば、応力の組合せにより主応力と主せん断応力を計算することができます。詳しくは「18. 組合せ応力―1」に記載しますが、主応力は以下の式になります。

（注記：「18. 組合せ応力―1」の（4）項に示した式ですが、この場合は$\sigma_y = 0$となりますので以下の式になります）

$$\sigma_1 \text{ or } \sigma_2 = \frac{1}{2}\sigma_x \pm \frac{1}{2}\sqrt{\sigma_x{}^2 + 4\tau^2}$$

また、主せん断応力は以下の式になります。

$$\tau_1 \text{ or } \tau_2 = \pm\frac{1}{2}\sqrt{\sigma_x{}^2 + 4\tau^2} = \pm\frac{1}{2}\left(\sigma_1 - \sigma_2\right)$$

この式に上記で述べたσ_xとτの式を代入すれば、以下の式が得られます。

$$\sigma_1 \text{ or } \sigma_2 = \frac{16}{\pi d^3}\left(M \pm \sqrt{M^2 + T^2}\right), \qquad \tau_1 \text{ or } \tau_2 = \pm\frac{16}{\pi d^3}\sqrt{M^2 + T^2}$$

この場合の曲げモーメントMは$M = Px$となりますので、最大曲げ応力は固定端に発生します。これから、最大主応力と最大せん断応力も固定端の上面あるいは下面で生じることになります。上面では引張応力が最大となり、下面では圧縮応力が最大となります。

なお、中立面上となる両側では曲げ応力は発生しませんが、せん断応力はねじりと片持ちはりのせん断力による応力が発生します。

■ 解 き 方

上記の解説で述べたとおり最大せん断応力は、以下の式で表されます。

$$\tau_1 \text{ or } \tau_2 = \pm\frac{16}{\pi d^3}\sqrt{M^2 + T^2}$$

ここで、最大せん断応力の限界を許容せん断力τ_aとすれば、以下のように許容される最小の軸径を計算できます。

$$d = \sqrt[3]{\frac{16}{\pi \tau_a}\sqrt{M^2 + T^2}}$$

解答②

練習問題16 直径100 mmの中実丸軸に1 kN・mの曲げモーメントと2 kN・mのねじりトルクが同時に作用するとき、この軸に発生する最大主応力σと最大せん断応力τの絶対値の組合せとして最も近いものを次の中から選べ。

① $\sigma = 15.6$ MPa、 $\tau = 10.6$ MPa　　② $\sigma = 16.5$ MPa、 $\tau = 11.4$ MPa

③ $\sigma = 17.9$ MPa、 $\tau = 12.7$ MPa　　④ $\sigma = 19.5$ MPa、 $\tau = 13.6$ MPa

⑤ $\sigma = 20.6$ MPa、 $\tau = 14.5$ MPa

17. 柱の座屈

問題17　右図に示すように、一辺が40 mmの正方形断面を有する長さ2 mの鋼製の柱が一端固定・他端自由の状態で軸方向に圧縮力が負荷されている。このときの座屈荷重として、最も近い値はどれか。ただし、鋼の縦弾性係数を200 GPaとする。　　　　　　　　　　　　　　　[令和3年度　Ⅲ－8]

① 421 kN　② 211 kN　③ 105 kN

④ 53 kN　⑤ 26 kN

出題の意図　長柱の座屈、オイラーの公式に関する知識を要求しています。

解説

(1) 柱の座屈現象

機械や構造物には、軸方向に圧縮荷重が作用する部品が多く使用されています。このような圧縮荷重を受ける細長い棒を**柱**と呼びます。特に、柱の長さと断面積の比が小さい場合を**短柱**、大きい場合を**長柱**といいます。

荷重が小さいときには、柱は弾性的に圧縮されて縮みますが、元の形状のままで安定な釣合いを保っています。しかし、荷重が大きくなると、柱の曲がり変形は外力に耐えきれずに、安定領域を超えて不安定になります。このように安定性が失われる限界の荷重を**臨界荷重**といい、不安定な変形を起こす現象を長柱の**座屈**と呼びます。

このような現象は、引張では見られず圧縮特有の現象です。また、降伏応力より小さい応力であっても長柱は座屈により破壊が発生します。

(2) 長柱の座屈

図2.29に示すように、下端を固定して柱の上端（自由端）に圧縮荷重を加える場合を考えます。荷重が限界内にあるうちには柱は真っ直ぐに立っていますが、圧縮荷重が限界値を超えると柱は曲がり始めます。長柱の場合には、圧縮荷重によって破壊される前に曲げ作用によって破壊されます。柱が曲がり始めるときの荷重を**座屈荷重** P_{cr} といいます。この P_{cr} の値は、柱の材質、大きさや形状によって異なりますが、一般的には次のような関係があります。

1) 材料の弾性係数に比例する
2) 柱の断面の最小断面二次モーメントに比例する
3) 柱の長さの2乗に反比例する

座屈では、断面二次半径と呼ばれる値で座屈しやすい方向がわかります。

断面二次半径 k は、断面二次モーメントを I、断面積を A と

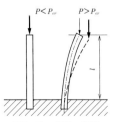

図2.29　長柱の座屈

したときに、次式で与えられます。

$$k = \sqrt{\frac{I}{A}}$$

単位は、長さと同じで［m］になります。座屈が生じる場合には、この断面二次半径が最も小さくなる軸まわりに曲げが生じます。

また、柱の長さをlとしたとき、次式で表す値を**細長比**λといいます。

$$\lambda = \frac{l}{k}$$

一般に、このλが25未満のときは、柱は圧縮で破壊され、200以上であると曲がりで破壊されます。その中間の長さのものは重なり合って破壊されますが、通常の構造部材の柱ではこの値が50〜150程度のものが多いようです。

（3）オイラーの公式

座屈荷重を求める計算式には、**オイラーの公式**があります。詳細は省略しますが、オイラー（人名）の座屈理論によって導き出されたものです。

オイラーの座屈荷重P_{cr}は、次式で表されます。

$$P_{cr} = C\pi^2 \frac{EI}{l^2}$$

ここで係数Cは、**境界条件**によって決まる定数です。柱もはりと同じように端部の保持方法によって、座屈が生じるときの状況が異なります。これを表したのがこの係数で、図2.30に示すように柱の端部の形状によって異なる数値で、次のように決められています。

・一端固定で他端が自由のとき：$C = \dfrac{1}{4}$　(0.25)　・両端が回転端のとき：$C = 1$

・一端固定で他端が回転端のとき：$C = 2$　　・両端が固定のとき：$C = 4$

この公式による座屈荷重の適用範囲は、前項で説明した細長比λが100以上の場合となっています。

また、**座屈強さ**（応力）をσ_{cr}とすれば、次式の値で計算できます。

$$\sigma_{cr} = \frac{P_{cr}}{A} = C\pi^2 \frac{E}{l^2} \times \frac{I}{A} = C\pi^2 \frac{Ek^2}{l^2} = \frac{C\pi^2 E}{\left(\dfrac{l}{k}\right)^2} = \frac{C\pi^2 E}{\lambda^2}$$

なお、P_{cr}は座屈荷重ですから、実際に使用する機械部材の安全荷重を求める場合には、安全率を考慮しなければなりません。

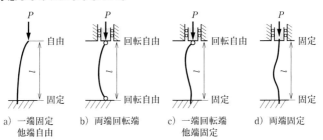

a）一端固定　　b）両端回転端　　c）一端回転端　　d）両端固定
　他端自由　　　　　　　　　　　他端固定

図2.30　長柱の支持方法

■ 解き方

オイラーの座屈荷重 P_{cr} は、次式で表されます。

$$P_{cr} = C\pi^2 \frac{EI}{l^2}$$

ここで係数 C は、境界条件によって決まる定数ですが、図に表された長柱の場合は上が自由端で下が固定されているので C は $\frac{1}{4}$ となりますが、数値を代入して以下のとおり計算できます。

$$\therefore P_{cr} = \frac{\pi^2 EI}{4l^2} = \frac{\pi^2 \times 200 \times 10^9 \times \frac{1}{12} \times 0.04^4}{4 \times 2^2} = 26.3 \times 10^3 \ [\text{Pa}] = 26.3 \ [\text{kPa}]$$

解答⑤

練習問題17-1　右図に示すように、両端が固定された円柱（直径 d、長さ L、縦弾性係数 E、断面二次モーメント I、線膨張係数 α）に、軸荷重が作用していない状態から温度を徐々に上昇させたところ、座屈が発生した。このときの温度上昇量 ΔT として、最も適切なものはどれか。ただし、この両端が固定された円柱の座屈荷重 P_{cr} は、オイラーの公式

$$P_{cr} = \frac{4\pi^2 EI}{L^2}$$

が適用できるものとする。　　[令和元年度（再試験）　Ⅲ－7]

① $\Delta T = \dfrac{\pi I}{\alpha d^2 L^2}$　　② $\Delta T = \dfrac{2\pi I}{\alpha d^2 L^2}$　　③ $\Delta T = \dfrac{4\pi I}{\alpha d^2 L^2}$

④ $\Delta T = \dfrac{8\pi I}{\alpha d^2 L^2}$　　⑤ $\Delta T = \dfrac{16\pi I}{\alpha d^2 L^2}$

練習問題17-2　右図に示すように、直径 d の円形断面の棒の両端を回転自由に支持して、A点から軸線にそって圧縮荷重 P を加える。この棒の圧縮応力が降伏応力 σ_{ys} に達するまでは、座屈荷重 P_{cr} に関するオイラーの公式

$$P_{cr} = \frac{\pi^2 EI}{L^2}$$

が適用できるものとする。ただし、E は縦弾性係数、I は断面二次モーメント、L は棒の長さとする。降伏応力に達するまで座屈に至らないようにするためには、棒の長さはいくらよりも短くすればよいか。最も適切なものを選べ。

[平成30年度　Ⅲ－8]

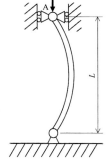

① $2\pi d\sqrt{\dfrac{E}{\sigma_{ys}}}$　② $\pi d\sqrt{\dfrac{E}{\sigma_{ys}}}$　③ $\dfrac{\pi d}{2}\sqrt{\dfrac{E}{\sigma_{ys}}}$　④ $\dfrac{\pi d}{2}\sqrt{\dfrac{E}{2\sigma_{ys}}}$　⑤ $\dfrac{\pi d}{4}\sqrt{\dfrac{E}{\sigma_{ys}}}$

18. 組合せ応力―1

> **問題18** 右図に示すように、平面応力状態となっている構造物の表面において、応力 σ_x、σ_y、τ_{xy} を与えたとき、主せん断応力の絶対値が最も大きいものとして、最も適切なものはどれか。　　　［令和2年度　Ⅲ－9］
>
>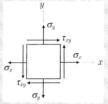
>
> ① $\sigma_x = 120$ [MPa]、$\sigma_y = 120$ [MPa]、$\tau_{xy} = 0$ [MPa]
> ② $\sigma_x = 70$ [MPa]、$\sigma_y = 0$ [MPa]、$\tau_{xy} = 30$ [MPa]
> ③ $\sigma_x = 50$ [MPa]、$\sigma_y = -40$ [MPa]、$\tau_{xy} = 0$ [MPa]
> ④ $\sigma_x = 0$ [MPa]、$\sigma_y = 0$ [MPa]、$\tau_{xy} = 40$ [MPa]
> ⑤ $\sigma_x = -100$ [MPa]、$\sigma_y = 0$ [MPa]、$\tau_{xy} = 0$ [MPa]

■ 出題の意図　　組合せ応力に関する知識を要求しています。

解　説

(1) 1軸引張

軸方向に荷重 P を受けている場合の垂直応力とせん断応力については、「3. 傾斜断面に発生する応力」に示してありますので、その項を参照してください。

(2) 2軸引張

図2.31に示すように、σ_x、σ_y 方向に応力成分が同時に生じている場合を考えます。軸に垂直な断面を A_0、垂直断面とある角度 θ をなす任意の断面を A として、この任意の断面に生じる応力の垂直成分を σ とし、せん断方向成分を τ とすれば、次式で表されます。

$$\sigma = \frac{1}{2}\left(\sigma_x + \sigma_y\right) + \frac{1}{2}\left(\sigma_x - \sigma_y\right)\cos 2\theta$$

$$\tau = -\left(\sigma_x - \sigma_y\right)\sin\theta\cos\theta = -\frac{1}{2}\left(\sigma_x - \sigma_y\right)\sin 2\theta$$

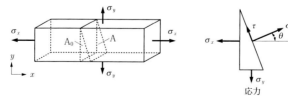

出典：日本機械学会 JSME テキスト材料力学

図2.31　2軸引張の応力

（3）2軸引張とせん断

図2.32に示すように、2軸引張に加えてせん断応力成分が作用した状態を考えます。このように z 軸に垂直な応力がない状態を**平面応力**と呼びます。この場合の任意の断面 A に生じる応力の垂直成分 σ と、せん断方向成分 τ は、次式で表されます。

$$\sigma = \frac{1}{2}\left(\sigma_x + \sigma_y\right) + \frac{1}{2}\left(\sigma_x - \sigma_y\right)\cos 2\theta + \tau_{xy}\sin 2\theta$$

$$\tau = -\frac{1}{2}\left(\sigma_x - \sigma_y\right)\sin 2\theta + \tau_{xy}\cos 2\theta$$

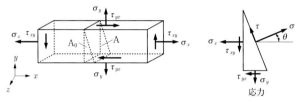

出典：日本機械学会 JSME テキスト材料力学

図2.32　2軸引張とせん断の応力

（4）主応力と主せん断応力

上記の（1）〜（3）項において説明したように、ある任意断面に対する垂直応力とせん断応力は、斜面の角度の関数となっています。また、垂直応力のみが生じてせん断応力が0となる角度が存在し、このときの垂直応力は極大あるいは極小値となります。このような面を**主応力面**と呼び、このときの垂直応力を**主応力**といいます。

平面応力状態の場合には、主応力は2つ存在して次式で求められます。

$$\sigma_1 \ or \ \sigma_2 = \frac{1}{2}\left(\sigma_x + \sigma_y\right) \pm \frac{1}{2}\sqrt{\left(\sigma_x - \sigma_y\right)^2 + 4\tau^2_{xy}}$$

ここで、σ_1 は σ_2 より大きくなり σ_1 は応力の最大値、σ_2 は最小値となります。σ_1 と σ_2 はお互いに直交した応力成分となります。

また、せん断応力の極大値、極小値は**主せん断応力**と呼ばれ次式で求められます。この主せん断応力が発生している面を**主せん断応力面**といいます。

$$\tau_1 \ or \ \tau_2 = \pm\frac{1}{2}\sqrt{\left(\sigma_x - \sigma_y\right)^2 + 4\tau^2_{xy}} = \pm\frac{1}{2}\left(\sigma_1 - \sigma_2\right)$$

■ 解 き 方

x および y 方向の2軸引張に加えてせん断応力成分が、平面応力状態で作用した場合には、主せん断応力は次式で求められます。

$$\tau_1 \ or \ \tau_2 = \pm\frac{1}{2}\sqrt{\left(\sigma_x - \sigma_y\right)^2 + 4\tau^2_{xy}}$$

それぞれの応力値をこの式に代入して計算すると、以下のとおりになります。

① $\tau_1 \text{ or } \tau_2 = \pm \dfrac{1}{2}\sqrt{(120-120)^2+0} = 0$ [MPa]

② $\tau_1 \text{ or } \tau_2 = \pm \dfrac{1}{2}\sqrt{(70-0)^2+4\times 30^2} = \pm 46.05$ [MPa]

③ $\tau_1 \text{ or } \tau_2 = \pm \dfrac{1}{2}\sqrt{(50+40)^2+0} = \pm 45$ [MPa]

④ $\tau_1 \text{ or } \tau_2 = \pm \dfrac{1}{2}\sqrt{(0-0)^2+4\times 40^2} = \pm 40$ [MPa]

⑤ $\tau_1 \text{ or } \tau_2 = \pm \dfrac{1}{2}\sqrt{(-100-0)^2+0} = \pm 50$ [MPa]

よって、絶対値が最も大きいのは⑤の50〔MPa〕です。

解答⑤

練習問題18 　下図に示すように、平面応力状態となっている構造物の表面において、ある地点の応力状態が、$\sigma_x = 80$ MPa、$\sigma_y = 20$ MPa、$\tau_{xy} = 30\sqrt{3}$ MPaであるとき、主せん断応力の絶対値に最も近い値はどれか。　〔令和元年度　Ⅲ－9〕

① 10 MPa

② 30 MPa

③ 60 MPa

④ 100 MPa

⑤ 150 MPa

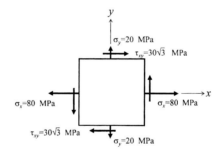

19. モールの応力円 ─────────────

問題19　ねじりモーメントのみを受ける丸軸の表面の応力状態を表すモールの応力円として、最も適切なものはどれか。ただし、垂直応力σを横軸、せん断応力τを縦軸にとる。　　　　　　　　　〔令和3年度　Ⅲ－9〕

■ **出題の意図**　　モールの応力円に関する知識を要求しています。

解　説

（1）モールの応力円

前項「18. 組合せ応力─1」では、主応力や主せん断応力を計算する式を解説しました。

これらの式によらずに1つの円を描くことによって、垂直応力とせん断応力が作用している場合に、任意の傾斜断面の応力状態を図から求めるために考案された手法がモール（人名）によって示されて、これを**モールの応力円**と呼びます。

前項の解説の（3）の2軸引張とせん断で述べたσを求める式の右辺第1を左辺に移行して、両辺を2乗し、さらにτを求める式を2乗してこれらを加え合わせると、次式が得られます。

$$\left(\sigma - \frac{\sigma_x + \sigma_y}{2}\right)^2 + \tau^2 = \frac{1}{4}\left(\sigma_x - \sigma_y\right)^2 + \tau^2_{xy}$$

これは、σ_x, σ_y, τ_{xy} が与えられた応力状態における円の方程式であり、図2.33のように次式で表す中心と半径の円で図示されます。これがモールの応力円となります。

$$\text{中心点C}: \frac{\sigma_x + \sigma_y}{2}, 0 \qquad \text{半径}\, r: \left\{\frac{\left(\sigma_x - \sigma_y\right)^2}{4} + \tau^2_{xy}\right\}^{\frac{1}{2}}$$

(2) モールの応力円の書き方

モールの応力円は、以下のような手順で書けます。なお、せん断力τは下側を正としてとります。

1) σ軸上にそれぞれσ_x、σ_yの値に等しい点EとE′をとり、その中間点をCとします。

2) EとE′点からτ軸に平行な線を引いて、τ_xyの値に等しい距離にある点Dを正側にとり、D′点を負側にとります。

3) 中心点をCとして、CDあるいはC′D′を半径とする円を描くと図2.33となります。

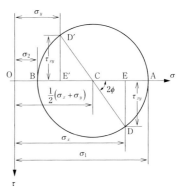

図2.33 モールの応力円

■ **解き方**

「14. 軸のねじり」の解説で説明したとおり、ねじりモーメントを受ける丸軸の表面に発生する応力は、せん断応力のみとなります。

また、前項「18. 組合せ応力―1」の解説（3）の2軸引張とせん断で述べたとおり、主応力と主せん断応力は以下の式で表されます。

$$\sigma_1 \text{ or } \sigma_2 = \frac{1}{2}\left(\sigma_x + \sigma_y\right) \pm \frac{1}{2}\sqrt{\left(\sigma_x - \sigma_y\right)^2 + 4\tau^2_{xy}}$$

$$\tau_1 \text{ or } \tau_2 = \pm\frac{1}{2}\sqrt{\left(\sigma_x - \sigma_y\right)^2 + 4\tau^2_{xy}}$$

せん断応力のみのときは、垂直応力が作用しませんので、$\sigma_x = \sigma_y = 0$、$\tau_{xy} = \tau$ となります。

この場合のモールの応力円は、原点を中心として、τを半径とする円になります。

よって、これを表している円は①です。

■ 解答①

練習問題19　互いに直角なx軸方向の垂直応力σ_xとy軸方向の垂直応力σ_yが作用している部材がある。この部材内の傾斜断面のモールの応力円が下図のとおりで示される場合、この材料に生じている最大主応力σと最大せん断応力τの値の組合せを次の中から選べ。

① $\sigma = 50$ MPa、　$\tau = 20$ MPa

② $\sigma = 50$ MPa、　$\tau = 20\sqrt{2}$ MPa

③ $\sigma = 50$ MPa、　$\tau = 70$ MPa

④ $\sigma = 70$ MPa、　$\tau = 20$ MPa

⑤ $\sigma = 70$ MPa、　$\tau = 20\sqrt{2}$ MPa

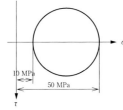

20. 組合せ応力—2

問題20　平面応力状態における応力成分に関する次の記述のうち、最も不適切なものはどれか。　　　　　　　　　　　　　　[平成29年度　Ⅲ−9]

① 純粋せん断の応力状態では、主応力の和は零である。

② 主応力が作用する面と主せん断応力（最大せん断応力）が作用する面のなす角度は、45度である。

③ 主応力の差は、主せん断応力（最大せん断応力）に等しい。

④ 垂直応力成分の和は、座標系の取り方によらず一定である。

⑤ 等二軸引張りの応力状態では、どの方向の面においてもせん断応力成分は零である。

■ **出題の意図**　　組合せ応力に関する知識を要求しています。

解　説

「18. 組合せ応力—1」では、平面応力状態における応力成分 σ_x, σ_y, τ_{xy} が作用する場合の主応力の計算式についての問題を解説しました。過去の試験問題をみると、問題の内容は計算問題のみではなくて、文章問題についても出題されています。そのため、ここでは「組合せ応力—2」として、組合せ応力に関連する文章問題を取り上げました。

（1）2次元の応力成分

実際の機械部品や構造材に作用する外力は多種多様であるため、これらに生じる応力も複雑となります。そのため、実際の構造物の応力分布は3次元の応力成分を検討する必要があります。ここでは、構造材の平面を切り出したと仮定して、設問にある平面応力状態について説明します。

荷重が作用しているある物体内の平面から微小な直方形要素を切り出したものを図2.34に示します。各々の座標軸に垂直な面に生じる応力を x, y 座標の方向成分に分け、図のように矢印で示しますと、2つの応力成分で示すことができます。また、せん断応力は、図に示すように2方向の応力が発生します。第一添字は作用座標を、第二添字はせん断応力の方向を示します。このように、平面状態では、3つの応力成分 σ_x, σ_y, τ_{xy} が存在します。

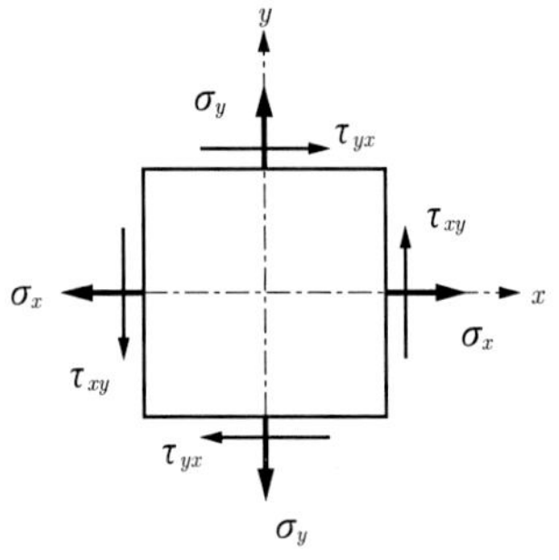

図2.34　平面応力状態

（2）主応力と主せん断応力

上図において、せん断応力が伴わないで（すべての τ は0となる）、σ_x, σ_y のみが作用

している場合、これらの応力を**主応力**と呼び、面に対して垂直方向の応力です。

また、この主応力が一軸方向のみに作用する場合を**1軸応力**あるいは**単軸応力**といい、2方向に主応力が作用する場合を**2軸応力**といいます。

（3）せん断力のみの応力状態

純粋なせん断力のみが作用していて、軸方向の荷重が作用していない場合には、せん断応力τは存在していますが、σ_xおよびσ_yはともにゼロとなります。

（4）1軸引張の応力状態

「3. 傾斜断面に発生する応力」の解説で示したように、垂直応力が最大となる主応力面は$\theta = 0°$のときで、せん断応力が最大となる主せん断面は$\theta = 45°$のときです。

また、主せん断応力は、主応力の$\frac{1}{2}$、すなわち1軸の単純引張応力の半分になります。

（5）2軸引張の応力状態

「18. 組合せ応力—1」の解説（2）に示したように、せん断方向成分τの値は、引張面とのなす角度θの関数として計算できます。この式から引張面上でのせん断方向成分τの値は、σ_xに対しては$\theta = 0$、σ_yに対しては$\theta = 90°$を代入して計算できますが、両方ともに$\tau = 0$（ゼロ）になります。

（6）2軸引張とせん断の応力状態

この場合、主応力は2つ存在します。その計算式は、「18. 組合せ応力—1」の解説（3）に示したとおりです。また、同解説（4）に示したとおり主せん断応力は、主応力の差の$\frac{1}{2}$、すなわち半分になります。

■ 解 き 方

③の「主応力の差は最大せん断応力に等しい。」は誤りです。最大せん断応力、即ち主せん断応力は、主応力の差の半分（$\frac{1}{2}$）になります。よって、この内容は誤りです。

①、②および⑤の内容は、「18. 組合せ応力—1」および「20. 組合せ応力—2」の解説に記載したとおり正しい内容です。

④は「19. モールの応力円」の解説に示したように、$\sigma_x + \sigma_y$の値は座標系のとり方によらず一定となりますので、正しい内容です。

解答③

練習問題20 平面応力状態における応力成分σ_x、σ_y、τ_{xy}に関する次の記述のうち、間違っているものを選べ。

① 純粋せん断の応力状態でモールの応力円を描くと円はσ軸とτ軸の交点が中心となる。

② 主応力には最大と最小値の2つがある。

③ 主応力の差の半分は最大せん断応力に等しい。

④ 3軸一様応力状態では、せん断応力は生じている。

⑤ 2軸で引張と圧縮が同じ値の応力状態では、せん断応力はその値に等しくなる。

21. 降伏条件

問題21　多軸応力状態では、降伏開始時における応力 σ が単軸引張りや圧縮の降伏応力 σ_{ys} よりも大きくなる場合がある。これを塑性拘束と呼ぶ。いま、z 方向のひずみがゼロの平面ひずみ状態を考え、x 方向の応力が σ_x で y 方向の応力が $\sigma_y = 0$ である単純な単軸負荷を考える。σ_{ys} を降伏応力として次式の等方材料に対するミーゼスの降伏条件

$$(\sigma_x - \sigma_y)^2 + (\sigma_y - \sigma_z)^2 + (\sigma_z - \sigma_x)^2 + 6(\tau_{xy}^2 + \tau_{yz}^2 + \tau_{zx}^2) = 2\sigma_{ys}^2$$

を考えたとき、降伏開始時における σ_x は σ_{ys} の何倍になるか。ただし、ポアソン比を $\nu = 1/3$ とする。　　　　　　　［平成23年度　Ⅳ－8］

① 1　　② $2/\sqrt{3}$　　③ $\sqrt{2}$　　④ $3/\sqrt{7}$　　⑤ $\sqrt{5}/2$

出題の意図　多軸応力状態の降伏条件と応力に関する知識を要求しています。

解　説

実際の機械や構造物では２軸以上の応力成分の組合せによる主応力や主せん断応力を検討して設計しますが、ここでは、**降伏条件**について説明します。

（1）最大主応力説

部材内部に生じる3つの主応力 σ_1、σ_2、σ_3 のうちのいずれかの最大値が、その材料の限界値である降伏応力 σ_{ys} に達したときに破壊するという説で、次式で表されます。

$$\text{Max}\,(|\sigma_1|、|\sigma_2|、|\sigma_3|) = \sigma_{ys}$$

（2）最大せん断応力説

部材内部に生じる3つの主せん断応力 τ_1、τ_2、τ_3 のうちのいずれかの最大値が、その材料のせん断応力の限界値である降伏せん断応力 τ_{ys} に達したときに破壊するという説で、次式で表されます。これはトレスカが提案したもので、**トレスカの降伏条件**といいます。

$$\text{Max}\,(\tau_1、\tau_2、\tau_3) = \tau_{ys} = \frac{1}{2}\,\sigma_{ys}$$

なお、「18. 組合せ応力―1」で述べたとおり、主せん断応力は、主応力の差の$1/2$になりますので、3つの主応力 σ_1、σ_2、σ_3 の差として次式のように表すことができます。

$$\text{Max}\,(\tau_1、\tau_2、\tau_3) = \text{Max}\,\frac{1}{2}\,(|\sigma_1 - \sigma_2|、|\sigma_2 - \sigma_3|、|\sigma_3 - \sigma_1|) = \tau_{ys} = \frac{1}{2}\,\sigma_{ys}$$

（3）最大せん断ひずみエネルギー説

せん断ひずみエネルギーの値が、その材料の限界値に達すると破壊するという説で、3つの主応力 σ_1、σ_2、σ_3 により表せば、次式のようになります。この降伏条件は、ミーゼスの**降伏条件**と呼ばれていて、せん断ひずみエネルギーが降伏現象を支配して破壊するという説です。

$$(\sigma_1 - \sigma_2)^2 + (\sigma_2 - \sigma_3)^2 + (\sigma_3 - \sigma_1)^2 = 2\sigma_{ys}{}^2$$

また、主応力の代わりに座標成分の応力で表すと、問題にあるような次式となります。

$$(\sigma_x - \sigma_y)^2 + (\sigma_y - \sigma_z)^2 + (\sigma_z - \sigma_x)^2 + 6(\tau^2_{xy} + \tau^2_{yz} + \tau^2_{zx}) = 2\sigma_{ys}{}^2$$

（4）ポアソン比

「1. 荷重、応力とひずみ―1」の解説に述べたように、棒に引張り荷重が作用すると引張ひずみが生じます。このような荷重方向のひずみを縦ひずみ ε と呼びます。また、棒の軸方向の荷重が作用すると、丸棒の直径は減少しますが、荷重が作用する方向に縦ひずみが生じると同時に、それと直角の方向にも横ひずみ ε' が生じます。

縦ひずみ ε と横ひずみ ε' との比をポアソン比 ν といい、次式で表されます。

$$\nu = -\frac{横ひずみ}{縦ひずみ} = -\frac{\varepsilon'}{\varepsilon}$$

ここで、―が付けてあるのは、縦ひずみを正とすれば、横ひずみは負となるので正の数にするためです。ポアソン比は、多くの材料で 0.25～0.35 となります。また、ポアソン比の逆数 $m = (1/\nu)$ をポアソン数といいます。

■ **解 き 方**

平面ひずみ状態なので、σ_x と σ_y が縦ひずみによる応力で、σ_z が横ひずみによる応力と考えると、以下の関係式となります。

$$\sigma_z = \nu(\sigma_x + \sigma_y) \qquad \sigma_y = 0 であるから、\sigma_z = \nu\sigma_x = \sigma_x / 3$$

また、与えられた条件である、$\sigma_y = 0$、$\tau_{xy} = \tau_{yz} = \tau_{zx} = 0$、$\nu = 1/3$ をミーゼスの条件式に代入すれば、以下のとおり計算できます。

$$(\sigma_x - \sigma_y)^2 + (\sigma_y - \sigma_z)^2 + (\sigma_z - \sigma_x)^2 + 6(\tau^2_{xy} + \tau^2_{yz} + \tau^2_{zx}) = 2\sigma_{ys}{}^2$$

$$\sigma^2_x + (-\sigma_x/3)^2 + \{(1/3 - 1)\sigma_x\}^2 = 2\sigma_{ys}{}^2$$

$$\{1 + (1/9) + (4/9)\}\sigma_x^2 = 2\sigma_{ys}{}^2$$

$$(14/9)\sigma_x^2 = 2\sigma_{ys}{}^2$$

$$\sigma_x^2 = (9/7)\sigma_{ys}{}^2 \qquad \therefore \sigma_x = \frac{3}{\sqrt{7}}\,\sigma_{ys}$$

解答④

練習問題21 x 方向の一軸引張応力 $\sigma_x = \sigma$ における降伏応力が σ_{ys} であるとした場合に、x 方向には引張応力 $\sigma_x = \sigma$ が作用し、y 方向には圧縮応力 $\sigma_y = -\sigma$ が作用する二軸応力状態における降伏応力として適切なものを次の中から選べ。

ただし、この材料はミーゼスの降伏条件に従うものとする。また、z 方向の応力およびせん断応力は発生しないものとする。

① $\sigma = \dfrac{1}{\sqrt{3}}\,\sigma_{ys}$ ② $\sigma = \dfrac{1}{2}\,\sigma_{ys}$ ③ $\sigma = \dfrac{1}{\sqrt{2}}\,\sigma_{ys}$

④ $\sigma = \sigma_{ys}$ ⑤ $\sigma = \dfrac{3}{\sqrt{7}}\,\sigma_{ys}$

22. ひずみエネルギー

問題22　下図に示すように、一様断面を持つ長さ l のはりが、B端で固定され、A端に集中モーメント M_0 が作用している。このとき、はり全体に蓄えられるひずみエネルギーとして、適切なものはどれか。ただし、はりの曲げ剛性を EI とする。　　　　　　　　　　　［令和3年度　Ⅲ－6］

①　$\dfrac{M_0^2 l}{12EI}$　　②　$\dfrac{M_0^2 l}{8EI}$　　③　$\dfrac{M_0^2 l}{4EI}$　　④　$\dfrac{M_0^2 l}{2EI}$　　⑤　$\dfrac{M_0^2 l}{EI}$

出題の意図　ひずみエネルギーに関する知識を要求しています。

解　説

（1）ひずみエネルギー

　物体に外力を加えると変形しますが、この変形に伴って物体が持っていた内部のエネルギーが増加したことにもなります。このように物体に外力が作用して、その変形により物体内部に蓄えられるエネルギーを**ひずみエネルギー**と呼びます。物体が弾性体の場合には、外力を除くと元の形に戻ります。すなわち、エネルギーは物体内部から放出したことになります。弾性体のひずみエネルギーは、**弾性ひずみエネルギー**といいます。

（2）ばねに蓄えられるエネルギー

　弾性ばねの伸びを x、ばね定数を k とすれば、それに必要な荷重 F は、$F = kx$ となります。

　また、無負荷状態から、静かに荷重 F まで増加させたときに伸びが x になったとすれば、外部からこのばねを伸ばすのになされた仕事 W は、次式となります。

$$W = \frac{1}{2}Fx = \frac{1}{2}kx^2$$

この仕事がばねに蓄えられていますので、ばねに蓄えられている弾性エネルギー U は、次式のように表されます。

$$U = W = \frac{1}{2}Fx = \frac{1}{2}kx^2$$

(3) 垂直応力によるひずみエネルギー

最も単純な場合として、引張による垂直応力のみが作用する棒のひずみエネルギーを考えます。外力 F が作用したときに、棒が λ だけ伸びるとすれば、棒に蓄えられている弾性エネルギー U は、次式のように表されます。

$$U = \frac{1}{2} F\lambda$$

棒の断面積を A、長さを l、垂直応力を σ、垂直ひずみを ε、部材の縦弾性係数を E とすれば、フックの法則から次式が得られます。

$$F = A\sigma \qquad \lambda = \varepsilon l \qquad \sigma = E\varepsilon$$

これを上の U の式に代入して整理すれば、棒に蓄えられている弾性エネルギー U は、次式のようになります。

$$U = \frac{1}{2} Al\sigma\varepsilon = \frac{1}{2} AlE\varepsilon^2 = \frac{1}{2E} Al\sigma^2 = \frac{1}{2EA} F^2 l$$

上式を棒の体積 Al で割れば、単位体積あたりの弾性ひずみエネルギー $\bar{U}$ （ひずみエネルギー密度）となります。

$$\bar{U} = \frac{U}{V} = \frac{U}{Al} = \frac{1}{2} \sigma\varepsilon = \frac{1}{2} E\varepsilon^2 = \frac{1}{2E} \sigma^2$$

(4) カスチリアノの定理

部材の全ひずみエネルギー U をその部材に負荷された荷重で偏微分すると、その荷重点における荷重と同じ作用方向の変位（たわみ）が得られます。

この関係を**カスチリアノの定理**と呼んでいます。式で表せば、n 個の荷重を受ける弾性体において、荷重 W_j 点における変位量を y_j とすれば、次式のように表せます。

$$\frac{\partial U}{\partial W_j} = y_j$$

一例として、「13. はりのたわみ」の（2）項に示す片持ちはりの先端に荷重 P が作用したときを考えてみます。

荷重点から、x の距離における曲げモーメントは、$M = Px$ で与えられます。

はりに蓄えられるひずみエネルギーは、はりの曲げ剛性が一定ですから次式で求められます。

$$U = \frac{1}{2EI} \int_0^l M^2 dx = \frac{1}{2EI} \int_0^l P^2 x^2 dx = \frac{P^2 l^3}{6EI}$$

これから、荷重点におけるたわみ y は、カスチリアノの定理より次式のとおりに求められます。

$$y = \frac{\partial U}{\partial P} = \frac{Pl^3}{3EI}$$

この結果は、「13. はりのたわみ」で解説したはりのたわみを基礎式から求めた値と一致します。

解き方

はりに蓄えられるひずみエネルギーは、はりの曲げ剛性が一定ですから次式で求められます。

$$U = \frac{1}{2EI} \int_0^l M^2 dx$$

ここで曲げモーメントは、M_0 と一定ですから、ひずみエネルギーは、以下のとおりとなります。

$$U = \frac{1}{2EI} \int_0^l M_0^2 dx = \frac{M_0^2 l}{2EI}$$

解答④

練習問題22 下図に示すように、段付き丸棒の上端を天井に固定して鉛直につり下げた状態で、下端に軸荷重 P が作用するときに、段付き丸棒に蓄えられる弾性ひずみエネルギー U として、最も適切なものはどれか。ただし、太い丸棒の直径を $2d$、長さを l、縦弾性係数を E、細い丸棒の直径を d、長さを l、縦弾性係数を E とする。なお、段付き丸棒の自重は考慮しないものとする。［令和元年度　Ⅲ−1］

① $U = \dfrac{5P^2 l}{2\pi d^2 E}$

② $U = \dfrac{5P^2 l}{\pi d^2 E}$

③ $U = \dfrac{P^2 l}{2\pi d^2 E}$

④ $U = \dfrac{2P^2 l}{\pi d^2 E}$

⑤ $U = \dfrac{2P^2 l}{5\pi d^2 E}$

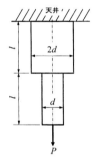

23. 内圧を受ける薄肉円筒および球殻

問題23 内径 $d = 120$ [mm]、厚さ $t = 2$ [mm] の薄肉の円筒状圧力容器がある。この容器に一様な内圧を加え、端部から離れた円筒部中央の外壁における円筒軸方向のひずみを測定したところ、32×10^{-6} であった。加えた内圧として、最も近い値はどれか。ただし、材料の縦弾性係数 $E = 206$ [GPa]、ポアソン比 $\nu = 0.3$ とする。　　　　　　　[令和2年度　Ⅲ-10]

① 2.20 MPa　　② 1.10 MPa　　③ 0.55 MPa
④ 0.26 MPa　　⑤ 0.13 MPa

■ 出題の意図 内圧を受ける薄肉円筒および球殻の応力とひずみに関する知識を要求しています。

解　説

(1) 内圧を受ける薄肉円筒胴の応力

内圧を受ける円筒を構成する壁の内部には、円周方向に作用する**円周応力** σ_1、軸方向に作用する軸応力 σ_2 が生じます。このうち円周応力を**フープ応力**と呼んでいます。薄肉円筒の場合には、肉厚方向における σ_1 と σ_2 の値の変化が小さく無視できるので、これらの応力は肉厚方向に一様に分布しているとみなして計算しています。

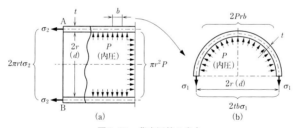

図2.35　薄肉円筒の応力

図2.35 (a) のように、平均半径 $r \left(= \dfrac{d}{2} \right)$、壁の厚さ t の円筒に内圧 P が作用している場合を考えます。図中のAB断面を考えると、軸方向の内圧による力は $\pi r^2 P$ となり、これに釣り合うように σ_2 が生じています。これから次式のように、軸方向の力の釣合いにより、軸応力 σ_2 が計算できます。

$$2\pi r t \sigma_2 = \pi r^2 P \qquad \therefore \sigma_2 = \frac{rP}{2t} = \frac{dP}{4t}$$

次に、図2.35 (b) のように、幅 b の円筒部分の上半分のみを切り出してみると、円筒胴の内壁に圧力が作用することにより、円周応力 σ_1 が生じています。これから、内圧による垂直方向の分力の合計が、円周応力 σ_1 により壁に発生した力と釣り合うことから、次式のように計算できます。

$$2tb\sigma_1 = 2\int_0^{\pi/2} Pbr\sin\theta d\theta = 2Prb\left[-\cos\theta\right]_0^{\pi/2} = 2Prb \qquad \therefore \sigma_1 = \frac{rP}{t} = \frac{dP}{2t}$$

以上の式から、$\sigma_1 = 2\sigma_2$となることがわかります。すなわち、円周方向の応力は軸方向の応力の2倍になります。そのため、薄肉円筒の設計をする場合には、円周応力（フープ応力）のみを計算すればよいことになります。

次に、内圧Pによる応力によって生じる円筒のひずみを求めます。

円周応力σ_1と軸応力σ_2が、平面応力状態で作用しているとしてひずみを考えます。

円周方向のひずみε_1は、σ_1による縦ひずみとσ_2の横ひずみの和となるので応力とひずみの関係式、および上記で算出した応力から以下のとおり求められます。

$$\varepsilon_1 = \frac{1}{E}\left(\sigma_1 - \nu\sigma_2\right) = \frac{\sigma_1}{E}\left(1 - \frac{\nu}{2}\right) = \frac{Pr}{2Et}\left(2 - \nu\right)$$

同様に、軸方向ひずみε_2は、以下のとおり求められます。

$$\varepsilon_2 = \frac{1}{E}\left(\sigma_2 - \nu\sigma_1\right) = \frac{\sigma_1}{E}\left(\frac{1}{2} - \nu\right) = \frac{Pr}{2Et}\left(1 - 2\nu\right)$$

一方で、内圧による半径rの増加をdrとすれば、以下の式が成り立ちます。

$$\varepsilon_1 = \frac{2\pi(r+dr) - 2\pi r}{2\pi r} = \frac{dr}{r}$$

したがって伸びdrは、以下の式となります。

$$dr = r\varepsilon_1 = \frac{Pr^2}{2Et}\left(2 - \nu\right)$$

また、円筒胴の長さをlとして伸びをdlとすれば、以下の式となります。

$$\varepsilon_2 = \frac{dl}{l}$$

$$dl = l\varepsilon_2 = \frac{Prl}{2Et}\left(1 - 2\nu\right)$$

（2）内圧を受ける薄肉球殻の応力

設問の内容とは関係がありませんが、参考用として薄肉球殻の場合についても記載します。

球殻はその中心に対して対称の形状をしているため、中心を含むどの断面でも同一となります。すなわち、上記の薄肉円筒の場合の円周方向に相当する応力と軸方向に相当する応力は、同じ値になります。薄肉円筒の場合と同様に、肉厚方向における応力の変化が小さく無視できるので、発生する応力は肉厚方向に一様に分布しているとみなして計算します。

図2.36のように、平均半径r（$= \frac{d}{2}$）、壁の厚さtの球殻に内圧Pが作用している場合を考えます。図に示すように中心を含む断面で切断して、断面に垂直な軸方向の力の釣合いを考えます。

内圧による力は$\pi r^2 P$となり、これに釣り合うように球殻を構成する板に円周応力σが生じています。これから次式のように、発生する円周応力σが計算できます。

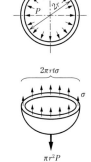

図2.36　薄肉球殻の応力

$$2\pi rt\sigma = \pi r^2 P \qquad \therefore \sigma = \frac{rP}{2t} = \frac{dP}{4t}$$

この式からわかるように、球殻に発生する円周応力は、直径が同じで同じ圧力を受ける薄肉円筒に生じる円周応力の半分（$\frac{1}{2}$）になります。

次に、内圧 P による応力によって生じる球殻のひずみを求めます。

円筒胴の場合と同様に平面応力状態で作用しているとしてひずみを考えます。

球殻の場合の円周方向の応力は中心軸をとおるどの断面でも同じ σ になるので、応力とひずみの関係式から以下のとおり求められます。

$$\varepsilon = \frac{1}{E}\left(\sigma - \nu\sigma\right) = \frac{\sigma}{E}\left(1 - \nu\right) = \frac{Pr}{2Et}\left(1 - \nu\right)$$

■ 解 き 方

解説で説明したとおり、軸方向ひずみ ε_2 は、以下の式となります。

$$\varepsilon_2 = \frac{Pr}{2Et}\left(1 - 2\nu\right) = \frac{Pd}{4Et}\left(1 - 2\nu\right)$$

この式から、内圧は以下のとおり計算できます。

$$P = \frac{4Et\varepsilon_2}{d\left(1 - 2\nu\right)} = \frac{4 \times 2 \times 10^{-3} \times 206 \times 10^{9} \times 32 \times 10^{-6}}{120 \times 10^{-3} \times \left(1 - 2 \times 0.3\right)} = 1.098 \times 10^{6}\,[\mathrm{Pa}] \fallingdotseq 1.10\,[\mathrm{MPa}]$$

解答②

練習問題23-1 平均内径 $d = 370$ mm、肉厚 $t = 2.5$ mm の薄肉円筒圧力容器に内圧 $p = 3.0$ MPa が作用するとき、容器の両端から十分離れた円筒部分に生じる円周方向応力 σ_θ と軸方向応力 σ_z の値の組合せとして、最も適切なものはどれか。

[令和元年度　Ⅲ－10]

① $\sigma_\theta = 111$ MPa、$\sigma_z = 55.5$ MPa　　② $\sigma_\theta = 444$ MPa、$\sigma_z = 222$ MPa

③ $\sigma_\theta = 222$ MPa、$\sigma_z = 111$ MPa　　④ $\sigma_\theta = 111$ MPa、$\sigma_z = 222$ MPa

⑤ $\sigma_\theta = 55.5$ MPa、$\sigma_z = 111$ MPa

練習問題23-2 内径 $d = 6.0$ [m]、肉厚 $t = 3.0$ [mm] の薄肉球殻容器に内圧 $p = 1.0$ [MPa] が作用するとき、円周方向応力 σ_θ に最も近い値はどれか。

[平成30年度　Ⅲ－10]

① $\sigma_\theta = 125$ [MPa]　　② $\sigma_\theta = 250$ [MPa]　　③ $\sigma_\theta = 500$ [MPa]

④ $\sigma_\theta = 1000$ [MPa]　　⑤ $\sigma_\theta = 2000$ [MPa]

24. トラス（骨組み）構造

問題24　下図に示すように、3本の棒からなるトラス構造において、節点A
に下向きの荷重 P が作用している。節点Bは回転支点、節点Cは移動支点で
ある。各節点は滑節であり、棒1、2、3には部材軸方向の荷重のみが作用する。
棒の自重は無視できるものとするとき、棒1と棒3に負荷される軸方向の荷
重 P_1、P_3 の組合せとして、最も適切なものはどれか。ただし、引張荷重を正、
圧縮荷重を負とする。　　　　　　　　　　　　　　　　　［平成30年度　Ⅲ－3］

① $P_1 = -\dfrac{P}{\sqrt{2}}$、$P_3 = \dfrac{P}{2}$

② $P_1 = -\dfrac{P}{\sqrt{2}}$、$P_3 = \dfrac{P}{\sqrt{2}}$

③ $P_1 = -\dfrac{P}{\sqrt{3}}$、$P_3 = \dfrac{P}{2}$

④ $P_1 = -\dfrac{P}{2}$、$P_3 = \dfrac{P}{2\sqrt{2}}$

⑤ $P_1 = -\dfrac{P}{2}$、$P_3 = \dfrac{P}{\sqrt{2}}$

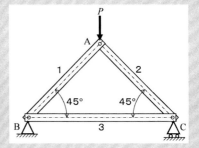

■ 出題の意図　　トラス構造の構成部材の荷重に関する知識を要求しています。

解説

　クレーンや橋のように、棒状の材料を結合して荷重を支えている構造物を**骨組構造**と
呼び、鉄骨などで組まれています。骨組を構成する各々の棒を**部材**と呼び、部材の結合
部を**節点**といいます。この節点が問題図にあるようなピンで結合されていて、自由に回
転するものを**滑節**といい、溶接などで固く固定されているものを**剛節**といいます。

　ピンで結合された滑節のみからなる骨組構造を**トラス**といい、一部でも剛節からなる
骨組構造をラーメンといいます。

　なお、一般的には立体的な構造になっていますが、トラス構造のうちである平面内に
存在する構造を**平面トラス**といいます。

　ここでは、問題図にあるトラスとして最も簡単で安定した三角形構造について説明し
ます。

　図2.37に示すようにB点の垂直方向の反力をR_B、C点の垂直方向の反力をR_C、C点の水平方向の反力をH_Cとし、B点とC点の距離をlとします。また、棒1にかかる荷重をP_1、棒2にかかる荷重をP_2、棒3にかかる荷重をP_3とします。

　力学的な釣合い条件から、以下のように計算できます。

　最初に反力ですが、図2.36（a）のトラス構造の水平方向の釣合いから、$H_C = 0$

　垂直方向の釣合いから、$R_B + R_C = P$

　C点のモーメントから、$R_B l - P\,(l/2) = 0$

　これらの式から、B点とC点の反力は、$R_B = R_C = P/2$　が得られます。

　一方、部材にかかる荷重は、図2.37（b）のB点の力の釣合いから、以下の式となります。

$$R_B + P_1 \sin 45° = 0 \qquad P_1 \cos 45° + P_3 = 0$$

$$\therefore P_1 = -\frac{R_B}{\sin 45°} = -\frac{P\sqrt{2}}{2} = -\frac{P}{\sqrt{2}} \qquad P_3 = -P_1 \cos 45° = \frac{P}{\sqrt{2}\sqrt{2}} = \frac{P}{2}$$

　これから、棒1には圧縮荷重、棒3には引張荷重が作用することがわかります。

　このような方法で反力と部材の荷重を求める方法を節点法といいます。

　また、以下の静力学的な釣合いの3条件式のみで各節点の支持反力と部材の荷重が求められる場合を**静定トラス**といいます。そうでない場合を**不静定トラス**といいます。

　　水平力Hの釣合い：$\sum H = 0$

　　垂直力Rの釣合い：$\sum H = 0$

　　任意点のモーメントMの釣合い：
$$\sum M = 0$$

　なお、部材の数をm、節点数をjとするときに、静定あるいは不静定の判断は以下の式になります。

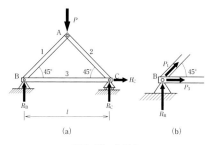

図2.37　トラス

　　静定である条件式：$m = 2j - 3$

　　不静定な場合の式：$m > 2j - 3$

■ 解 き 方

　解説で詳細を述べたとおり、以下のようになります。

$$P_1 = -\frac{P}{\sqrt{2}} \qquad P_3 = \frac{P}{2}$$

　よって、この組合せは①です。

解答①

練習問題24-1　右図に示すように、角度θで剛体壁に取り付けられた2本の棒からなるトラス構造において、節点Oに下向きの荷重Pが作用し、破線のように変形した場合を考える。各節点は滑節で、棒の自重は無視できるものとするとき、節点Oの下向きの微小変位δとして、適切なものはどれか。ただし、棒の断面積をA、縦弾性係数をEとする。　　　　　　　　　　　　［令和3年度　Ⅲ－3］

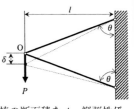

① $\dfrac{2Pl}{AE \sin\theta \cos\theta}$　　② $\dfrac{4Pl}{AE \sin\theta \cos^2\theta}$　　③ $\dfrac{Pl}{2AE \sin\theta \cos^2\theta}$

④ $\dfrac{Pl}{AE \sin\theta \cos^2\theta}$　　⑤ $\dfrac{Pl}{2AE \sin\theta \cos\theta}$

練習問題24-2　右図に示すように、3本の棒AD、BD、CDからなるトラス構造において、棒BDはヤング率E_1、断面積A_1、長さl_1、棒ADとCDは同じヤング率E_2、同じ断面積A_2、同じ長さl_2であり、左右対称である。また、棒ADと棒BDのなす角度と棒CDと棒BDのなす角度は共にθである。D点に下向きの力Pが作用するとき、棒BDに生じる軸力T_1と棒AD、CDに生じる軸力T_2の組合せとして、最も適切なものはどれか。　　　　　　　　　　　　［平成29年度　Ⅲ－3］

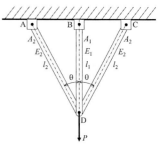

① $T_1 = \dfrac{P}{1 + 2\cos\theta\left(A_2E_2 / A_1E_1\right)}$ 　、　 $T_2 = \dfrac{P}{\left(A_1E_1 / A_2E_2\right) + 2\cos\theta}$

② $T_1 = \dfrac{P}{1 + \cos\theta\left(A_2E_2 / A_1E_1\right)}$ 　、　 $T_2 = \dfrac{P}{\left(A_1E_1 / A_2E_2\right) + \cos\theta}$

③ $T_1 = \dfrac{P}{1 + \cos^3\theta\left(A_1E_1 / A_2E_2\right)}$ 　、　 $T_2 = \dfrac{P\cos^2\theta}{\left(A_1E_1 / A_2E_2\right) + \cos^3\theta}$

④ $T_1 = \dfrac{P\cos\theta}{\cos\theta + 2\left(A_2E_2 / A_1E_1\right)}$ 　、　 $T_2 = \dfrac{P}{\cos^2\theta\left(A_1E_1 / A_2E_2\right) + 2\cos\theta}$

⑤ $T_1 = \dfrac{P}{1 + 2\cos^3\theta\left(A_2E_2 / A_1E_1\right)}$ 　、　 $T_2 = \dfrac{P\cos^2\theta}{\left(A_1E_1 / A_2E_2\right) + 2\cos^3\theta}$

25. 材料力学に関連する用語

問題25 A群の用語とB群を組み合わせたとき、A群の用語の中で対応する適切な用語がB群にないものはどれか。 [令和3年度 Ⅲ−1]

A群
① ミーゼスの条件　② 断面係数　③ 応力拡大係数
④ フックの法則　⑤ せん断応力

B群
降伏、共役、ヤング率、不静定、相当応力、破壊じん性、真応力

■ 出題の意図 材料の強度および材料力学に関連する用語の知識を要求しています。

解説

上記の設問による用語に加えて過去に出題されたものも参考として記載します。

(1) **応力集中と応力集中係数**：「6. 応力集中と疲労限度」の解説を参照してください。

(2) **降伏応力およびフックの法則**：「2. 荷重、応力とひずみ—2」の解説を参照してください。

(3) **縦弾性係数**：「1. 荷重、応力とひずみ—1」の解説を参照してください。

(4) **座屈荷重およびオイラーの理論**：「17. 柱の座屈」の解説を参照してください。

(5) **主応力**：「18. 組合せ応力—1」の解説を参照してください。

(6) **ミーゼスの条件**：「21. 降伏条件」の解説を参照してください。

(7) **モールの応力円**：「19. モールの応力円」の解説を参照してください。

(8) **カスティリアノ（カスチリアノ）の定理**：「22. ひずみエネルギー」の解説を参照してください。

(9) **応力拡大係数**

応力拡大係数は、き裂先端における応力の特異性を表すものであり、線形破壊力学の基本的なパラメータです。き裂先端近傍の応力は、き裂先端で無限大となる特異応力場であり、応力拡大係数はこの特異応力場の強さを表す係数です。

単位は「応力×長さ$^{1/2}$」で、MPa・m$^{1/2}$となります。

線形破壊力学では、脆性破壊が発生する条件として、この応力拡大係数が材料の破壊靱性値より大きくなった場合に脆性破壊が起こるとしています。

(10) **バウシンガ効果**

ある方向に塑性変形を与えた後でそれとは逆方向の荷重を加えると、塑性変形を与えない場合の降伏応力よりも低い応力で塑性変形が生じる効果をいいます。

（11）マイナー則

応力振幅が変動するときの疲労寿命を検討する方法のことで、以下の条件式になったら疲労破壊が発生する、という考え方を**マイナー則**といいます。**累積損傷則**ともいいます。

$$\frac{n_1}{N_1} + \frac{n_2}{N_2} + \frac{n_3}{N_3} + \cdots + \frac{n_i}{N_i} = 1$$

ここで、n_1、n_2、n_3、n_i は各応力振幅（σ_1、σ_2、σ_3、σ_i）での繰り返し数で、N_1、N_2、N_3、N_i は各応力振幅（σ_1、σ_2、σ_3、σ_i）における $S\text{--}N$ 線図から与えられる許容最大繰り返し数です。なお、この式の左辺の合計が1以下であれば、疲労破壊は発生しません。

（12）クリープ

金属材料に一定の応力を連続して負荷すると、時間の経過とともに次第にひずみが増加して、ついには破壊します。これを**クリープ破壊**といいます。このようにひずみが徐々に増加していく現象を**クリープ**といい、一般的には高温状態で生じる現象です。高温で使用される機器や構造物を設計する場合には、重要な破壊要因であり、材料のクリープ強さを考慮する必要があります。

（13）残留応力

外部から荷重などの力が作用していないのに、物体内部に生じている応力のことを**残留応力**といいます。この残留応力は、材料の圧延加工、熱処理、部品の加工など機械部品の製造過程において発生します。また、溶接構造物では溶接による残留応力が発生します。残留応力は、繰返し応力に影響を及ぼすため、疲労強度の低下を招きます。一般的には、引張残留応力は材料強度を低下させて、圧縮残留応力は強度を高めます。

■ 解き方

①ミーゼスの条件は、降伏に関係があります。
③応力拡大係数は、破壊じん性に関係があります。
④フックの法則は、ヤング率に関係があります。
⑤せん断応力は、共役に関係があります。
②の断面係数に関係がある用語がB群にはありません。

解答②

練習問題25　A群の用語と関連の深い用語をB群の中から選んだとき、A群の用語の中で対応する適切な用語がB群にないものはどれか。

［平成29年度　Ⅲ－1］

A群
① 応力集中係数　② 降伏応力　③ 縦弾性係数
④ 座屈荷重　　⑤ 主応力

B群
ミーゼスの条件、フックの法則、モールの応力円、
オイラーの理論、カスティリアノの定理

26. 材料の力学的性質と試験方法

問題26 A群の材料の力学的性質について、これらを評価するための適切な
試験がB群にないものはどれか。 [令和2年度 Ⅲ－1]

A群
① 縦弾性係数 ② 硬さ ③ 延性－脆性遷移温度
④ 降伏点 ⑤ S－N線図

B群
引張試験、疲労試験、クリープ試験、シャルピー衝撃試験、破壊靭性試験

■ **出題の意図** 金属材料の試験方法に関する知識を要求しています。

解 説

材料試験は、材料の機械的な性質を求めるために行う試験のことです。その方法は、
試験する材料に各種の試験に応じた力を加えて破壊や変形を起こして、その結果から材
料の固有の強度などを決めます。試験方法や試験片の大きさ・形状などはJIS規格で規定
されています。主な材料試験の方法について、以下に述べます。

(1) **引張試験**：(JIS Z 2241)

試験片に引張荷重を加えると、荷重に比例して試験片が伸びて最大引張荷重を経てか
ら破断します（「2. 荷重、応力とひずみ―2」参照）。この試験結果から、引張強さ、降
伏強さ、伸び、絞りがわかります。伸びと絞りは材料の靭性に関連しますので、これら
の値から加工のしやすさがわかります。通常は室温で試験しますが、高温で温度を指定
して行う場合を高温引張試験といいます。

(2) **衝撃試験**：(JIS Z 2242)

振子型のハンマーを振り下ろして、最下部に設置したVあるいはU形の切り欠きが
入った試験片に急激な荷重を加えて破断させて、衝撃吸収エネルギーを求めます。この
試験結果から、材料の衝撃値がわかります。衝撃値が高いほど、ねばり強い材料となり
ます。シャルピー衝撃試験ともいいます。

試験結果は温度により変化しますので、一般的には試験温度を指定して行います。

鉄鋼材料は、低温になるほど吸収エネルギーが低下します。また、ある温度で急激に
吸収エネルギーが低下する温度があります。この温度を**遷移温度**といいます。遷移温度
には、エネルギー遷移温度と破面遷移温度があります。

(3) **疲労試験**：(JIS Z 2273～2275、2278、2279)

断続的あるいは交互に断続的に荷重を繰り返し加えて、試験片が破壊を起こすまで行

い、そのときの荷重の大きさと繰り返し回数を求めます。加える荷重の大きさを変えて試験を実施して、$S-N$曲線を求めます。この曲線から使用に耐えられる疲労強度がわかります（「6. 応力集中と疲労限度」参照）。

（4）高温クリープ試験：(JIS Z 2271)

材料のクリープ強さを求める試験です。試験材を一定の温度、一定の荷重下で行う引張クリープ試験が一般的です。この試験の主目的は、クリープひずみを測定して、クリープ速度を求めることです。また、クリープ破断試験は、定荷重の引張りクリープ試験でクリープ破断時間を求める試験です。

（5）硬さ試験：(JIS Z 2243～2246)

JIS規格に規定された硬さには、「ブリネル硬さ」、「ビッカース硬さ」、「ロックウェル硬さ」、「ショア硬さ」があり、それぞれの試験方法が定められています。測定する材料の寸法や形状などに応じて試験方法を選択します。

（6）破壊じん性試験：(JIS Z 2242)

試験片に切欠きまたはき裂を設けて、試験材料を降伏せずに破壊させて、脆性き裂の発生、伝ぱ（播）停止または破断の条件、状態などを調べる試験のことです。

温度を変えて延性-脆性遷移曲線を求めるか、または特定の温度で破壊応力、破壊靱性などの材料特性を調べます。線形破壊力学では、この試験で得られた破壊靱性値が応力拡大係数よりも大きければ、脆性破壊は起こらない、として評価します。

■ 解き方

詳細は解説に記載したので参照してください。
①縦弾性係数は、引張試験の結果として評価します。
②硬さは、硬度試験の結果で評価しますが、B群にはこの試験方法がありません。
③延性-ぜい性遷移温度は、シャルピー衝撃試験の結果として評価します。
④降伏点は、引張試験により評価します。
⑤S-N線図は、疲労試験の結果として作成できます。

解答②

練習問題26　A群の材料の力学的性質について、これらを評価するための適切な試験がB群にないものはどれか。　　　　［平成30年度　Ⅲ－1］

A群
①　S－N線図　　②　縦弾性係数　　③　延性－ぜい性遷移温度
④　降伏点　　　⑤　硬さ

B群
引張試験、疲労試験、破壊靱性試験、シャルピー衝撃試験、クリープ試験

---

27. 強度設計

| 問題27 | 強度設計に関する次の記述のうち、最も不適切なものはどれか。 |

[平成28年度　Ⅲ−1]

① 許容応力は、部材に作用することを許す最小の応力である。
② 安全率は、材料、荷重条件、使用環境などの因子を考慮して決定する。
③ 基準強さは、材料、荷重条件、使用環境などの因子を考慮して決定する。
④ 許容応力に安全率を乗じた値は、基準強さに等しい。
⑤ 使用応力は、基準強さより小さい。

■ 出題の意図　強度設計に関する知識を要求しています。

解説

　機械や装置とそれらを構成する部品などを製作する場合には、使用目的を満足するように仕様を決めて、機構や構造などを計画し、大きさ、使用材料、各部分の寸法・形状、強度計算、加工方法、組立て手順などを決めますが、これら一連の業務を**機械設計**といいます。

　強度設計は、この機械設計の重要な要素であり、各種部品や組立て後の機械や装置が安全に使用できるように、荷重条件を設定して強度計算を行うことです。

（1）荷重条件

　静荷重を増加していくと、大きな変形を伴って破壊する場合を**延性破壊**といい、変形を伴わないで急激に破壊する場合を**脆性破壊**といいます。荷重の負荷速度が非常に遅い場合の破壊を**静的破壊**といい、荷重は**静的荷重**です。実際の機械部品などに起こる破壊として静的破壊はほとんどありません。荷重速度が非常に速い場合の破壊を**衝撃破壊**といいます。

　また、荷重の大きさに変動がある場合は、**動的荷重**といいます。疲労破壊を起こす繰返し荷重は、動的荷重の一例です。

（2）許容応力と安全率（「4. 許容応力と安全率」参照）

　機械や装置に作用する外力には上記で述べた各種の荷重がありますが、想定した値の荷重よりも大きかったり、材料の製造にも多少のばらつきがあるため、それらの誤差を考慮して安全に部材が使用に耐えるようにする必要があります。そのために、強度設計に用いられる応力が許容応力です。この**許容応力**σ_aは、以下の式で定義しています。

$$\sigma_a = \frac{\text{基準強さ}}{\text{安全率}} = \frac{\sigma_t \text{ or } \sigma_y}{S} \qquad \text{ただし、} S > 1$$

　基準強さは、荷重の種類により決めます。引張強さ、降伏応力、疲労限界（強度）、クリープ限界（強度）を用います。

　安全率も同様に、荷重の種類（静的荷重か動的荷重）、材料の種類などを考慮して決めます。

　安全率の値は、一般的には静的荷重よりも動的荷重の方が大きくなり、荷重の種類により以下のような関係があります。

　　　　静的荷重の場合＜片振り繰返し荷重＜両振り繰返し荷重＜衝撃や変動荷重の場合

（3）応力集中係数

　実際の機械や装置を構成する部品には、溝や穴などがあり構造不連続部があります。

　このような部分では、「6. 応力集中と疲労限度」で述べたように応力集中が発生します。局部的に生じる最大応力は、平均応力に応力集中係数を掛けたものになりますので、応力集中係数の値が大きいと繰返し荷重などの動荷重を受ける場合、応力集中によってその材料が破壊されやすくなります。

　一方、切欠きが疲労限度に与える影響を切欠き効果といいます。平滑材と切欠き材の疲労限度の比を**切欠き係数**といいます。切欠き係数は、応力集中係数よりも大きくはなりませんので、切欠きによる疲労寿命は応力集中の場合ほど減少しません。

（4）部材の変形量

　機械や装置を安全に使用するためには、強度に加えて変形量を考慮する場合があります。

　例えば、軸の変形量を抑えて芯振れを少なくしたり、軸受部のたわみ量を少なくして摩擦熱の発生を低減することです。部材の変形量は、発生するひずみ量に比例しますので、このひずみ量を少なくするためには応力のみならず縦弾性係数に関連した値になります。

■ 解き方

① 　許容応力は、設計上で安全に部材が使用できる上限、すなわち最大の応力となりますので、誤った記述です。

② 　安全率は、使用する材料、静的・動的・繰り返しなどの荷重条件、使用温度などの環境因子を考慮して決定されるので、正しい記述です。

③ 　基準強さも②と同様に決定されるので、正しい記述です。

④ 　解説で説明したとおり、正しい記述です。

⑤ 　使用応力＜許容応力＜基準強さの関係から、正しい記述です。

解答①

練習問題27　強度設計について、次の記述のうち正しいものを選べ。

[平成18年度　Ⅳ－2]

① 　材料のバラツキを考慮して、1より小さい安全率を用いる。

② 　切欠き係数は応力集中係数に比較して、一般に大きな値である。

③ 　基準強さには荷重状況を考慮して、異なった値を用いる。

④ 　安全率には動的荷重と比較して、静的荷重の方が大きな値を用いる。

⑤ 　応力の大きさを問題にするので、弾性係数の大小は考慮しなくてよい。

第3章

機械力学・制御の問題

1. 力の釣合い

問題28　下図のように、電車が一定の加速度 α（>0）で減速し、車内につり下げられた質量 m の振り子が進行方向に30°だけ傾いていたとする。重力加速度を g とするとき、電車の加速度 α 及び振り子の糸に働く張力 T の組合せとして、最も適切なものはどれか。　　　　　[平成28年度　Ⅲ－22]

① $\alpha = \dfrac{1}{2}g$、$T = \dfrac{3}{2}mg$

② $\alpha = \dfrac{\sqrt{3}}{2}g$、$T = \left(1 + \sqrt{3}\right)mg$

③ $\alpha = \dfrac{\sqrt{3}}{2}g$、$T = \dfrac{2}{\sqrt{3}}mg$

④ $\alpha = \dfrac{1}{\sqrt{3}}g$、$T = \left(1 + \dfrac{1}{\sqrt{3}}\right)mg$

⑤ $\alpha = \dfrac{1}{\sqrt{3}}g$、$T = \dfrac{2}{\sqrt{3}}mg$

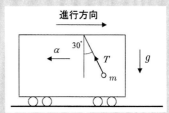

■ **出題の意図**　　重力と慣性力の力の釣合いに関する知識を要求しています。

■ **解　説**

（1）斜面に置かれた物体に加わる力

　図3.1に示すように、水平面との角度が θ である斜面に置かれた質量 m の物体には、重力による力 mg が下向きに加わります。この力を斜面に垂直な成分 $mg\cos\theta$ と、平行な成分 $mg\sin\theta$ の2つの力に分けて考えます。斜面に垂直な成分 $mg\cos\theta$ に対して、斜面は物体を同じ力で反対向きに押し返すので（**作用・反作用の法則**）、この方向の力は釣合い、物体は斜面に平行に運動することになります。一方、物体が斜面に沿って運動している場合、接触面には**摩擦力** $\mu_d\,mg\cos\theta$（μ_d は**動摩擦係数**）が、運動方向と逆方向に加わることになります。

　物体が静止しているときは、摩擦係数は μ_s となり、物体に加わる斜面に平行な

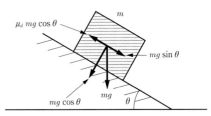

図3.1　斜面に置かれた物体

方向の力が$\mu_s mg \cos\theta$より小さい場合に物体は静止し、$\mu_s mg \cos\theta$より大きくなった場合に物体は運動を開始することになります。μ_sを**静摩擦係数**と呼びます。

(2) 斜面に置かれた物体の運動方程式

上図において、斜面に沿って平行に右方向の座標をxとし、物体が$+x$方向に運動している場合、物体の**運動方程式**は次式で表せます。

$$m \frac{d^2 x}{dt^2} = mg\left(\sin\theta - \mu_d \cos\theta\right)$$

物体が静止している場合、$mg\left(\sin\theta - \mu_s \cos\theta\right) \leq 0$であり、$mg\left(\sin\theta - \mu_s \cos\theta\right) > 0$の場合に物体に加わる力が静摩擦力より大きくなり、物体は運動を開始します。なお、物体を斜面に沿って引き上げる場合、摩擦力の向きは逆方向になります。

■ 解 き 方

質量mの質点には、鉛直下向きにmg、図の左側方向に$m\alpha$の力が加わります。これらの力と張力Tとが釣り合うので、以下の関係式が成り立ちます。

$$T\cos 30° = \frac{\sqrt{3}}{2} T = mg \quad,\quad T\sin 30° = \frac{1}{2} T = m\alpha$$

これらの式から、αとTは以下のように求まります。

$$\alpha = \frac{1}{\sqrt{3}} g \quad,\quad T = \frac{2}{\sqrt{3}} mg$$

‖解答⑤‖

練習問題28 図のように水平とθ_1、θ_2の角度をなす2つの斜面に質量m_1、m_2の2つの物体が滑車を介して質量の無視できる系で接続されている。いずれの斜面の動摩擦係数もμとして$m_1 > m_2$、$\theta_1 > \theta_2$としたときに斜面を運動する質量m_1の物体の加速度αは次のどれになるか。なお、重力加速度をgとし、糸の伸びは無視する。 　　　　　　　　　　　　　　　　　　　　　　　　　　　　[平成15年度　Ⅳ-7]

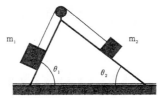

① $g[m_1(\sin\theta_1 - \mu\cos\theta_1) - m_2(\sin\theta_2 + \mu\cos\theta_2)] / (m_1 + m_2)$

② $\mu g m_1(\sin\theta_1 - \sin\theta_2) / (m_1 + m_2)$

③ $\mu g m_1(\cos\theta_1 - \cos\theta_2) / (m_1 + m_2)$

④ $g[m_1(\sin\theta_1 - \mu\cos\theta_1) - m_2(\sin\theta_2 - \mu\cos\theta_2)]$

⑤ $g[m_1(\cos\theta_1 - \mu\sin\theta_1) - m_2(\cos\theta_2 - \mu\sin\theta_2)]$

2. 力のモーメント

問題29　下図のように、一端が回転支持されて、他端がロープで支えられた一様な棒の先端に、質量 m のおもりを吊り下げる。ロープが水平と $30°$ の角をなすとき、棒と反力 R のなす角を θ とする。このとき、支点における反力 R とロープの張力 T、反力 R のなす角 θ の組合せとして最も適切なものはどれか。ただし、重力加速度は g とし、棒の質量は無視できるものとする。

[平成27年度　Ⅲ－19]

① $R = \sqrt{3}mg$ 、$T = 2mg$、$\theta = 0°$

② $R = \dfrac{\sqrt{3}}{2}mg$ 、$T = 2mg$、$\theta = 0°$

③ $R = 2mg$、$T = \sqrt{3}mg$、$\theta = 0°$

④ $R = 2mg$、$T = 2mg$、$\theta = 30°$

⑤ $R = \dfrac{mg}{\sqrt{3}}$ 、$T = 2mg$、$\theta = 0°$

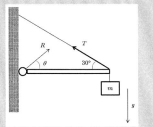

■ **出題の意図**　物体の回転運動と力のモーメントに関する知識を要求しています。

■ **解　説**

力のモーメントは、物体に**回転運動**を与える力の働きであり、図3.2に示すように点Aに力 F が加わる場合、点Oまわりの力のモーメントは $M = FR\sin\theta$ で表されます。$R\sin\theta$ は点Oから力の作用線までの垂線の長さであり、**モーメントの腕**といいます。

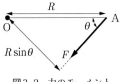

図3.2　力のモーメント

複数の力が物体に作用する場合の点Oまわりの力のモーメントは、次式に示すように各力のモーメントの和で表すことができます。

$$M = M_1 + M_2 + \cdots = F_1R_1\sin\theta_1 + F_2R_2\sin\theta_2 + \cdots$$

物体がある固定点のまわりを回転運動する場合、加わるモーメントの和に応じて、**角加速度**が増減します。モーメントの和が0の場合は**等角速度**で回転運動し、さらに角速度が0の場合、物体は回転しないことになります。

また、図3.3に示すように、大きさが等しく、力の方向が平行で反対向きであり、作用線が一致しない一対の力を**偶力**といい、作用線間の距離を偶力の腕、Fd を偶力のモーメントといいます。偶力は、作用する物体を特定の方向へ動かすようには作用せず、ある点を中心として物体を回転させる作用のみを行います。

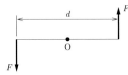

図3.3　偶力

■ 解き方

回転支持点を回転の中心とする力のモーメントを考えます。棒の長さをlとすると、質量mのおもりによるモーメントは右回りにMgl、張力Tによるモーメントは左回りに$T\sin30° l$となります。この2つのモーメントが釣り合うので、次式が成り立ちます。

$$mg = T\sin30° = \frac{1}{2}T 、 T = 2mg$$

一方、おもりを吊り下げている点でのモーメントの釣合いを考えると、棒の質量は無視できるので、次式が成り立ちます。

$$Rl\sin\theta = 0$$

したがって、$\theta = 0°$となります。

また、水平方向の力の釣合いから、次式が成り立ちます。

$$T\cos30° = \frac{\sqrt{3}}{2}T = R\cos\theta = R$$

これらの関係式から、Rは、次のように求まります。

$$R = \frac{\sqrt{3}}{2}T = \sqrt{3}mg$$

解答①

練習問題29-1 右図のように、摩擦ブレーキが回転している円筒に接触しており、摩擦ブレーキの支点Oと接触点Pと力Fの作用点Aは一直線上にある。円筒表面とブレーキの間の動摩擦係数を0.3、点Oからブレーキの接触点Pまでの距離を1000 mm、点Oから点Aまでの距離を2000 mm、円筒の直径を1000 mm、点Aに作用する力Fを50 Nとする。ブレーキをかけることにより円筒に作用するトルクとして、最も適切なものはどれか。 [平成26年度 Ⅲ－21]

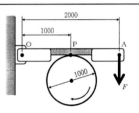

① 7.5 Nm ② 15 Nm ③ 30 Nm ④ 45 Nm ⑤ 60 Nm

練習問題29-2 図に示すような、長方形の物体（質量m）が点P、点Qで地面に支えられている。この重心位置の鉛直方向にmg、水平方向にFの力が働くとき、転倒しないための正しい条件を選べ。ただし、摩擦係数は無限大と仮定せよ。T_1、T_2は地面からの垂直反力である。 [平成17年度 Ⅳ－11]

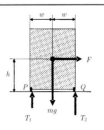

① $mgw - Fh < 0$ ② $mgw - Fh > 0$ ③ $mgw - Fh - wT_1 > 0$
④ $mgw - Fh - 2wT_1 < 0$ ⑤ $mgw - Fh - 2wT_1 > 0$

3. 重心と慣性モーメント

問題30 右図に示すように、厚さ5 mm、半径200 mmの一様材質の円板に、200 mm × 100 mmの長方形の穴が左右対称（図ではY軸に対称）に空いている。図中の座標系の原点Oは円板の中心に一致している。この穴が空いている円板の重心Gの座標（X_G, Y_G）［mm］として、最も適切なものはどれか。［令和2年度　Ⅲ－16］

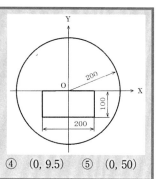

① (0, −50) ② (0, −9.5) ③ (0, 0) ④ (0, 9.5) ⑤ (0, 50)

出題の意図 慣性モーメントに関する知識を要求しています。

解　説

（1）剛体の重心

剛体がN個の質点の集まりである場合、**重心**は次式で表されます。

$$\mathbf{r}_c = \frac{1}{m}\sum_{i=1}^{N} m_i\mathbf{r}_i, \quad m = \sum_{i=1}^{N} m_i$$

ここで、$\mathbf{r}_c$は重心（**質量中心**ともいう、ある点からベクトルで表示）、mは剛体の質量（各質点の質量の総和）、$\mathbf{r}_i$は各質点の位置、m_iは各質点の質量です。剛体が分布質量の集まりである場合は、質点の総和の代わりに積分形を用いて重心と質量は次式で表されます。

$$\mathbf{r}_c = \frac{1}{m}\int_V \mathbf{r}\,dm, \quad m = \int_V dm$$

ここで、$\int_V$は剛体の全領域にわたる積分を、dmは微小要素の質量です。

（2）剛体のモーメント

剛体がN個の質点の集まりである場合、剛体上に1本の軸を定め、その軸と各質点の距離をr_i、各質点の質量をm_iとして、次式で表されるIを、この軸に関する剛体の**慣性モーメント**といいます。

$$I = \sum_{i=1}^{N} m_i r_i^2$$

慣性モーメントは、物体が回転運動する場合、回転しにくさの程度を表す量です。

剛体の全質量をmとするとき、次式が成り立つ場合のxを**回転半径**といいます。

$$I = mx^2$$

剛体が分布質量の集まり（連続体）である場合は、慣性モーメントは以下の積分形で表されます。

$$I = \int_V r^2 dm = \int_V \rho r^2 dV$$

ここで、rは中心軸からの距離、dmは微小質量、ρは密度、dVは微小体積です。

(3) **各種物体の慣性モーメント**（重心を通る軸まわり、物体の質量は m）

円板／円柱： $I = \dfrac{1}{2} m r^2$ （r は半径、円板／円柱の中心軸まわり）

$I = \dfrac{1}{12} m \left(3r^2 + t^2 \right)$ （t は円板の厚さ or 円柱の高さ、円板／円柱の直径を通る軸まわり）

球： $I = \dfrac{2}{5} m r^2$ （r は半径）

正方形： $I = \dfrac{1}{6} m w^2$ （w は辺の長さ、正方形の中心軸まわり）

角柱： $I = \dfrac{1}{12} m \left(w^2 + l^2 \right)$ （w と l は中心軸に直交する方向の各辺の長さ）

(4) **平行軸の定理**

重心を通る軸に関する慣性モーメントが I_G であるとき、この軸に平行で距離が h である軸まわりの慣性モーメントは、次式で求まります。この関係を**平行軸の定理**といいます。

$$I = I_G + m h^2$$

■ **解 き 方**

図より、Y軸に対して対称であるので、重心の位置は $(0, Y_G)$ となります。以下、穴の無い円板と、穴の部分に分けて考えます。円板について、質量 m と $\sum m_i r_i$ は、次のように表せます（ρ は密度、r は円板の半径、t は円板の厚さ）。

$$m_1 = \rho \pi r^2 t, \quad \left(\sum m_i r_i \right)_1 = 0$$

一方、a を穴の長辺の長さ、b を穴の短辺の長さとして、穴の部分の重心の位置は $(0, \dfrac{b}{2})$ となるので、穴の部分について質量 m と $\sum m_i r_i$ を求めると、以下のようになります。

$$m_2 = \rho a b t, \quad \left(\sum m_i r_i \right)_2 = m_2 r_c = \frac{\rho a b^2 t}{2}$$

したがって、重心の位置 Y_G は、次のように計算できます。

$$Y_G = \frac{1}{m} \sum m_i r_i = \frac{0 - \left(-\dfrac{\rho a b^2 t}{2} \right)}{\rho \pi r^2 t - \rho a b t} = \frac{\dfrac{a b^2}{2}}{\pi r^2 - a b}$$

$a = 200$ mm、$b = 100$ mm、$r = 200$ mm を代入して、Y_G を次のように求めます。

$$Y_G = \frac{\dfrac{a b^2}{2}}{\pi r^2 - a b} = \frac{\dfrac{200 \times 100^2}{2}}{\pi \times 200^2 - 200 \times 100} \cong 9.47 \ [\text{mm}]$$

したがって、重心の座標は $(0, 9.5)$ [mm] となります。

解答④

練習問題30 質量 m、半径 R の円板の直径を軸とする慣性モーメントとして、最も適切なものはどれか。なお、円板の密度及び厚さは一定で、厚さは、半径に比べて十分に薄いものとする。 [令和元年度 Ⅲ－20]

① $\dfrac{mR^2}{12}$ ② $\dfrac{mR^2}{2}$ ③ $\dfrac{mR^2}{6}$ ④ $\dfrac{mR^2}{3}$ ⑤ $\dfrac{mR^2}{4}$

4. 並進運動と回転運動

問題31　右図に示すように、慣性モーメント I、半径 r の定滑車に質量の無視できる伸びないロープがまかれ、ロープの一端につけられたおもり（質量 m）が重力によって落下する。このとき、おもりの加速度として、最も適切なものはどれか。ただし、定滑車は摩擦なく回転し、定滑車とロープとの間にすべりはないものとする。また、重力加速度を g とし、図のように下向きに作用するものとする。［令和元年度（再試験）Ⅲ−20］

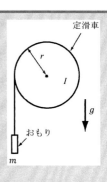

① $\dfrac{mr^2 g}{mr^2 + I}$　② mg　③ $\dfrac{mr^2 g}{mr^2 - I}$　④ $\dfrac{2mr^2 g}{mr^2 + 2I}$　⑤ $\dfrac{mg}{m + I}$

■ 出題の意図　並進運動と回転運動に関する知識を要求しています。

■ 解　説

（1）並進運動

質量 m の円板が、ある面に接触しながら x 方向に**並進運動**する場合、**運動方程式**は次式で表せます。

$$m\frac{d^2x}{dt^2} = F_A + F$$

ここで、F_A は円板に x 方向に加わる外力、F は接触部で接線方向に加わる力です。

（2）回転運動

慣性モーメント I、半径 r の円板が、ある面に接触しながら θ 方向に**回転運動**する場合、**回転の運動方程式**は次式で表せます。

$$I\frac{d^2\theta}{dt^2} = N_A - Fr$$

ここで、N_A は物体に θ 方向に加わるトルク、r は回転中心から接触部までの距離です。

（3）円板の運動

質量 m、半径 r の円板が床の上を滑りなしで転がる場合、並進運動と回転運動を行います。運動する並進方向を x、回転方向を θ とすると、$x = r\theta$ の関係が成り立ちます。円板と床との接触部に円周方向に加わる力を F とすると、上述の並進および回転の運動方程式より、F および θ を消去して次式が求まります。

$$\left(m + \frac{I}{r^2}\right)\frac{d^2x}{dt^2} = F_A + \frac{N_A}{r}$$

この式から、回転運動により質量が見かけ上 $\dfrac{I}{r^2}$ 増加したことがわかります。この関係式を、並進運動の方程式に代入して整理することにより、接触部に加わる力 F は次のように求まります。

$$F = \cfrac{N_A - \dfrac{IF_A}{mr}}{r + \dfrac{I}{mr}}$$

■ **解 き 方**

おもりの運動方程式は、おもりの座標を x（下向きを正とする）、ロープの張力を F として、次式で表せます。

$$m\frac{d^2x}{dt^2} = mg - F$$

定滑車の回転の運動方程式は、回転角度を θ（おもりが落ちる方向を正とする）として、次式で表せます。

$$I\frac{d^2\theta}{dt^2} = Fr$$

この2本の方程式から、F を消去し、また $x = r\theta$ の関係を用いて整理することにより、おもりの加速度は次のように求まります

$$m\frac{d^2x}{dt^2} = mg - F = mg - \frac{I}{r} \times \frac{d^2\theta}{dt^2} = mg - \frac{I}{r^2} \times \frac{d^2x}{dt^2}$$

$$\left(m + \frac{I}{r^2}\right)\frac{d^2x}{dt^2} = mg \ , \qquad \frac{d^2x}{dt^2} = \frac{mr^2g}{mr^2 + I}$$

解答①

練習問題31 右図に示すように、水平から角度 α だけ傾いた斜面に質量 M、半径 r の円柱を置き、静かにはなす。そのときの時刻を $t = 0$ とし、その位置から斜面に沿って下向きに測った距離を x とする。重力加速度の大きさを g とするとき、x と t の関係として、最も適切なものはどれか。ただし、円柱はすべらずに転がり落ちるものとする。なお、中心軸周りの円柱の慣性モーメントは $\dfrac{1}{2}Mr^2$ である。　　　［平成30年度　Ⅲ－20］

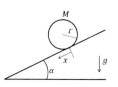

① $\quad x = \dfrac{1}{3}gt^2\sin\alpha$ ② $\quad x = \dfrac{2}{3}\sqrt{rg}\,t\sin\alpha$ ③ $\quad x = \dfrac{2}{3}gt^2\sin\alpha$

④ $\quad x = \dfrac{1}{2}gt^2\sin\alpha$ ⑤ $\quad x = \dfrac{1}{2}\sqrt{rg}\,t\sin\alpha$

5. 運動エネルギー

問題32　右図のように、長さ l の軽い糸の先に質量 m のおもりをつけた単振り子に、最下点で水平に v_0 の初速を与える。v_0 が小さいとき、おもりの運動は鉛直面内の最下点付近に限られ、$\theta = A \sin (\omega t)$ で表される単振動となる。この振幅 A として最も適切なものはどれか。ただし、ω は角振動数、t は時間であり、g は重力加速度とする。

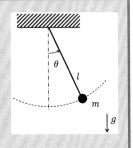

[令和元年度　Ⅲ−18]

① $\dfrac{2v_0}{\sqrt{lg}}$　　② $\dfrac{v_0}{\sqrt{lg}}$　　③ $\dfrac{\sqrt{lg}}{2v_0}$　　④ $\dfrac{\sqrt{lg}}{v_0}$　　⑤ $\sqrt{\dfrac{g}{l}}$

出題の意図　　運動エネルギーと位置エネルギーの関係に関する知識を要求しています。

解説

(1) 剛体の運動エネルギー

剛体が N 個の質点の集まりである場合、剛体の**運動エネルギー** T は、剛体を構成する各質点の速度（ベクトル）を $\mathbf{v}_i$ として、次式で表されます。

$$T = \frac{1}{2} \sum_{i=1}^{N} m_i \mathbf{v}_i \cdot \mathbf{v}_i$$

各質点の速度 $\mathbf{v}_i$ を、重心の速度 $\mathbf{v}_c$ と、重心に対する相対速度 $\mathbf{v}_i'$ の和で表すと、$\mathbf{v}_i = \mathbf{v}_c + \mathbf{v}_i'$ となります。$\mathbf{v}_i'$ は重心に対する回転運動を表し、重心から質点までの位置ベクトルを $\mathbf{r}_i$、角速度ベクトルを ω として、$\mathbf{v}_i' = \omega \times \mathbf{r}_i$ となります。これから、上式より次式が得られます。

$$T = \frac{1}{2} m \mathbf{v}_c \cdot \mathbf{v}_c + \frac{1}{2} \sum_{i=1}^{N} m_i \mathbf{v}_i' \cdot \mathbf{v}_i' + 2\mathbf{v}_c \cdot \sum_{i=1}^{N} m_i \mathbf{v}_i'$$

ここで、m は剛体の全質量です。右辺第3項は、重心の定義より0となるので、剛体の運動エネルギーは、次式で表されます。

$$T = T_c + T_r 、\quad T_c = \frac{1}{2} m \mathbf{v}_c \cdot \mathbf{v}_c 、\quad T_r = \frac{1}{2} \sum_{i=1}^{N} m_i \mathbf{v}_i' \cdot \mathbf{v}_i'$$

ここで、T_cは剛体の重心の並進運動のエネルギー、T_rは回転運動のエネルギーを表しています。剛体が一方向に回転している場合、回転軸方向の慣性モーメントをI、角速度をωとして、T_rは次式で表されます。

$$T_r = \frac{1}{2}\left(\sum_{i=1}^{N} m_i r_i^2\right)\omega^2 = \frac{1}{2}I\omega^2$$

(2) エネルギー保存則

物体の運動において、摩擦、衝突などによりエネルギーが消失しない場合、**運動エネルギー** Tと**位置エネルギー** Uの和は保存されます（**エネルギー保存則**）。運動エネルギーTは、並進運動のエネルギーT_cと回転運動のエネルギーT_rの和であるので、この関係は、次式で表されます。

$$U + T = U + \frac{1}{2}mv^2 + \frac{1}{2}I\omega^2 = 一定$$

■ 解き方

最下点での運動エネルギーと、$\theta = A$のときの位置エネルギーが等しくなるので、次式が成り立ちます。

$$\frac{1}{2}mv_0^2 = mgl(1-\cos\theta)$$

$$1-\cos\theta = \frac{v_0^2}{2lg}$$

$1-\cos\theta = 2\sin^2\dfrac{\theta}{2} \cong \dfrac{\theta^2}{2}$ の関係を用いて、書き換えると、θは次のように求まります。

$$1-\cos\theta \cong \frac{\theta^2}{2} \cong \frac{v_0^2}{2lg}$$

$$\theta \cong \frac{v_0}{\sqrt{lg}}$$

解答②

練習問題32 右図のように、長さlの一様な細い棒が、一端を軸として摩擦なしに回転できるようになっている。この棒を水平にして静止させ、次に静かに手を放して回転させる。このとき、鉛直になった瞬間における棒の角速度として、最も適切なものはどれか。ただし、gは重力加速度とする。　［令和元年度　Ⅲ−21］

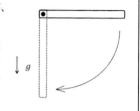

① $\sqrt{\dfrac{6g}{l}}$　② $\sqrt{\dfrac{2g}{l}}$　③ $\sqrt{\dfrac{3g}{l}}$　④ $\sqrt{\dfrac{g}{2l}}$　⑤ $\sqrt{\dfrac{g}{l}}$

6. 運動方程式

> **問題33**　図（a）に示すように、2つのロータ1及びロータ2が同じ軸まわり
> にそれぞれ角速度 $\omega_1 = 50$ ［rad/s］及び $\omega_2 = 20$ ［rad/s］で回転している。
> ロータ1及びロータ2の回転軸まわりの慣性モーメントはそれぞれ $I_1 = 1$
> ［kg・m^2］及び $I_2 = 2$ ［kg・m^2］である。その後、図（b）に示すように、ロー
> タ1を軸方向に移動させて2つのロータを瞬間的に一体化した。一体化後の
> 角速度 ω ［rad/s］として、最も適切なものはどれか。［令和2年度　Ⅲ－21］
>
>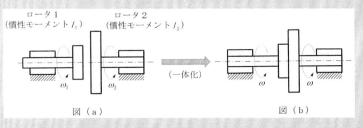
>
> ①　20 rad/s　　②　25 rad/s　　③　30 rad/s
> ④　35 rad/s　　⑤　40 rad/s

出題の意図　角運動量に関する知識を要求しています。

解説

（1）剛体の運動方程式

運動量の変化率が、外力に等しくなる関係から、**運動方程式**は次式で表されます。

$$\frac{d\mathbf{P}}{dt} = \mathbf{F} = \sum_{i=1}^{N} \mathbf{F}_i$$

ここで、$\mathbf{P}$ は剛体の運動量、$\mathbf{F}$ は剛体に加わる外力の総和、$\mathbf{F}_i$ は剛体を構成する各質点
に加わる外力を表します。重心の位置ベクトルを $\mathbf{r}_c$ で表すと、運動方程式は次式となり
ます。

$$m\frac{d^2\mathbf{r}_c}{dt^2} = \mathbf{F}$$

物体の運動が一方向である場合、変位を x、外力を F として、運動方程式は次式で表
されます。

$$m\frac{d^2x}{dt^2} = F$$

(2) 剛体の角運動量方程式

剛体の**角運動量方程式**は、剛体を構成する各質点の位置ベクトル$\mathbf{r}_i$と運動方程式の外積に対し、全質点の総和をとることにより導かれ、次式で表されます。

$$\frac{d\mathbf{L}}{dt} = \mathbf{N}、\qquad \mathbf{L} = \sum_{i=1}^{N} m_i \left(\mathbf{r}_i \times \mathbf{v}_i \right)、\qquad \mathbf{N} = \sum_{i=1}^{N} \mathbf{r}_i \times \mathbf{F}_i$$

ここで、$\mathbf{L}$は剛体の**角運動量**、$\mathbf{N}$は剛体に加わる外力によるモーメント（トルク）です。剛体が一定の軸まわりに回転するとき、この軸まわりの慣性モーメントをI、角速度をω、軸まわりに加わるトルクをTとすると、角運動量方程式は次式で表されます。

$$\frac{d\left(\displaystyle\sum_{i=1}^{N} m_i r_i^2 \right) \omega}{dt} = I \frac{d\omega}{dt} = T$$

■ 解き方

図（a）におけるロータ1とロータ2の角運動量の和が、図（b）における一体化したロータ1とロータ2の角運動量に等しくなるので、次式が成り立ちます（一体化するときに、接触面での摩擦によりエネルギーが損失するので、運動エネルギー保存の関係は適用できません）。

$$I_1 \omega_1 + I_2 \omega_2 = (I_1 + I_2) \omega$$

この式を、ωについて解き、$I_1 = 1$ [kg·m²]、$I_2 = 2$ [kg·m²]、$\omega_1 = 50$ [rad/s]、$\omega_2 = 20$ [rad/s] を代入すると、次のようになります。

$$\omega = \frac{I_1 \omega_1 + I_2 \omega_2}{I_1 + I_2} = \frac{1 \times 50 + 2 \times 20}{1 + 2} = 30 \quad [\text{rad/s}]$$

▌解答③▐

練習問題33 右図のように、アームABが鉛直面（XY平面）内を角速度ωで回転しながら、同時にアームの先端部が、アームが長くなる方向に速度vで動いている。アームが水平位置にある下図の瞬間において、先端の点Aの持つ速度ベクトル$\begin{Bmatrix} v_X \\ v_Y \end{Bmatrix}$として、最も適切なものはどれか。

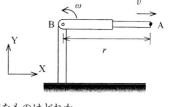

[令和元年度　Ⅲ−16]

① $\begin{Bmatrix} v \\ r\omega \end{Bmatrix}$ ② $\begin{Bmatrix} v + r\omega \\ r\omega \end{Bmatrix}$ ③ $\begin{Bmatrix} v \\ 2r\omega \end{Bmatrix}$ ④ $\begin{Bmatrix} v + r\omega \\ 2r\omega \end{Bmatrix}$ ⑤ $\begin{Bmatrix} v - r\omega \\ r\omega \end{Bmatrix}$

7.　回転体の危険速度

問題34　右図のように、2 点 A、B の軸受により支えられている質量 M、偏心量 ε のロータがあり、角速度 ω で回転している。AB 間の距離を l とし、点 A に対する重心の軸方向位置を a で表すとき、点 A の軸受に働く力として最も適切なものはどれか。

[平成 25 年度　Ⅲ－22]

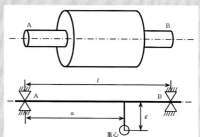

①　$\dfrac{l-a}{l} M\varepsilon\omega^2$　　②　$\dfrac{a}{l} M\varepsilon\omega^2$　　③　$\dfrac{a}{l(l-a)} M\varepsilon\omega^2$

④　$\dfrac{l-a}{l} M\varepsilon\omega$　　⑤　$\dfrac{M\varepsilon\omega^2}{2}$

■ **出題の意図**　回転体の偏重心によるふれまわりに関する知識を要求しています。

解　説

（1）回転体の偏重心による力

回転軸に取り付けられた**回転体**が高速で回転する場合、回転軸と回転体を含めて**ロータ**と呼びます。回転体の重心の位置は、静止状態においても回転軸からわずかな不一致があり、この重心のずれを**偏重心**といい、回転時に不釣合いが生じて回転軸に対して重心の位置が振動する**ふれまわり**が生じます。回転体がふれまわりを起こす状態を考え、軸の中心の座標を x, y、ロータの質量を m、偏心量を ε、不釣合いの大きさを $m\varepsilon$、回転の角速度を ω とすると、回転軸の運動方程式は次式で表されます。

$$m\frac{d^2x}{dt^2} + c\frac{dx}{dt} + kx = m\varepsilon\omega^2 \cos\omega t \qquad m\frac{d^2y}{dt^2} + c\frac{dy}{dt} + ky = m\varepsilon\omega^2 \sin\omega t$$

この式から、回転体には $m\varepsilon\omega^2$ の力が働いていることがわかります。回転体に加わる遠心力 $m\varepsilon\omega^2$ の x 方向および y 方向の成分として、$m\varepsilon\omega^2\cos\omega t$ および $m\varepsilon\omega^2\sin\omega t$ が加わっていることになります。

（2）危険速度

上に示したロータの運動方程式の解は、次式で表されます。

$$x = R\cos\left(\omega t - \alpha\right) \quad、\quad y = R\sin\left(\omega t - \alpha\right)$$

$$R = \frac{m\varepsilon\omega^2}{\sqrt{\left(k - m\omega^2\right)^2 + \left(c\omega\right)^2}}$$

ロータはある特定の回転速度で激しく横振動を起こすことがあり、この回転速度を**危険速度**といいます。この危険速度ω_cは、$k - m\omega^2 = 0$の条件より求まり、次式で表されます。

$$\omega_c = \sqrt{\frac{k}{m}}, \qquad \alpha = \tan^{-1}\left(\frac{c\omega}{k - m\omega^2}\right)$$

回転体のばね定数kは、両端単純支持の場合を想定すると、$k = \dfrac{48EI}{l^3}$（E：縦弾性係数、I：ロータの断面二次モーメント、l：軸の長さ）となります。Rは**たわみの振幅**でふれまわりの大きさを表します。Rは、$\omega < \omega_c$の場合には、ωの増加とともに徐々に大きくなり、$\omega = \omega_c$で最大となります。さらに角速度が大きくなると、Rは徐々に小さくなり偏重心εに漸近していきます。この偏重心εに漸近する現象を**自動調心**作用といいます。

■ 解 き 方

解説で説明したように、ロータのふれまわりによりロータに$M\varepsilon\omega^2$の力が加わります。点Bまわりの力のモーメントの釣合いより、点Aの軸受に加わる力をRとして、次式が成り立ちます。

$$Rl = M\varepsilon\omega^2\left(l - a\right)$$

この式より、Rが次のように求まります。

$$R = \frac{l - a}{l} M\varepsilon\omega^2$$

解答①

練習問題34 次の文章の、◻◻◻◻内に入る語句の正しい組合せを①〜⑤の中から選べ。 ［平成20年度 Ⅳ−15］

「回転機械のロータは、質量のない弾性軸に、剛体円板が取り付けられた軸としてモデル化できる。軸の回転角速度がロータの曲げ ア と一致するとき、ロータのたわみの振幅は非常に大きくなる。この現象を イ と呼び、この回転角速度を ウ という。軸の回転角速度が ウ を超えると、たわみの振幅が小さくなり、軸は、重心に近づいて回転するようになる。この現象をロータの エ という。」

	ア	イ	ウ	エ
①	固有角振動数	ふれまわり	遷移速度	引き込み
②	移動速度	ふれまわり	危険速度	自動調心作用
③	固有角振動数	自動調心作用	最高速度	ふれまわり
④	移動速度	自動調心作用	遷移速度	引き込み
⑤	固有角振動数	ふれまわり	危険速度	自動調心作用

8. 1自由度系の自由振動―1

問題35　右図に示すように、ねじりばね定数 k の軸
の一端を固定し、他端に質量 m の円板が取り付けら
れた振動系がある。この円板を角度 θ だけねじって
振動させた場合の固有角振動数として、適切なもの
はどれか。ただし、軸の慣性モーメントは円板の軸
心周りの慣性モーメント J と比べて無視できるほど
小さいものとする。　　　　[令和3年度　Ⅲ－16]

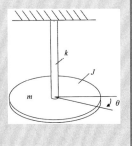

① $\sqrt{\dfrac{k}{m}}$　② $\sqrt{\dfrac{m}{k}}$　③ $\sqrt{\dfrac{k}{J}}$　④ $\sqrt{\dfrac{J}{k}}$　⑤ $\sqrt{\dfrac{k\theta}{m}}$

出題の意図　1自由度系の振動に関する知識を要求しています。

解　説

（1）振動の種類

振動とは、ある物理量がその平均値または基準値に対して、変動を繰り返す現象です。
ここでは、機械系の振動を取り扱いますが、機械系に加わる加振源として流体力、電磁
力などもあり、多くの物理現象が振動に関与しています。

　外部からの周期的な強制力により振動が発生する現象を**強制振動**と呼び、外部から周
期性のないエネルギーが加わり振動が発生する現象を**自励振動**と呼びます。また、振動
が発生した状態において、外部からの力を取り除いた状態において生じる振動を**自由振
動**と呼びます。自由振動は、系の持つ**固有振動数**により振動が発生する特徴があります。
強制振動の場合は加える加振力の周波数により振動が発生するのに対し、自励振動の場
合は系の固有振動数により振動が発生します。

（2）1自由度系の自由振動（減衰が無い場合）

　減衰のない場合の1自由度系の自由振動について、以下に説明します。

　図3.4（a）に示す、質量 m の質点が、ばね定数 k のばねで支えられている系を考えま
す。この系に、質点が運動することによる**慣性力**と、ばねによる**復元力**が作用し、**減衰
力**とばねの質量が無視できるとすると、x を質点の変位、t を時間として運動方程式は次
式となります。

$$m\frac{d^2x}{dt^2} + kx = 0$$

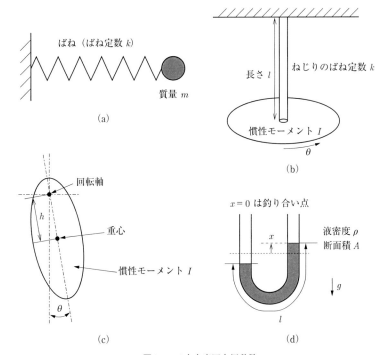

図3.4 1自由度固有振動数

これが減衰のない**1自由度系の自由振動**を表す運動方程式で、一般解は次式となります。

$$x = A \sin \omega_n t + B \cos \omega_n t 、 \omega_n = \sqrt{\frac{k}{m}}$$

ここで、ω_nは系の**固有角振動数**、AおよびBは初期条件により決まる積分定数です。

系の固有振動数は$f = \dfrac{\omega_n}{2\pi}$であり、**周期**は$T = \dfrac{1}{f} = \dfrac{2\pi}{\omega_n}$で表せます。

図3.4（b）に示す、慣性モーメントIの物体が、回転（軸のねじり）に対するばね定数kの弾性軸（慣性モーメントは無視できる）に取り付けられている場合、θを回転角として、**ねじり振動**に対する運動方程式は、次式となります。

$$I \frac{d^2\theta}{dt^2} + k\theta = 0$$

この運動方程式より、系の固有振動数は、$\dfrac{1}{2\pi}\sqrt{\dfrac{k}{I}}$であり、周期は$2\pi\sqrt{\dfrac{I}{k}}$となります。

図3.4（c）に示す、質量mで、重心から回転軸までの距離がh、回転角がθ、重力加速度がgとして、回転軸のまわりの慣性モーメントがIである**剛体振子**の運動方程式は次式となります。

$$I \frac{d^2\theta}{dt^2} + mgh\theta = 0$$

ここで、θは微小であり、$\sin\theta \cong \theta$ と近似できるものとしています。この運動方程式より、系の固有振動数は、$\dfrac{1}{2\pi}\sqrt{\dfrac{mgh}{I}}$ であり、周期は $2\pi\sqrt{\dfrac{I}{mgh}}$ となります。

図3.4（d）に示すU字管において、液面差により液柱には $-2\rho gxA$ の力（$-x$の方向）が加わります。したがって、液柱の運動方程式は、次式となります。

$$\rho Al \frac{d^2 x}{dt^2} + 2\rho gAx = 0$$

この運動方程式より、系の固有角振動数は $\dfrac{1}{2\pi}\sqrt{\dfrac{2g}{l}}$ であり、周期は $2\pi\sqrt{\dfrac{l}{2g}}$ となります。

■ 解 き 方 ■

解説より、固有角振動数ω_nは、次式で表せます。

$$\omega_n = \sqrt{\frac{k}{J}}$$

■ 解答③ ■

練習問題35-1　右図に示すように、滑らかな床上に質量mの物体があり、角度αでばねを介して壁に取り付けられている。ばね定数をkとし、物体が微小並進運動するときの固有角振動数として、適切なものはどれか。　　［令和3年度　Ⅲ－17］

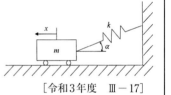

① $\sqrt{\dfrac{k}{m}}\cos\alpha$　　② $\sqrt{\dfrac{k}{m}}\sin\alpha$　　③ $\sqrt{\dfrac{k}{m}}\tan\alpha$

④ $\sqrt{\dfrac{k}{m}}\cos^2\alpha$　　⑤ $\sqrt{\dfrac{k}{m}}\sin^2\alpha$

練習問題35-2　右図に示すように、質量mの機械がばね定数kのばねを介して床に固定されている。この機械に角周波数ωの正弦波状の力fが作用し、定常状態となったときに、床に伝達される周期的な力Fの振幅をfの振幅の50%未満にしたい。ばね定数の条件として、適切なものはどれか。

［令和3年度　Ⅲ－21］

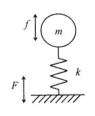

① $k < \dfrac{1}{3}m\omega^2$　　② $k < m\omega^2$　　③ $k < \dfrac{m\omega^2}{1+\sqrt{2}}$

④ $k > m\omega^2$　　⑤ $k > \dfrac{1}{3}m\omega^2$

9．1自由度系の自由振動―2

問題36 質量 m の薄い板をばね定数 k のばねで吊るして空気中で振動させたとき周期は T であった。右図のようにこの板全体を液体中に浸して振動させると、液体の抵抗により減衰し、周期は T の n（>1）倍となった。板に作用する抵抗力が板と液体の接触面積 S と速度に比例するとき、その比例係数として、適切なものはどれか。

［令和3年度　Ⅲ－18］

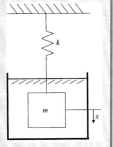

① $\sqrt{mk(1-n^2)}/nS$ ② $2\sqrt{mk(1-n^2)}/nS$ ③ $2\sqrt{mk(n^2-1)}/nS$

④ $\sqrt{mk(n^2-1)}/nS$ ⑤ $\sqrt{mk(n^2-1)}/2nS$

■ **出題の意図** 1自由度系の振動に関する知識を要求しています。

解　説

　一般的な振動系では、減衰力が作用します。ここでは、この減衰の影響を考慮した場合の1自由度系の自由振動について、以下に説明します。

　質量 m の質点がばね定数 k のばねおよび**減衰係数** c（減衰定数または粘性減衰係数という場合もある）の減衰器で支えられ、外力が加わらない場合、運動方程式は次式となります。

$$m\frac{d^2x}{dt^2} + c\frac{dx}{dt} + kx = 0$$

この運動方程式の解は、次式で表されます。

$$x = Ae^{\lambda_1 t} + Be^{\lambda_2 t} \quad 、 \quad \lambda_1, \lambda_2 = \frac{-c \pm \sqrt{c^2 - 4mk}}{2m}$$

　減衰係数 c は一般的に正ですが、c が負の場合には負減衰となり、変位は時間の経過とともに増加する、いわゆる負減衰による不安定な状態となります。c が正の場合、振動の状態は、$c^2 - 4mk$ の符号により、以下の3種類に分けられます。

ⅰ）過減衰：$c^2 > 4mk$ の場合、λ_1, λ_2 は負の実数となり、振動は発生せずに時間の経過とともに変位および速度とも0に近づきます。この状態を**過減衰**と呼びます。

ⅱ）不足減衰：$c^2 < 4mk$ の場合、λ_1, λ_2 は複素数となり次式で表されます。

$$\lambda_1, \lambda_2 = -\frac{c}{2m} \pm i\omega_D \quad 、 \quad \omega_D = \frac{\sqrt{4mk - c^2}}{2m}$$

固有値 λ_1, λ_2 の実数部は負となるので、初期の変位と速度に対して、振動しながら減衰

していく、いわゆる減衰振動が発生します。この現象を**不足減衰**といいます。ω_Dを**減衰固有角振動数**といいます。

iii）臨界減衰：$c^2 = 4mk$の場合、$\lambda_1 = \lambda_2$となり、方程式の一般解は、次式となります。

$$x = (A + B)e^{-\frac{c}{2m}t}$$

変位は時間の経過とともに0に近づきますが、この条件からcが少しでも小さくなると不足減衰となり振動が発生することから、この状態を**臨界減衰**といいます。また、$c_c = 2\sqrt{mk}$ を**臨界減衰係数**と、cとc_cとの比を**減衰比**（$\zeta = \dfrac{c}{c_c}$）と呼びます。不足減衰の場合の減衰固有角振動数は、減衰のない場合の固有角振動数$\omega_n = \sqrt{\dfrac{k}{m}}$と$\zeta$を用いて、

$\omega_D = \omega_n\sqrt{1-\zeta^2}$ となります。ここで、ω_n減衰のない場合の**固有角振動数**$\sqrt{\dfrac{k}{m}}$ です。一般の構造物の場合、減衰比は1より小さく、$\omega_D \cong \omega_n$ となります。

■ 解 き 方

本振動系の空気中での周期Tは、次式で表せます。

$$T = 2\pi\sqrt{\frac{m}{k}}$$

比例係数をαとすると、減衰係数はαSとなるので、水中での運動方程式は、外力が無い自由振動とすると、次式となります。

$$m\frac{d^2x}{dt^2} + \alpha S\frac{dx}{dt} + kx = 0$$

この水中での振動の周期nTは、減衰比$\zeta = \dfrac{\alpha S}{2\sqrt{mk}}$ を用いて、次式で表せます。

$$nT = \frac{1}{\sqrt{1-\zeta^2}}T = \frac{1}{\sqrt{1-\dfrac{(\alpha S)^2}{4mk}}}T$$

変形して、整理すると、以下となります。

$$1 - \frac{(\alpha S)^2}{4mk} = \frac{1}{n^2}$$

$$\alpha = \frac{\sqrt{4mk\left(1-\dfrac{1}{n^2}\right)}}{S} = 2\sqrt{mk(n^2-1)}\,/\,nS$$

解答③

練習問題36-1　以下の1自由度振動系の中で、固有振動数が最も高くなるものとして、最も適切なものはどれか。ただし、すべてのばねのばね定数はk、質量はmである。

［令和2年度　Ⅲ－17］

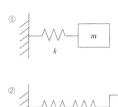

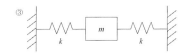

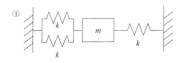

練習問題36-2　右図のように、ばね定数kのばね、半径a、質量Mの中心で回転する均一な円板状の定滑車、質量mのおもり、及び質量が無視できるひもから成る系がある。このおもりは、つりあいの位置を中心に上下に振動することができる。このときの固有周期として、適切なものはどれか。ただし、滑車とひもの間にはすべりがないとし、定滑車は剛体とみなせるとする。

［令和3年度　Ⅲ－19］

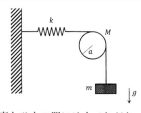

①　$2\pi\sqrt{\dfrac{m}{k}}$　　②　$2\pi\sqrt{\dfrac{M+2m}{2k}}$　　③　$2\pi\sqrt{\dfrac{M+m}{k}}$

④　$2\pi\sqrt{\dfrac{Ma^2+2m}{2k}}$　　⑤　$2\pi\sqrt{\dfrac{Ma^2+m}{k}}$

10．1自由度系の自由振動—3

問題37　下図に示すように、質量 m のおもり、ばね定数 k の2つのばね、及び減衰係数 c の1つのダンパからなる1自由度振動系を考える。この系が臨界減衰系となるとき、ダンパの減衰係数 c として、適切なものはどれか。

［令和3年度　Ⅲ-20］

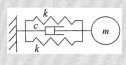

①　$\sqrt{\dfrac{k}{2m}}$　　②　$\sqrt{\dfrac{k}{m}}$　　③　$\sqrt{\dfrac{2k}{m}}$　　④　$2\sqrt{mk}$　　⑤　$2\sqrt{2mk}$

■ 出題の意図　1自由度系の振動に関する知識を要求しています。

解　説

1自由度系の振動で、不足減衰の場合の対数減衰率について、以下に説明します。

質量 m の質点がばね定数 k のばねおよび**減衰係数**（減衰定数）c の減衰器で支えられ、外力が加わらない系において、$0 < c < c_c = 2\sqrt{mk}$ の不足減衰である場合を考えます。この条件を減衰比 $\zeta = \dfrac{c}{c_c}$ を用いて表すと、$0 < \zeta < 1$ となります。不足減衰の場合、振動が発生しながら、時間の経過とともに変位および速度とも0に近づきます。この不足減衰の状態において、ある時刻の振幅を x_n、1周期後の振幅を x_{n+1} とすると、$\delta = \ln\dfrac{x_n}{x_{n+1}}$ について次の関係式が成り立ちます。

$$\delta = \ln\frac{x_n}{x_{n+1}} = \frac{2\pi\zeta}{\sqrt{1 - \zeta^2}}$$

δ は**対数減衰率**と呼ばれ、減衰の程度を表します。

解 き 方

運動方程式は、次式で表されます。

$$m\frac{d^2x}{dt^2} + c\frac{dx}{dt} + 2kx = 0$$

ばね定数が $2k$ となるので、臨界減衰係数は、次のように表せます。

$$2\sqrt{m(2k)} = 2\sqrt{2mk}$$

解答⑤

練習問題37-1 振動系における減衰の説明として、最も不適切なものはどれか。

[令和2年度 Ⅲ─15]

① 減衰が存在するとき、共振時の応答は有限の振幅になる。

② 減衰が存在するとき、自由振動は時間とともにゼロに収束する。

③ 減衰が大きい場合は、減衰が無い場合に比べて共振周波数は小さくなる。

④ 減衰比が1より大きいときを過減衰という。

⑤ 減衰比は（力／速度）の次元を持つ。

練習問題37-2 右図に機械式振動記録計を示す。記録計は、ばね（ばね定数k）を介して振動体に取付けられた質量mのペンと一定速度でロールに巻かれていく振動体に取付けられたスクリーンで構成されている。振動体の絶対変位yは、$A\sin(\omega t)$（tは時刻）であるとし、振動が与えられてから十分に時間が経過したものとする。角振動数ωが、

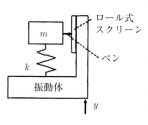

$$\omega \gg \sqrt{\frac{k}{m}}$$

のとき、スクリーンに描かれた波形の振幅（絶対値）として、最も適切なものはどれか。

[令和元年度（再試験） Ⅲ─18]

① 0（波形が描かれない）

② ∞（波形の振幅が大きくなり続ける）

③ $\dfrac{A}{k}$

④ $\dfrac{A}{m}$

⑤ A

11. 転がり振子

問題38 　半径 r、質量 m の円筒が、半径 R の円筒面内を滑らずに転がるとき、微小振動の固有角振動数を①～⑤の中から選べ。滑らずに転がる場合に着目しているので、転がる円筒の回転角 ψ と円筒面の中心 O まわりの回転角 θ の間には、次の関係がある。

$$R\theta = r\psi$$

ここで、g は重力加速度とする。　　　　　　　　　　［平成21年度　Ⅳ－11］

① $\sqrt{\dfrac{g}{R-r}}$

② $\sqrt{\dfrac{2gRr}{3(R-r)^2}}$

③ $\sqrt{\dfrac{2gRr}{3(R+r)^2}}$

④ $\sqrt{\dfrac{2g}{3(R+r)}}$

⑤ $\sqrt{\dfrac{2g}{3(R-r)}}$

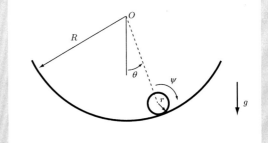

出題の意図　　転がり振子に関する知識を要求しています。

解　説

　転がり振子の振動は、問題31の「4. 並進運動と回転運動」と同様に、重心の並進運動と回転運動とを連成させて考えます。回転する円筒（または球）の中心に沿って円筒が移動する座標を x、円筒の固定座標に対する回転角を ϕ と、外筒の半径を R、円筒（または球）の半径を r とすると、以下の関係が成り立ちます。

$$x = (R-r)\theta \quad 、\quad \psi = \theta + \phi$$

この関係式と、$R\theta = r\psi$ の関係を用いて、ϕ と x の関係は以下のように表せます。

$$\phi = \psi - \theta = \frac{R-r}{r}\theta = \frac{x}{r}$$

　円筒が円筒内面に接触している部分から受ける力を F、円筒の慣性モーメントを I とすると、円筒の x 方向と回転の運動方程式は次式で表せます。

$$m\frac{d^2x}{dt^2} = -mg\sin\theta - F \quad、\quad I\frac{d^2\phi}{dt^2} = Fr$$

これらの運動方程式と、$\phi = \dfrac{x}{r}$ の関係を用い、ϕを消去すると、次式が得られます。

$$\left(m + \frac{I}{r^2}\right)\frac{d^2x}{dt^2} = -mg\sin\theta$$

微小振動を仮定すると、$\sin\theta \cong \theta$ と近似でき、$\theta = \dfrac{x}{R-r}$ の関係式を用いて、x方向の運動方程式を変形すると、次式となります。

$$\left(m + \frac{I}{r^2}\right)\frac{d^2x}{dt^2} + \frac{mg}{R-r}x = 0$$

この式から固有角振動数ω_nは、次のように求まります。

$$\omega_n = \sqrt{\frac{\dfrac{mg}{R-r}}{m + \dfrac{I}{r^2}}}$$

■ 解き方

円筒の慣性モーメントは$I = \dfrac{1}{2}mr^2$であり、この関係式を解説で示した固有角振動数の式に代入すると、次式が得られます。

$$\omega_n = \sqrt{\frac{\dfrac{mg}{R-r}}{m + \dfrac{I}{r^2}}} = \sqrt{\frac{\dfrac{mg}{R-r}}{m + \dfrac{1}{2}m}} = \sqrt{\frac{2g}{3(R-r)}}$$

解答⑤

練習問題38 半径r、質量mの球が、半径Rの円筒面内を滑らずに転がるとき、微小振動の固有角振動数を①〜⑤の中から選べ。なお、重力加速度をgとする。

① $\sqrt{\dfrac{g}{R-r}}$ ② $\sqrt{\dfrac{g}{2(R-r)}}$ ③ $\sqrt{\dfrac{2g}{3(R-r)}}$ ④ $\sqrt{\dfrac{5g}{7(R-r)}}$ ⑤ $\sqrt{\dfrac{5g}{9(R-r)}}$

---

12. 1自由度系の強制振動

> **問題39**　外力によって生じる振動に関する次の記述の、□□□に入る語句
> の組合せとして、最も適切なものはどれか。　　　　　　［令和2年度　Ⅲ－19］
> 　系が外部から加振されて調和振動するとき、加振力の振幅が一定でもその
> 振動数により、振動の振幅が変化し、ある振動数で振幅が□ア□になる。こ
> の現象を□イ□という。この現象が生じる振動数を□ウ□という。□イ□
> では、加振の開始とともに発生した振動が時間とともに増大し、その振幅は、
> 不減衰系では□エ□になる。
>
> | | ア | イ | ウ | エ |
> |---|---|---|---|---|
> | ① | 極大 | 共振 | 固有振動数 | 有限な値 |
> | ② | 極大 | 共振 | 共振振動数 | 無限大 |
> | ③ | 極大 | 強制振動 | 共振振動数 | 無限大 |
> | ④ | 零 | 共振 | 励振振動数 | 無限大 |
> | ⑤ | 零 | 強制振動 | 固有振動数 | 有限な値 |

■ **出題の意図**　1自由度系の強制振動（調和振動）に関する知識を要求しています。

解　説

　1自由度系の振動で、強制振動の場合について以下に説明します。

　質量 m の質点が、ばね定数 k のばね、および**減衰係数**（減衰定数）c の減衰器で支えられている系に、外部から周期的に変動する加振力 $f(t)$ を受ける強制振動系の運動方程式は、次式で表されます。

$$m\frac{d^2x}{dt^2} + c\frac{dx}{dt} + kx = f(x)$$

　この式が、**1自由度系の強制振動**を表す運動方程式です。$f(t) = f_0 \cos \omega t$ で与えられるとき、定常状態の変位は次式となります。

$$x = \frac{\dfrac{f_0}{k}}{\left[1 - \left(\dfrac{\omega}{\omega_n}\right)^2\right]^2 + \left(\dfrac{2\zeta\omega}{\omega_n}\right)^2}\left\{\left[1 - \left(\dfrac{\omega}{\omega_n}\right)^2\right]\cos \omega t + \left(\dfrac{2\zeta\omega}{\omega_n}\right)\sin \omega t\right\}$$

$$= \frac{Af_0}{k\cos(\omega t - \varphi)} = x_d \cos(\omega t - \varphi)$$

$$\omega_n = \sqrt{\frac{k}{m}} \quad , \quad \zeta = \frac{c}{c_c} \quad , \quad c_c = 2\sqrt{mk} \quad , \quad A = \frac{1}{\sqrt{\left[1 - \left(\dfrac{\omega}{\omega_n}\right)^2\right]^2 + \left(\dfrac{2\zeta\omega}{\omega_n}\right)^2}}$$

ここでφは**位相**です。Aは**静的変位**$\dfrac{f_0}{k}$に対する**応答振幅**x_dの比であり、**振幅倍率**と呼ばれます。図3.5に、振幅倍率Aと、$\dfrac{\omega}{\omega_n}$との関係を示します（**共振曲線**）。ωがω_nに近くなると、すなわち$\dfrac{\omega}{\omega_n}$が1に近づくと、応答振幅は急激に増大します。このように、加振周波数の変化に伴い急激に振動が大きくなる現象を**共振**といいます。共振状態における、振幅倍率は$\dfrac{1}{2\zeta\sqrt{1-\zeta^2}}$であり、減衰比が$\zeta$小さい場合は$\dfrac{1}{2\zeta}$と近似できます。

外力がなく静止している状態から、外部から加振力を加えて共振させた場合、振動振幅は時間とともに増大し、最終的には図3.5に示す振幅となります。

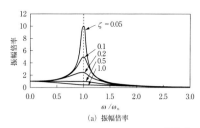
(a) 振幅倍率

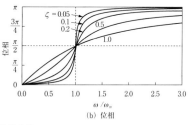
(b) 位相

図3.5 共振曲線

系が外部から加振力の振幅が一定で加振振動数を変化させて加振して調和振動するとき、ある振動数で振動振幅が極大（ア）となります。この現象を共振（イ）といい、その振動数を共振振動数（ウ）といいます。共振（イ）では、振動の振幅は時間とともに増大し、不減衰系では無限大（エ）となります。

解答②

練習問題39 右図に示す、質量$m = 1$［kg］の物体、ばね定数$k = 4$［N/m］のばね、粘性減衰係数$c = 1$［N/(m/s)］のダンパからなる1自由度振動系において、振幅Fが0.004［N］、角振動数ωの周期的な力$f = F\sin\omega t$が物体に作用するとき、物体の変位は$x = X\sin(\omega t + \varphi)$と表される。このとき、物体の変位$x$の振幅$X$と作用する力の角振動数$\omega$の関係を表す周波数応答線図として、最も適切なものはどれか。 ［平成29年度 Ⅲ−15］

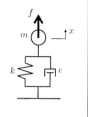

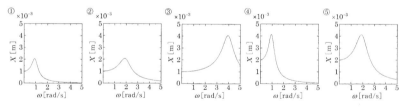

13. 2自由度系の振動

> **問題40**　下図に示す2自由度振動系には、2つの固有角振動数が存在する。その組合せとして、適切なものはどれか。なお、kはばね定数、mは質量を表す。
>
> [令和3年度　Ⅲ－22]

① 0、$\sqrt{\dfrac{2k}{m}}$　② $\sqrt{\dfrac{k}{m}}$、$\sqrt{\dfrac{3k}{m}}$　③ $\dfrac{2-\sqrt{2}}{2}\sqrt{\dfrac{k}{m}}$、$\dfrac{2+\sqrt{2}}{2}\sqrt{\dfrac{k}{m}}$

④ $\dfrac{3-\sqrt{5}}{2}\sqrt{\dfrac{k}{m}}$、$\dfrac{3+\sqrt{5}}{2}\sqrt{\dfrac{k}{m}}$　⑤ $\dfrac{3-2\sqrt{2}}{2}\sqrt{\dfrac{k}{m}}$、$\dfrac{3+2\sqrt{2}}{2}\sqrt{\dfrac{k}{m}}$

■ 出題の意図　2自由度系の振動に関する知識を要求しています。

解　説

（1）2自由度系の振動

　振動系が複雑になると、系の位置を複数の変数で記述する必要が生じます。このように、複数の変数で記述する系を、多自由度系といいます。問題図のように2つの質点が個別に2つのばねで支えられている場合、2自由度系となります。この場合、2つの質点について、個別に運動方程式を考え、連成させて問題を解きます。2つの質点の質量をm_1、m_2、ばね定数をk_1、k_2、ばねk_1は固定端とm_1に、ばねk_2はm_1とm_2に接続している場合、各質点の変位をx_1、x_2として、運動方程式は次式で表せます。

$$m_1 \frac{d^2 x_1}{dt^2} + k_1 x_1 + k_2 \left(x_1 - x_2 \right) = 0$$

$$m_2 \frac{d^2 x_2}{dt^2} + k_2 \left(x_2 - x_1 \right) = 0$$

この運動方程式は、行列式の形で以下のように表せます。

$$\mathbf{M} \frac{d^2 \mathbf{x}}{dt^2} + \mathbf{K}\mathbf{x} = \mathbf{0} \quad 、\quad \mathbf{M} = \begin{bmatrix} m_1 & 0 \\ 0 & m_2 \end{bmatrix} \quad 、\quad \mathbf{K} = \begin{bmatrix} k_1 + k_2 & -k_2 \\ -k_2 & k_2 \end{bmatrix} \quad 、\quad \mathbf{x} = \begin{bmatrix} x_1 \\ x_2 \end{bmatrix}$$

　振動している状態を考えると、変位ベクトル$\mathbf{x}$は、振幅ベクトル$\mathbf{u}$と$e^{i\omega t}$の積で表すことができるので、自由振動を表す運動方程式は、次式のように変形できます。

$$\mathbf{A}\mathbf{u} = \mathbf{0} \quad 、\quad \mathbf{A} = -\omega^2 \mathbf{M} + \mathbf{K}$$

この方程式の解の1つとして$\mathbf{u} = \mathbf{0}$が考えられますが、この解は全質点が静止している状態を示しています。質点が振動している状態において、恒等的に$\mathbf{Au} = \mathbf{0}$が成立するための条件は、行列式$\mathbf{A}$が0に等しくなることであり、次のようになります。

$$\left| \mathbf{A} \right| = \left| -\omega^2 \mathbf{M} + \mathbf{K} \right| = \begin{vmatrix} k_1 + k_2 - m_1\omega^2 & -k_2 \\ -k_2 & k_2 - m_2\omega^2 \end{vmatrix} = 0$$

行列式を展開して整理すると、次式が得られます。

$$m_1 m_2 \omega^4 - \left[m_1 k_2 + m_2 \left(k_1 + k_2 \right) \right] \omega^2 + k_1 k_2 = 0$$

この式より、2つの固有角振動数ω_1、ω_2が次式のように求まります。

$$\omega_1{}^2, \omega_2{}^2 = \frac{1}{2}\left(\frac{k_2}{m_2} + \frac{k_1 + k_2}{m_1} \right) \pm \frac{1}{2}\sqrt{\left(\frac{k_2}{m_2} + \frac{k_1 + k_2}{m_1} \right)^2 - \frac{4k_1 k_2}{m_1 m_2}}$$

■ **解 き 方**

左側の質量の座標をx_1、右側の質量の座標をx_2として、運動方程式は次のようになります。

$$m\frac{d^2 x_1}{dt^2} + k x_1 + k(x_1 - x_2) = 0$$
$$m\frac{d^2 x_2}{dt^2} + k(x_2 - x_1) + k x_2 = 0$$

この方程式を行列式で表し、振動解が成立する条件から次式が得られます。

$$\left| \mathbf{A} \right| = \left| -\omega^2 \mathbf{M} + \mathbf{K} \right| = \begin{vmatrix} 2k - m\omega^2 & -k \\ -k & 2k - m\omega^2 \end{vmatrix} = 0$$

行列式を展開して次式となります。

$$(2k - m\omega^2)^2 - k^2 = 0$$

整理して、

$$m^2\omega^4 - 4mk\omega^2 + 3k^2 = 0$$

これを固有角振動数ωについて解くと、

$$\omega^2 = \frac{4mk \pm \sqrt{16k^2 m^2 - 12k^2 m^2}}{2m^2} = \frac{4k \pm 2k}{2m} = \frac{k}{m}, \frac{3k}{m}$$
$$\omega = \sqrt{\frac{k}{m}}, \sqrt{\frac{3k}{m}}$$

解答②

練習問題40-1　機械の振動に関する次の記述のうち、不適切なものはどれか。

[令和3年度　Ⅲ－15]

① 1自由度系において質量を増加させると、固有振動数は小さくなる。

② 1自由度系に加振力が作用し共振しているとき、加振力と変位の位相は約180度ずれる。

③ 2自由度系の固有振動数は一般に2個ある。

④ 共振しているときの振幅の大きさは減衰係数に依存する。

⑤ 回転機械の危険速度は固有振動数と関係している。

練習問題40-2　下図に示すように、質量 m、長さ $2a$ で断面積及び密度の一様な剛体棒が、両端をばね定数 k のばねで支えられているとき、この系が微小振動する場合の並進振動と回転振動の固有角振動数として、最も適切な組合せはどれか。

[令和元年度（再試験）　Ⅲ－22]

　　　　　　　　並進　　　　回転

① $2\sqrt{\dfrac{k}{m}}$　　$\sqrt{\dfrac{6k}{m}}$

② $\sqrt{\dfrac{2k}{m}}$　　$3\sqrt{\dfrac{k}{m}}$

③ $\sqrt{\dfrac{2k}{m}}$　　$2\sqrt{\dfrac{6k}{m}}$

④ $\sqrt{\dfrac{k}{3m}}$　　$\sqrt{\dfrac{k}{m}}$

⑤ $\sqrt{\dfrac{2k}{m}}$　　$\sqrt{\dfrac{6k}{m}}$

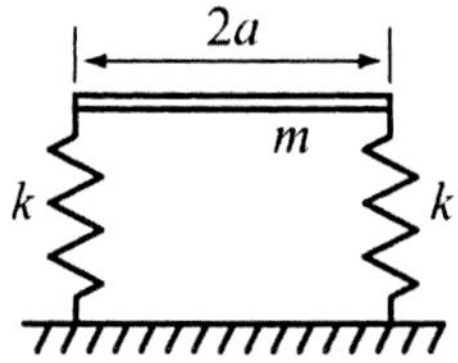

14. はり・弦の振動

> **問題41** 横振動するはりの境界条件には、自由端、固定端、単純支持端などがある。以下はそれぞれの境界条件に適合する式を示したものである。条件式 (A)、(B)、(C) と、境界条件の組合せとして、最も適切なものはどれか。ただし、はりの長手方向の座標を x、横方向の変位を $w(x,t)$ とし、tは時間を表す。　　　　　　　　　　　　　　　　　　　　　　［令和元年度　Ⅲ－17］
>
> $$(A)\begin{cases} w(x,t) = 0 \\ \dfrac{\partial w(x,t)}{\partial x} = 0 \end{cases} \quad (B)\begin{cases} w(x,t) = 0 \\ \dfrac{\partial^2 w(x,t)}{\partial x^2} = 0 \end{cases} \quad (C)\begin{cases} \dfrac{\partial^2 w(x,t)}{\partial x^2} = 0 \\ \dfrac{\partial^3 w(x,t)}{\partial x^3} = 0 \end{cases}$$
>
> | | A | B | C |
> |-----|--------|--------|--------|
> | ① | 自由端 | 単純支持端 | 固定端 |
> | ② | 自由端 | 固定端 | 単純支持端 |
> | ③ | 単純支持端 | 固定端 | 自由端 |
> | ④ | 固定端 | 自由端 | 単純支持端 |
> | ⑤ | 固定端 | 単純支持端 | 自由端 |

■ **出題の意図**　はりの曲げ振動に関する知識を要求しています。

解説

はりの曲げ振動を表す運動方程式は、はりの軸直角方向の変位を w、断面二次モーメントを I、断面積を A、密度を ρ、はりの変位を x、時間を t として、次式で表されます。

$$EI\frac{\partial^4 w}{\partial x^4} - \rho A\frac{\partial^2 w}{\partial t^2} = 0$$

断面二次モーメント I は、断面の形状による剛性への寄与を示すもので、辺の長さが $b \times h$（hの方向に振動）の四角形断面の場合で $I = \dfrac{bh^3}{12}$、中実の直径 d の円形断面の場合で $I = \dfrac{\pi d^4}{64}$ となります。曲げ振動の解を $w(x, t) = W(x)\sin\omega t$ と置くと、Wに関して次式が得られます。

$$\frac{d^4 W}{dx^4} - \alpha^4 W = 0 、\quad \alpha^4 = \frac{\rho A\omega^2}{EI}$$

Wの解は、次式で表されます。

$$W = C_1\cos\alpha x + C_2\sin\alpha x + C_3\cosh\alpha x + C_4\sinh\alpha x$$

ここで、$C_1 \sim C_4$ は**境界条件**より定まる積分定数で、境界条件には以下の3種類があります。

1）**自由端**：全く拘束が無い条件です。次式で示すように、**曲げモーメントとせん断力**が0となります。

$$\frac{d^2W}{dx^2} = 0 \text{、} \quad \frac{d^3W}{dx^3} = 0$$

2）**単純支持端**（支持端）：変位は無く自由に回転できる条件です。次式で示すように、変位（たわみ）と曲げモーメントが0となります。

$$W = 0 \text{、} \quad \frac{d^2W}{dx^2} = 0$$

3）**固定端**：変位も回転（たわみ角）も0となる条件です。したがって、

$$W = 0 \text{、} \quad \frac{dW}{dx} = 0$$

はりの曲げ振動の固有角振動数ω_nは次式となります。

$$\omega_n = \frac{\lambda_n^2}{L^2} \sqrt{\frac{EI}{\rho A}}$$

両端単純支持の場合　　　　　　　　　　：$\lambda_n = n\pi$　（$n = 1, 2, 3 \cdots\cdots$）
両端固定、または両端自由の場合：$\lambda_1 = 4.730$、$\lambda_2 = 7.853$、$\lambda_3 = 11.00$、……
片端固定、片端自由の場合　　　　　：$\lambda_1 = 1.875$、$\lambda_2 = 4.694$、$\lambda_3 = 7.855$、……

はりの縦振動を表す運動方程式は、はりの長手方向の変位をw、ヤング率をE、密度をρ、長手方向の変位をx、時間をtとして、次式で表せます。

$$\rho \frac{\partial^2 w}{\partial t^2} - E \frac{\partial^2 w}{\partial x^2} = 0$$

この方程式の解は、はりの長さをl、境界条件で決まる定数をC_1、C_2、振動の次数をn、角振動数をωとして、次式で表せます。

$$w(x,t) = \left(C_1 \sin \frac{n\pi x}{l} - C_2 \cos \frac{n\pi x}{l} \right) \sin \omega t = 0$$

次に、図3.6に示す弦の振動を考えます。釣合い点からの弦の変位をu（図において上下方向の位置）、水平（長さ）方向の座標をx、張力をT、単位長さあたりの弦の質量をρとすると、張力の水平方向成分と上下方向成分は、

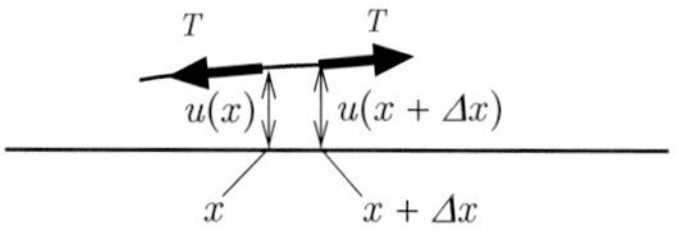

図3.6　弦の振動

$$T \frac{1}{\sqrt{1 + \left(\dfrac{\partial u}{\partial x}\right)^2}} \text{、} \quad T \frac{\dfrac{\partial u}{\partial x}}{\sqrt{1 + \left(\dfrac{\partial u}{\partial x}\right)^2}}$$ となります。弦の変位が小さいとすると、$\dfrac{\partial u}{\partial x} \ll 1$となり、

張力はそれぞれ、T、$T\left(\dfrac{\partial u}{\partial x}\right)$と表せます。$\Delta x$の微小要素について、垂直方向の運動方程式は、次のように表せます。

$$\rho \Delta x \frac{\partial^2 u}{\partial t^2} = -T\left(\frac{\partial u}{\partial x}\right) + T\left[\left(\frac{\partial u}{\partial x}\right) + \left(\frac{\partial^2 u}{\partial x^2}\right)\Delta x\right] = T\left(\frac{\partial^2 u}{\partial x^2}\right)\Delta x$$

$$\rho \frac{\partial^2 u}{\partial t^2} - T\left(\frac{\partial^2 u}{\partial x^2}\right) = 0$$

この方程式の一般解は、棒の縦振動と同じように求まり、以下のように表せます。

$$u = TT(t)X(x)$$

$$TT = C_1 \sin \omega t + C_2 \cos \omega t$$

$$x = C_3 \sin \frac{\omega x}{c} + C_4 \cos \frac{\omega x}{c}$$

$$c = \sqrt{\frac{T}{\rho}}$$

長さlで両端が固定されている弦の場合、上の方程式の解に境界条件$u = 0$ at $x = 0$ and $x = l$を適用することにより、l固有角振動数ω_nは次のように表せます。

$$\omega_n = \frac{\lambda_n}{l}\sqrt{\frac{T}{\rho}}、\lambda_n = n\pi、n = 0, 1, 2, 3\cdots\cdots$$

■ 解き方

(A) は変位とたわみ角が0であるので固定端です。

(B) は変位と曲げモーメントが0であるので単純支持端です。

(C) は曲げモーメントとせん断力が0であるので、自由端です。

解答⑤

練習問題41-1　均質な一様断面のはりの曲げ振動を表す運動方程式として、最も適切なものはどれか。ただし、時間をt、はりの密度をρ、曲げ剛性をB、断面積をA、長手方向の位置をx、その位置の曲げ変位をwとする。

[令和2年度　Ⅲ－22]

① $\rho A \frac{\partial^2 w}{\partial t^2} + B \frac{\partial^4 w}{\partial x^4} = 0$ 　　② $\rho A \frac{\partial^2 w}{\partial t^2} + B \frac{\partial^3 w}{\partial x^3} = 0$

③ $\rho \frac{\partial^2 w}{\partial t^2} + B \frac{\partial^2 w}{\partial x^2} = 0$ 　　④ $\rho \frac{\partial^2 w}{\partial t^2} + B \frac{\partial^3 w}{\partial x^3} = 0$ 　　⑤ $\rho \frac{\partial^2 w}{\partial t^2} + B \frac{\partial^4 w}{\partial x^4} = 0$

練習問題41-2　弦の微小な横振動を表す運動方程式として、最も適切なものはどれか。ただし、時間をt、弦の長手方向の位置をx、横方向変位をyとし、弦の線密度をρ、張力をTとする。　[令和元年度（再試験）　Ⅲ－21]

① $\rho \frac{\partial^2 y}{\partial t^2} - Ty = 0$ 　　② $\rho \frac{\partial^2 y}{\partial t^2} - T\frac{\partial y}{\partial x} = 0$ 　　③ $\rho \frac{\partial^2 y}{\partial t^2} - T\frac{\partial^2 y}{\partial x^2} = 0$

④ $\rho \frac{\partial^2 y}{\partial t^2} - T\frac{\partial^3 y}{\partial x^3} = 0$ 　　⑤ $\rho \frac{\partial^2 y}{\partial t^2} - T\frac{\partial^4 y}{\partial x^4} = 0$

15. 非線形振動

> **問題42**　ブランコをこぐと、振れがどんどん大きくなる。このことを説明
> する語句として最も適切なものはどれか。　　　　［平成23年度　Ⅳ－15］
> ① 係数励振　　② リミットサイクル　　③ スティックスリップ
> ④ 調和運動　　⑤ 反共振

■ 出題の意図　非線形振動に関する知識を要求しています。

解　説

　今までは、加速度、速度、変位が、質量、減衰、ばねに比例する**線形振動**について扱っ
てきました。これらのどれかが非線形の挙動を示すとき、すなわち比例関係に無いとき
の振動を、**非線形振動**といいます。非線形振動の例としては、変形が弾性域から塑性域
に入った場合、機械摩擦のように減衰が速度に比例しない場合、振子が大振幅で振動す
る場合などがあります。減衰が負になった場合、線形の振動理論では振幅は無限大に増
大することになりますが、実際には有限の振幅で収まることが多く、これは振動系の非
線形性によるものです。たとえば、次式で表されるような、負減衰を有する振動系に対
して、速度の3乗に比例する減衰が加わる系を考えます。

$$m\frac{d^2x}{dt^2} - c\frac{dx}{dt} + c'\left(\frac{dx}{dt}\right)^3 + kx = 0$$

速度の3乗に比例する項 $c'\left(\dfrac{dx}{dt}\right)^3$ は、振動の起きはじめには速度が小さいため負減衰に
比べて小さく、振動系は不安定となり振幅が増大します。振幅が増大すると、$c'\left(\dfrac{dx}{dt}\right)^3$
は次第に大きくなり $c\left(\dfrac{dx}{dt}\right)$ とバランスした状態で、一定の振動振幅になります。この定
常振幅より振動振幅が大きくなると $\left|c'\left(\dfrac{dx}{dt}\right)^3\right| > \left|c\left(\dfrac{dx}{dt}\right)\right|$ となり振動は減衰し、定常振
幅より振動振幅が小さくなると $\left|c'\left(\dfrac{dx}{dt}\right)^3\right| < \left|c\left(\dfrac{dx}{dt}\right)\right|$ となり振動は増幅します。このよ
うに、非線形性によりある一定の振動振幅に落ち着く現象を**リミットサイクル**と呼びま
す。次式で表される**レイリーの式**は、上述の説明と同様に速度の3乗に比例する減衰を
有しており、リミットサイクルを形成します。

$$\frac{d^2x}{dt^2} - \varepsilon\left[\frac{dx}{dt} - \frac{1}{3}\left(\frac{dx}{dt}\right)^3\right] + \omega^2 x = 0$$

次式で表される**ファンデルポールの式**も、減衰が変位の2乗と速度の積に比例する振
動を表していて、振動振幅の増大とともに減衰が大きくなり、リミットサイクルを形成
します。

$$\frac{d^2x}{dt^2} - \varepsilon\left(1 - x^2\right)\frac{dx}{dt} + \omega^2 x = 0$$

振動系を記述するばね定数、減衰定数などが一定でなく、周期的に変化するような特徴を有する振動系を**パラメータ励振系**といい、この影響で発生する振動を**パラメータ励振**といいます。ブランコ、支点が上下する振子、張力が周期的に変化する弦などは、パラメータ励振の事例です。ブランコでは、1周期の間に2回重心を変化させることにより振動が発生します。次式で表される**マシューの方程式**は、このようなパラメータ励振が発生する系を表す例です。

$$\frac{d^2x}{dt^2} + \delta\left(1 + 2\varepsilon\cos 2t\right)x = 0$$

摺動面のあるシステムでは、接触面がスティック（固着）とスリップ（滑り）を繰り返し、負減衰となり振動する非線形振動が発生します。この振動現象は、**スティックスリップ**と呼ばれ、工作機械（ビビリ現象）、油圧装置のシリンダなどにおいて、しばしば問題となります。バイオリンの弦の振動、ワイパーの滑らかでない動きも、スティックスリップによるものです。

非線形振動の振動振幅は、一般的に図3.7に示すように、振動数の変化に対して振幅が非線形に変化します。振動数を下から上げていった場合と、下げていった場合とでは、図に示すように同じ振動数であっても振動振幅が異なる場合が生じます。そのため、図中の矢印で示すように突然大きく振動振幅変化する現象が生じますが、これを**跳躍現象**と呼びます。

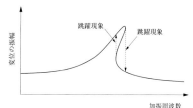

図3.7　非線形振動の振動振幅と跳躍現象

■　**解 き 方**

① パラメータ励振（係数励振）は、ばね定数、減衰係数などのパラメータが周期的に変化する非線形振動系で、ブランコはその例です。

② リミットサイクルは、自励振動系で一定の振動振幅に落ち着く現象で、ブランコをこぐと振れがどんどん大きくなる現象を表すものではありません。

③ スティックスリップは、接触面がスティック（固着）とスリップ（滑り）を繰り返し、負減衰となり振動する非線形振動であり、ブランコの振動を表すものではありません。

④ 調和振動は、一定の加振周波数で加振した強制振動のことであり、ブランコの振動を表すものではありません。

⑤ 反共振は、並列の2自由度系で、相互作用により振動応答が極小となる状態を示し、ブランコの振動を表すものではありません。

▌解答①▐

┌───┐

練習問題42 次の用語のうち、非線形振動に関係のないものを選べ。

［平成20年度　Ⅳ－14］

① パラメータ励振　② リミットサイクル　③ マシューの方程式

④ 動吸振器　　　　⑤ 跳躍現象

└───┘

16. 制御とは

問題43　下図に示すように、ある動的システムのステップ応答がある。図中の（ア）〜（ウ）に当てはまる語句の組合せとして、最も適切なものはどれか。ここで、y_0は定常値である。　　　　　　　　[令和2年度　Ⅲ－14]

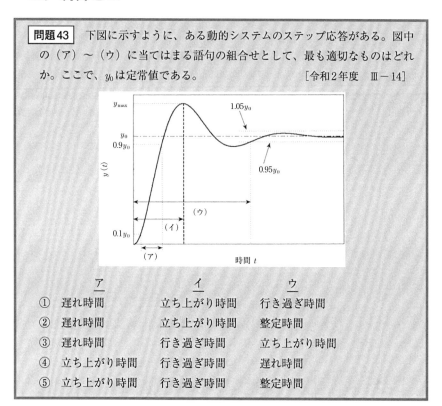

	ア	イ	ウ
①	遅れ時間	立ち上がり時間	行き過ぎ時間
②	遅れ時間	立ち上がり時間	整定時間
③	遅れ時間	行き過ぎ時間	立ち上がり時間
④	立ち上がり時間	行き過ぎ時間	遅れ時間
⑤	立ち上がり時間	行き過ぎ時間	整定時間

出題の意図　制御の基本的な用語に関する知識を要求しています。

解　説

　制御とは、機械が目的の状態になるように、機械に操作を加えることです。言いかえれば、思いどおりに機械を操ることです。そのためには、制御しようとする機械の状態を知り、目的の状態からの違いを把握し、その違いを修正するための操作を加えます。この操作を繰り返すことによって、目的の状態に調整していきます。制御したい量（変位、速度など）を**制御量**、制御量を計測する装置を**検出部**、操作する量を計算する装置を**調節部**、実際に操作を加える部分を**操作部**といいます。

　目標値からの違いに対して操作を行い制御する方法を**フィードバック制御**といいます。フィードバック制御では、誤算（目標値－制御量）に基づき制御器が演算を行い、操作量を決めます。この操作量が制御対象に加わり制御量が変わります。制御の対象とする

機械に、何らかの**外乱**が加わった場合、目的の状態から違いが生じます、この違いを測定し、それに応じて制御するのがフィードバック制御です。

　一方、外乱による変化量をあらかじめ予測し、その変化量に対する操作量を求め、制御を行う方法を**フィードフォワード制御**といいます。フィードフォワード制御は、目的の状態からの違いが生じるより前に操作を行うので、外乱に対してすばやく制御を行うことができます。その反面、外乱の発生が事前に予測できない場合、また外乱に対する予測の精度が低いと、十分な制御が行えません。したがって、通常、フィードフォワード制御は、フィードバック制御の補助として用いられます。

　制御を行うためには、以下の技術が必要となります。

　　(a) 制御対象の特性を数式化する技術（**モデリング技術**）
　　(b) 制御対象のモデルに基づいて操作量を決める技術（**制御理論**）
　　(c) 制御の対象とする状態量を測定する技術（**センサ技術**）
　　(d) 制御を行うための操作を行う技術（**アクチュエータ技術**）

入力が急に変化した場合について、**出力**の**過渡応答特性**を表す用語を、以下に示します。

遅れ時間：応答が定常状態の50％の所に達するまでの時間
立ち上がり時間：応答が最終値の10％から90％までに達する時間
整定時間：応答が定常状態の2％または5％以下になるまでの時間
オーバーシュート：制御量が目標値を超えて最大となる場合、最大値と目標値との差
行き過ぎ時間（ピーク時間）：オーバーシュートする場合、応答が最初の最大値となる時間

解き方

　アは、応答が最終値の10％から90％までに達する時間であり、立ち上がり時間です。
　イは、オーバーシュートする場合の応答が最初の最大値になるまでの時間であり、行き過ぎ時間です。
　ウは、応答が定常状態の5％以下になるまでの時間であり、整定時間です。

解答⑤

練習問題43　操作量を説明する記述として、最も適切なものはどれか。

[令和元年度（再試験）　Ⅲ－14]

① 制御対象に属する量のうち、制御の目的となる量。
② 制御の目的を達成するために、制御対象に加える入力。
③ 基準量と制御量との差。
④ 制御を開始してから十分な時間が経過したときの系の出力。
⑤ 目標として外部から与えられる値。

17.　ブロック線図

問題44　次のブロック線図で表される制御系において、aからbまでの伝達関数として、最も適切なものはどれか。　　　　　　　［令和元年度　Ⅲ－13］

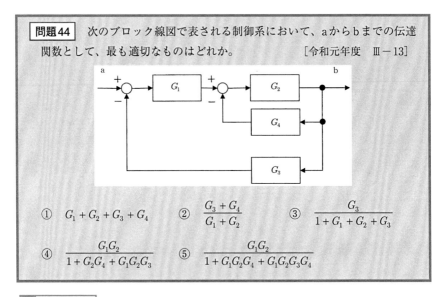

① $G_1 + G_2 + G_3 + G_4$

② $\dfrac{G_3 + G_4}{G_1 + G_2}$

③ $\dfrac{G_3}{1 + G_1 + G_2 + G_3}$

④ $\dfrac{G_1 G_2}{1 + G_2 G_4 + G_1 G_2 G_3}$

⑤ $\dfrac{G_1 G_2}{1 + G_1 G_2 G_4 + G_1 G_2 G_3 G_4}$

■ 出題の意図　ブロック線図に関する知識を要求しています。

解　説

　ブロック線図は、制御システムを構成する要素間の機能的、構造的関係をわかりやすく表現した図です。図3.8に、ブロック線図を構成する3つの基本要素を示します。ブロックでは、入力 u に対して G を乗じて出力 y を得る演算を行います。図3.9にブロック線図の結合方式を示します。基本的な結合方式として、**直列結合**、**並列結合**、**フィードバック結合**の3種類があります。

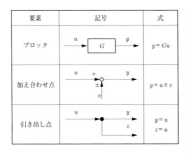

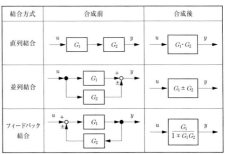

図3.8　ブロック線図の基本要素　　　　図3.9　ブロック線図の結合方式

例えば、フィードバック結合の場合（図3.9参照）、G_1の入力をx_1とすると、G_1の出力はG_1x_1となります。これが出力yに等しくなるので、$y = G_1x_1$となります。一方、この$y = G_1x_1$はフィードバック回路を経て、G_2yとなり入力uに加わり、その結果x_1となるので、$u \pm G_2y = x_1$の関係が成り立ちます。これらの関係式から入力uと出力yの関係式$y = \dfrac{G_1}{1 \mp G_1G_2}u$が求まり、伝達関数は$\dfrac{G_1}{1 \mp G_1G_2}$となります。

■ 解 き 方

G_1の入力をX_1、G_2の入力をX_2、全体の入力をX、全体の出力をYとすると、次の関係が成り立ちます。

$$X_1 = X - G_3Y 、 X_2 = G_1X_1 - G_4Y 、 Y = G_2X_2$$

これらの式を整理して、次のようになります。

$$X_2 = \frac{1}{G_2}Y 、 X_1 = \frac{1}{G_1}X_2 + \frac{G_4}{G_1}Y = \frac{1}{G_1G_2}Y + \frac{G_4}{G_1}Y = \frac{1 + G_2G_4}{G_1G_2}Y$$

$$X = X_1 + G_3Y = \frac{1 + G_2G_4}{G_1G_2}Y + G_3Y = \frac{1 + G_2G_4 + G_1G_2G_3}{G_1G_2}Y$$

$$\frac{Y}{X} = \frac{G_1G_2}{1 + G_2G_4 + G_1G_2G_3}$$

解答④

練習問題44　下図のブロック線図の入力Xと出力Yの間の伝達関数として、最も適切なものはどれか。　　　　　　　　　　　　　　　　　［平成29年度　Ⅲ－14］

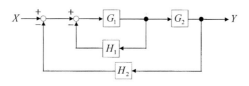

① $\dfrac{G_1G_2}{1 + H_1G_1 + H_2G_1G_2}$ 　② $\dfrac{G_1G_2}{1 + H_1H_2G_1G_2}$ 　③ $\dfrac{H_1G_1G_2}{1 + H_2G_1G_2}$

④ $\dfrac{G_1G_2}{1 + H_1G_1G_2 + H_2G_1G_2}$ 　⑤ $\dfrac{H_1G_1 + H_2G_2}{1 + H_1G_1 + H_2G_2 + H_1H_2G_1G_2}$

18. ラプラス変換

> **問題45**　時間関数 $f(t)$ のラプラス変換が $F(s) = \dfrac{1}{s^2 - s - 6}$ であるとき、$f(t)$
>
> として、最も適切なものはどれか。　　　　　　　　　　［令和2年度　Ⅲ－12］
>
> **参考：ラプラス変換表**
>
> | 時間関数：$f(t)$ | $\delta(t)$ | $u(t)$ | e^{at} | $\sin \omega t$ | $\cos \omega t$ | $e^{at} f(t)$ |
> |---|---|---|---|---|---|---|
> | $f(t)$ のラプラス変換：$F(s)$ | 1 | $\dfrac{1}{s}$ | $\dfrac{1}{s-a}$ | $\dfrac{\omega}{s^2 + \omega^2}$ | $\dfrac{s}{s^2 + \omega^2}$ | $F(s-a)$ |
>
> ただし、$\delta(t)$ はデルタ関数、$u(t) = \begin{cases} 1 \ (t \geq 0) \\ 0 \ (t < 0) \end{cases}$ は単位ステップ関数である。
>
> ① $\ -e^{-3t} + e^{2t}$　　　② $\ e^{3t} - e^{-2t}$　　　③ $\ e^{3t} + e^{-2t}$
>
> ④ $\ -\dfrac{1}{5}\left(e^{-3t} - e^{2t}\right)$　　　⑤ $\ \dfrac{1}{5}\left(e^{3t} - e^{-2t}\right)$

■ **出題の意図**　　ラプラス変換に関する知識を要求しています。

解　説

任意の時間の関数 $f(t)$ のラプラス変換は、次式で表されます。

$$L\left[f(t)\right] = F(s) = \int_0^\infty f(t)\, e^{-st} dt \quad (L は f(t) \text{ をラプラス変換することを意味する})$$

逆ラプラス変換は、次式で表されます。

$$L^{-1}\left[F(s)\right] = f(t) = \frac{1}{2\pi j} \int_{c-j\infty}^{c+j\infty} F(s)\, e^{st} ds$$

$$(L^{-1} は F(s) \text{ を逆ラプラス変換することを意味する})$$

以下に、主なラプラス変換を示します。

$$L\left[u_s(t)\right] = \frac{1}{s}、\quad u_s(t) \text{ はステップ関数} \qquad L[t] = \frac{1}{s^2}$$

$$L\left[t^n\right] = \frac{n!}{s^{n+1}} \qquad\qquad L\left[e^{-at}\right] = \frac{1}{s+a}$$

$$L\left[te^{-at}\right] = \frac{1}{(s+a)^2} \qquad\qquad L\left[t^n e^{-at}\right] = \frac{n!}{(s+a)^{n+1}}$$

$$L\left[\sin \omega t\right] = \frac{\omega}{s^2 + \omega^2} \qquad\qquad L\left[\cos \omega t\right] = \frac{s}{s^2 + \omega^2}$$

$$L\left[e^{-at} \sin \omega t\right] = \frac{\omega}{(s+a)^2 + \omega^2} \qquad L\left[e^{-at} \cos \omega t\right] = \frac{s+a}{(s+a)^2 + \omega^2}$$

$$L\left[\delta(t)\right] = 1、\quad \delta(t) \text{ はデルタ関数} \qquad L\left[e^{-at} f(t)\right] = F(s+a)$$

以下にラプラス変換の主要な定理（法則）を示します。

(a) 線形性

$$L\big[af(t) + bg(t)\big] = aL\big[f(t)\big] + bL\big[g(t)\big]$$

(b) 微分

$$L\left[\frac{df(t)}{dt}\right] = sF(S) - f(0)$$

$$L\left[\frac{d^n f(t)}{dt^n}\right] = s^n F(S) - s^{n-1}f(0) - s^{n-2}f'(0) - s^{n-3}f''(0) - f^{(n-1)}(0)$$

(c) 積分

$$L\left[\int_0^t f(t)dt\right] = \frac{1}{s}F(S)$$

(d) たたみ込み積分

$$L\left[\int_0^t f(t-\tau)\ g(\tau)\ dt\right] = L\left[\int_0^t f(t)\ g(t-\tau)\ dt\right] = F(s)G(s)$$

(e) 初期値定理、**最終値定理**

$$\lim_{t \to 0} f(t) = \lim_{s \to \infty} sF(s)\ \ 、\ \ \lim_{t \to \infty} f(t) = \lim_{s \to 0} sF(s)$$

■ **解 き 方**

$$F(s) = \frac{1}{s^2 - s - 6} = \frac{1}{5}\left(\frac{1}{s-3} - \frac{1}{s+2}\right)$$

参考として与えられたラプラス変換表から以下のとおりとなります。

$$f(t) = L^{-1}\big[F(s)\big] = \frac{1}{5}L^{-1}\left[\frac{1}{s-3}\right] - \frac{1}{5}L^{-1}\left[\frac{1}{s+2}\right] = \frac{1}{5}\left(e^{3t} - e^{-2t}\right)$$

解答⑤

練習問題45 像関数 $F(s) = \dfrac{1}{s(s+1)}$ を逆ラプラス変換した原関数 $f(t)$（$t > 0$）として、最も適切なものはどれか。ただし、s はラプラス変換のパラメータとする。なお、初期値はすべて零とする。　　　　　　　［令和元年度（再試験）　Ⅲ－13］

参考：ラプラス変換表

原関数 $f(t)$	$\delta(t)$	$u(t)$	e^{at}	$\sin\omega t$	$\sinh\omega t$	$e^{at}f(t)$
像関数 $F(s)$	1	$\dfrac{1}{s}$	$\dfrac{1}{s-a}$	$\dfrac{\omega}{s^2+\omega^2}$	$\dfrac{\omega}{s^2-\omega^2}$	$F(s-a)$

ただし、$\delta(t)$ はデルタ関数、$u(t) = \begin{cases} 1\ (t \geq 0) \\ 0\ (t < 0) \end{cases}$ は単位ステップ関数である。

① $1 - e^t$　　② $-1 + e^{-t}$　　③ $1 - e^{-t}$　　④ $e^t \sin t$　　⑤ $e^{-t} \sin t$

19．伝達関数

問題46　下図のように伝達関数 $G(s)$ に入力 $u(t)$ を加えたときの定常出力 $y(t)$ として、適切なものはどれか。　　　　　　　［令和3年度　Ⅲ－11］

$$\boxed{\begin{array}{c} U(s) \\ \longrightarrow \end{array} \boxed{\; G(s) \;} \begin{array}{c} Y(s) \\ \longrightarrow \end{array}}$$

$$G(s) = \frac{10}{s+2}、\quad u(t) = \sin t$$

①　$\sin t$

②　$\sqrt{12}\sin(t+\alpha)$、　$\alpha = \tan^{-1}(-1/2)$

③　$\sqrt{12}\sin(t+\alpha)$、　$\alpha = \tan^{-1}(-2)$

④　$\sqrt{20}\sin(t+\alpha)$、　$\alpha = \tan^{-1}(-1/2)$

⑤　$\sqrt{20}\sin(t+\alpha)$、　$\alpha = \tan^{-1}(-2)$

■ 出題の意図　　伝達関数に関する知識を要求しています。

解　説

伝達関数の求め方について、説明します。

制御システムの構成要素間の入出力の関係は、微分積分を含む形で表されます。これらの関係式を線形化しラプラス**変換**を用いることにより、取り扱いが簡単になります。ラプラス変換した後の入力を $u(s)$、出力を $y(s)$ とし、次式で定義される $G(s)$ を**伝達関数**といいます。

$$y(s) = G(s)u(s)$$

$$G(s) = \frac{y(s)}{u(s)}$$

伝達関数を用いることにより、微分方程式を含むシステムを代数式で取り扱うことができます。伝達関数は、次の手順で求めることができます。

　1）入出力間の関係式を求める

　2）前項で求めた関係式をラプラス変換する。その際、初期値はすべて0とする

　3）ラプラス変換した後の出力／入力から伝達関数を求める

システムが微分方程式で記述される場合は、以下の関係式を用いてラプラス変換し、伝達関数を求めることができます。ここで、$F(s)$ は $f(t)$ のラプラス変換です。

$$L\left[\frac{df(t)}{dt}\right] = sF(S) - f(0)$$

$$L\left[\frac{d^n f(t)}{dt^n}\right] = s^n F(S) - s^{n-1}f(0) - s^{n-2}f'(0) - s^{n-3}f''(0) - f^{(n-1)}(0)$$

■ 解 き 方

$$U(s) = L\left[u(t)\right] = L\left[\sin(t)\right] = \frac{1}{s^2 + 1^2} = \frac{1}{s^2 + 1}$$

$$Y(s) = U(s)G(s) = \frac{1}{s^2 + 1} \times \frac{10}{s + 2} = \frac{-2s + 4}{s^2 + 1} + \frac{2}{s + 2}$$

$$y(t) = L^{-1}\left[Y(s)\right] = -2L^{-1}\left(\frac{s}{s^2 + 1}\right) + 4\left(\frac{1}{s^2 + 1}\right) + 2L^{-1}\left(\frac{1}{s + 2}\right) = -2\sin t + 4\cos t + 2e^{-2t}$$

加法定理 $\sin(t + \alpha) = \sin t \cos\alpha + \cos t \sin\alpha$ を用いて変形すると、以下となります。

$$-2\sin t + 4\cos t = \sqrt{20}(\sin t \cos\alpha + \cos t \sin\alpha) = \sqrt{20}\sin(t + \alpha)$$

$$\frac{\sin\alpha}{\cos\alpha} = \tan\alpha = -\frac{2}{4} = -\frac{1}{2}、\quad \alpha = \tan^{-1}(-1/2)$$

定常時には、$t \to \infty$、$e^{-2t} \to 0$ となりますので、次式が得られます。

$$定常出力 = \lim_{t \to \infty}\left(y(t)\right) = \lim_{t \to \infty}\left(\sin(t + \alpha) + 2e^{-2t}\right) = \sqrt{20}\sin(t + \alpha)$$

‖ 解答④ ‖

練習問題46　以下の微分方程式で表される系において、入力変位 $x(t)$ 及び出力変位 $y(t)$ のラプラス変換をそれぞれ $X(s)$ 及び $Y(s)$ としたとき、$X(s)$ に対する $Y(s)$ の関係を表す伝達関数として最も適切なものを選べ。ただし、t は時間、s はラプラス演算子である。また、m、c 及び k は定数である。

[平成24年度　Ⅳ－14]

$$m\frac{d^2 y(t)}{dt^2} + c\frac{dy(t)}{dt} + ky(t) = kx(t)$$

① $\dfrac{k}{ms^2 + cs + k}$ 　② $\dfrac{k}{ms^2 - cs - k}$ 　③ $\dfrac{1}{ms^2 - cs + k}$

④ $\dfrac{1}{ms^2 + cs + k}$ 　⑤ $\dfrac{cs}{ms^2 + cs + k}$

20. インパルス応答および単位ステップ応答

問題47　入力をシステムの要素に加えると応答が得られる。A群の入力関数とB群の応答の組合せとして、最も適切なものはどれか。

[平成30年度　Ⅲ－14]

A群：入力関数　　　　　　　　　　B群：応答

（ア）　$u(t) = \begin{cases} 1 & (t > 0) \\ 0 & (t < 0) \end{cases}$ 　　　　　（エ）ランプ応答

（イ）　$u(t) = \begin{cases} t & (t \geq 0) \\ 0 & (t < 0) \end{cases}$ 　　　　　（オ）インパルス応答

（ウ）　$u(t) = \begin{cases} \dfrac{1}{\varepsilon} & (0 \leq t \leq \varepsilon) \\ 0 & (t < 0 \ or \ t > \varepsilon) \end{cases}$ 　$(\varepsilon \to 0)$ 　（カ）ステップ応答

① （ア）と（カ）、（イ）と（エ）、（ウ）と（オ）
② （ア）と（オ）、（イ）と（カ）、（ウ）と（エ）
③ （ア）と（オ）、（イ）と（エ）、（ウ）と（カ）
④ （ア）と（エ）、（イ）と（カ）、（ウ）と（オ）
⑤ （ア）と（カ）、（イ）と（オ）、（ウ）と（エ）

出題の意図　単位ステップ応答に関する知識を要求しています。

解　説

（1）インパルス関数、ステップ関数およびランプ関数のラプラス変換

図3.10にインパルス関数、ステップ関数およびランプ関数を示します。入力としてインパルス関数を選んだインパルス応答の場合は、$U(s) = 1$ となります。入力としてステッ

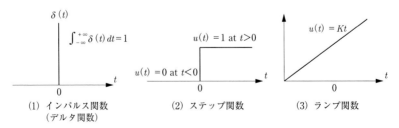

図3.10　インパルス関数、ステップ関数およびランプ関数

プ関数を選んだ**ステップ応答**（または**インディシャル応答**）の場合は、$U(s) = 1/s$となります。入力としてランプ関数を選んだ**ランプ応答**の場合は、$U(s) = K/s^2$となります。

（2）1次遅れ系のステップ応答

1次遅れ系（時定数T、ゲインK）の伝達関数は次式で表されます。

$$G(s) = \frac{K}{1 + Ts}$$

入力としてステップ応答（インディシャル応答）を選ぶと、出力は次のようになります。

$$E(s) = G(s)\frac{1}{s} = \frac{K}{1 + Ts}\frac{1}{s}$$

時間領域に対する応答を求めると次のようになります。

$$L^{-1}\Big[E(s)\Big] = L^{-1}\left[\frac{K}{1+Ts}\frac{1}{s}\right] = L^{-1}\left[\frac{K}{s} - \frac{KT}{1+Ts}\right] = K\Big(1 - e^{-\frac{t}{T}}\Big)$$

これより、応答は時定数がT、ゲインがKで、指数関数ですから$t\to\infty$でKに漸近することがわかります。

■ 解き方

図3.10より、（ア）はステップ関数、（イ）はランプ関数、（ウ）はインパルス関数です。よって、（ア）と（カ）、（イ）と（エ）、（ウ）と（オ）が最も適切な組合せになります。

|解答①|

練習問題47 下図の一次遅れ系のインディシャル応答の時定数とゲイン定数として、最も適切な組合せを①〜⑤の中から選べ。　　［平成22年度　Ⅳ−17］

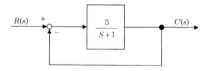

時定数　　　ゲイン定数

① 0.17 sec　　0.67

② 0.17 sec　　0.83

③ 0.25 sec　　1.00

④ 0.34 sec　　0.83

⑤ 1.00 sec　　5.00

※ すべての初期状態が0である系に単位ステップ関数を加えたときの応答をインディシャル応答という。

21. 残留偏差

> **問題48**　下図のように、制御対象 $G(s)$ に比例制御コントローラ $C(s)$ の単一フィードバックを適用した。この制御系に単位ステップ入力信号を加えたときの時刻 $t \to \infty$ における定常位置偏差を①～⑤の中から選べ。
>
> ［平成22年度　Ⅳ－18］
>
>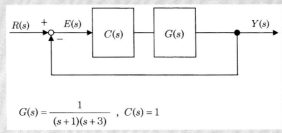
>
> $$G(s) = \frac{1}{(s+1)(s+3)} \quad , \quad C(s) = 1$$
>
> ① 0　　② 3　　③ $\dfrac{1}{3}$　　④ $\dfrac{3}{4}$　　⑤ $\dfrac{4}{3}$

■ 出題の意図　フィードバック制御における残留偏差に関する知識を要求しています。

解　説

フィードバック制御系の定常偏差（残留偏差）は、以下のように定義されています。

フィードバック制御系の入力 $u(t)$ と出力 $y(t)$ の差が**偏差** $e(t) = u(t) - y(t)$ となります。時間が無限大のときの偏差を**定常偏差または残留偏差**と呼びます。

フィードバック制御系の定常偏差は、最終値定理を用いて、次式で求まります。

$$\lim_{t \to \infty} e(t) = \lim_{t \to \infty} \Big[u(t) - y(t) \Big] = \lim_{s \to 0} s \Big[U(s) - Y(s) \Big]$$

解 き 方

ブロック線図に示されるフィードバック結合の伝達関数は $\dfrac{C(s)G(s)}{1 + C(s)G(s)}$ で表されます。単位ステップ入力信号のラプラス変換は $R(s) = \dfrac{1}{s}$ です。

したがって、出力のラプラス変換は、次に示すように求まります。

$$Y(s) = \frac{C(s)G(s)}{1 + C(s)G(s)} \frac{1}{s} = \frac{\dfrac{1}{(s+1)(s+3)}}{1 + \dfrac{1}{(s+1)(s+3)}} \frac{1}{s} = \frac{1}{(s+1)(s+3)+1} \frac{1}{s}$$

最終値定理を用いて、$t \to \infty$ のときの出力 $y(t)$ は、以下のように求まります。

$$\lim_{t \to \infty} y(t) = \lim_{s \to 0} s Y(s) = \lim_{s \to 0} \frac{1}{(s+1)(s+3)+1} = \frac{1}{4}$$

残留偏差 e は入力と出力の差であるから、次のように表せます。

$$e = \lim_{t \to \infty} \left[x(t) - y(t) \right] = 1 - \frac{1}{4} = \frac{3}{4}$$

解答④

練習問題48 次式の、一巡伝達関数 $G(s)$ を持つ制御系に、単位ステップ入力信号を加えたときの時刻 $t \to \infty$ における残留偏差を、①〜⑤の中から選べ。

[平成20年度 Ⅳ－17]

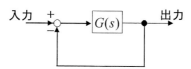

$$G(s) = \frac{K}{(s+a)(s+b)}$$

ただし、s はラプラス演算子であり、K、a、b は正の定数とする。

① 0 ② $\dfrac{ab}{K}$ ③ $\dfrac{K}{ab}$ ④ $\dfrac{ab}{ab+K}$ ⑤ $\dfrac{ab+K}{ab}$

22.　制御システムの安定性

> **問題49**　下図に示すように、閉ループ系が制御対象 P とコントローラ K で構成されている。この系の全ての特性根として、最も適切なものはどれか。ただし、P と K はそれぞれ次式で表される。　　　　　［令和2年度　Ⅲ－13］
>
> $$P = \frac{s+1}{s+3}, \ K = \frac{5}{s+1}$$
>
>
> ①　$s = -1, \ -8$　　②　$s = 1, \ 8$　　③　$s = -1, \ -3$
> ④　$s = -1$　　　　　⑤　$s = -8$

■ 出題の意図　　制御システムの安定性に関する知識を要求しています。

■ 解　説

制御システムの安定性について、説明します。

制御システムの応答を考えるとき、時間とともに一定値に落ち着くときにシステムは**安定**であるといい、一定値に落ち着かずに発散するときにシステムは**不安定**であるといいます。**システムの安定性**は、システムを記述する伝達関数から判別できます。

伝達関数 $G(s)$ は、一般的に次の形式で表すことができます。

$$G(s) = \frac{A(s)}{B(s)}$$

ここで、分子および分母が0となる方程式、すなわち $A(s) = 0$ および $B(s) = 0$ を、**特性方程式**といい、$A(s) = 0$ の解を**ゼロ点**、$B(s) = 0$ の解を**極**といいます。また、特性方程式の解、すなわちゼロ点および極を**特性根**といいます。特性方程式 $B(s) = 0$ から求めたすべての極の実部が負であるときにシステムは安定であるといえます。言い換えれば、多数存在する極の実部が1つでも正であれば、システムは不安定になります。

例えば、伝達関数が $G(s) = \dfrac{1}{s+1}$ で表せるとき、極は $s = -1$ となり、システムは安定となります。一方、伝達関数が $G(s) = \dfrac{1}{s-1}$ で表せるとき、極は $s = 1$ となり、システムは不安定となります。

解き方

入力を X、出力を Y とすると、次の関係式が成り立ちます。

$$P(X - KY) = Y \text{ 、 } (1 + PK)Y = PX \text{ 、 } Y = \frac{P}{1 + PK}X$$

したがって、伝達関数 $\dfrac{Y}{X}$ は次のように表せます。

$$\frac{Y}{X} = \frac{P}{1 + PK} = \frac{\dfrac{s+1}{s+3}}{1 + \dfrac{s+1}{s+3} \times \dfrac{5}{s+1}} = \frac{s+1}{s+8}$$

特性根は、伝達関数の分子 $= 0$ の条件から $s = -1$、および伝達関数の分母 $= 0$ の条件から $s = -8$ となります。

|解答①|

練習問題49 伝達関数

$$G = \frac{s-1}{s^2 + 3s + 2}$$

をもつ系の安定性に関する次の記述のうち、最も適切なものはどれか。

[令和元年度（再試験） Ⅲ－11]

① 2つの極が負の値（-1、-2）をもつから、この系は安定である。

② 2つの極が正の値（1、2）をもつから、この系は不安定である。

③ 零点が1であるから、この系は不安定である。

④ 零点が1であるから、この系は安定である。

⑤ 2つの極が実数であるから、この系は安定である。

23. ラウスの安定判別法

問題50　特性方程式 $s^3 + 3Ks^2 + (K+2)s + 4 = 0$ で示されるフィードバック制御系の安定条件を満たす K の値の範囲として、正しいものを選べ。ただし、s はラプラス演算子とする。また、$\sqrt{21} = 4.58$ とする。

[平成20年度　IV−20]

① K の値にかかわらず安定

② $K < 0$

③ $0.53 > K > -2.53$

④ $0.53 > K$

⑤ $K > 0.53$

■ 出題の意図　制御システムの安定性に関する知識を要求しています。

解　説

制御システムの安定性を判別するラウスの安定判別法について、説明します。

特性方程式の次数が高次になると、コンピュータを用いずに特性方程式の解を求めることは困難です。このような場合に、特性方程式の解を求めずに、解の実数部分の正負のみを判定して安定性を判別する方法として、ラウスの安定判別法とフルビッツの安定判別法があります。**ラウスの安定判別法**は、次式で表される n 次の特性方程式を対象に、図3.11に示すラウスの表を作ります。

$$s^n + a_{n-1}s^{n-1} + a_{n-2}s^{n-2} + \cdots + a_1 s + a_0 = 0$$

ラウス数列

	R_{11}	R_{12} R_{13} R_{14} $\cdots$

$R_{11} = 1,\quad R_{12} = a_{n-2},\ R_{13} = a_{n-4},\ \cdots$

$R_{21} = a_{n-1},\ R_{22} = a_{n-3},\ R_{23} = a_{n-5},\ \cdots$

$R_{31} = \dfrac{R_{21}R_{12} - R_{11}R_{22}}{R_{21}},\quad R_{32} = \dfrac{R_{21}R_{13} - R_{11}R_{23}}{R_{21}},\quad R_{33} = \dfrac{R_{21}R_{14} - R_{11}R_{24}}{R_{21}},\ \cdots$

$R_{41} = \dfrac{R_{31}R_{22} - R_{21}R_{32}}{R_{31}},\quad R_{42} = \dfrac{R_{31}R_{23} - R_{21}R_{33}}{R_{31}},\quad R_{43} = \dfrac{R_{31}R_{24} - R_{21}R_{34}}{R_{31}},\ \cdots$

$R_{51} = \dfrac{R_{41}R_{32} - R_{31}R_{42}}{R_{41}},\ \cdots$

s^n	R_{11}	R_{12} R_{13} R_{14} $\cdots$		
s^{n-1}	R_{21}	R_{22} R_{23} R_{24} $\cdots$		
s^{n-2}	R_{31}	R_{32} R_{33} R_{34} $\cdots$		
s^{n-3}	R_{41}	R_{42} R_{43} R_{44} $\cdots$		
$\vdots$	$\vdots$	$\vdots$ $\vdots$ $\vdots$ $\vdots$		
s^2	$R_{(n-1)1}$	$R_{(n-1)2}$ 0		
s	R_{n1}	0 0		
1	$R_{(n+1)1}$	0 0		

図3.11　ラウスの表

このとき、特性方程式の特性根の実部がすべて負であるための必要十分条件は、以下の2つが成り立つことになります。

1）特性方程式の係数 a_i（$i = 0, 1, 2, \cdots, n-1$）がすべて正であること

2）ラウス数列 R_{i1}（$i = 3, 4, \cdots, n$）がすべて正であること

■ **解 き 方**

特性方程式から、次のようにラウス数列を作ります。

$$s^3 \quad R_{11} = 1、\ R_{12} = K + 2$$
$$s^2 \quad R_{21} = 3K、\ R_{22} = 4$$
$$s^1 \quad R_{31} = \frac{R_{21}R_{12} - R_{11}R_{22}}{R_{21}} = \frac{3K(K+2)-4}{3K}$$
$$s^0 \quad R_{41} = \frac{R_{31}R_{22} - R_{21}R_{32}}{R_{31}} = \frac{4\dfrac{3K(K+2)-4}{3K} - 3K\cdot 0}{\dfrac{3K(K+2)-4}{3K}} = 4$$

1）特性方程式の係数 a_i がすべて正であること、および2）ラウス数列 R_{i1}（$i = 3, 4, \cdots, n$）がすべて正であることから、安定条件は次式となります。

$R_{12} > 0$ より $K + 2 > 0$

$R_{21} > 0$ より $K > 0$

$R_{31} > 0$ より $\dfrac{3K(K+2)-4}{3K} > 0$

以上の条件を整理すると、次式となります。

$K > 0$ および $3K(K+2) - 4 = 3K^2 + 6K - 4 > 0$

$3K^2 + 6K - 4 > 0$ は次のように変形できます。

$3K^2 + 6K - 4 = 3K(K+1)^2 - 7 > 0$

$(K+1)^2 > \dfrac{7}{3}$

$K + 1 > \sqrt{\dfrac{7}{3}}$ または $K + 1 < \sqrt{\dfrac{7}{3}}$

この条件と、$K > 0$ の条件も併せて満足するためには、$K + 1 > \sqrt{\dfrac{7}{3}}$ を満足すればよいので、安定条件は次式となります。

$K > \sqrt{\dfrac{7}{3}} - 1 = \sqrt{\dfrac{21}{9}} - 1 = \dfrac{4.58}{3} - 1 = 0.53$

‖解答⑤‖

練習問題50 特性方程式 $s^3 + 3Ks^2 + 4s + 1 = 0$ で示されるフィードバック制御系の安定条件を満たす K の値の範囲として、正しいものを選べ。ただし、s はラプラス演算子とする。

① K の値にかかわらず安定　② $K > 0$

③ $K > \dfrac{1}{12}$　④ $0 < K < \dfrac{1}{12}$　⑤ $\dfrac{1}{12} < K < 10$

24. フルビッツの安定判別法

> **問題51**　次の特性方程式をもつフィードバック制御系において安定なものを選べ。ただし、sはラプラス演算子を表すものとする。
>
> ［平成19年度　Ⅳ-12］
>
> ① $s^2 + 2s = 0$
> ② $s^3 + 100s^2 = 0$
> ③ $s^2 + 2s + 2 = 0$
> ④ $s^4 - 500 = 0$
> ⑤ $s^4 + 3s^3 + 100s^2 = 0$

■ 出題の意図　制御システムの安定性に関する知識を要求しています。

解　説

制御システムの安定性を判別するフルビッツの安定判別法について、説明します。

特性方程式の解を求めずに、解の実数部分の正負のみを判定して安定性を判別する方法として、ラウスの安定判別法（前項参照）とフルビッツの安定判別法とがあります。

フルビッツの安定判別法では、特性方程式 $s^n + a_{n-1}s^{n-1} + a_{n-2}s^{n-2} + \cdots + a_1 s + a_0$ から次の行列 H を作ります。

$$H = \begin{bmatrix} a_{n-1} & a_{n-3} & a_{n-5} & a_{n-7} & \cdots & 0 \\ 1 & a_{n-2} & a_{n-4} & a_{n-6} & \cdots & 0 \\ 0 & a_{n-1} & a_{n-3} & a_{n-5} & \cdots & 0 \\ 0 & 1 & a_{n-2} & a_{n-4} & \cdots & 0 \\ 0 & \vdots & \vdots & \vdots & \ddots & 0 \\ 0 & \cdots & \cdots & \cdots & \cdots & a_0 \end{bmatrix}$$

この H の部分行列から、以下のような行列式を考えます。

$$H_2 = \begin{vmatrix} a_{n-1} & a_{n-3} \\ 1 & a_{n-2} \end{vmatrix}$$

$$H_3 = \begin{vmatrix} a_{n-1} & a_{n-3} & a_{n-5} \\ 1 & a_{n-2} & a_{n-4} \\ 0 & a_{n-1} & a_{n-3} \end{vmatrix}$$

このとき、特性方程式の特性根の実部がすべて負であるための必要十分条件は、以下の2つが成り立つことになります。

1) 係数 a_i $(i = 0, 1, 2, \cdots, n-1)$ がすべて正である。

2) 行列式 H_i $(i = 2, 3, \cdots, n-1)$ がすべて正である。

■ 解 き 方 ■

フルビッツの安定判別法を用います。係数 a_i $(i = 0, 1, 2, \cdots, n-1)$ がすべて正である条件に該当するのは、③ $s^2 + 2s + 2 = 0$ だけです。

③について、行列 H は次のようになります。

$$H = \begin{vmatrix} a_{n-1} & a_{n-3} \\ 1 & a_{n-2} \end{vmatrix} = \begin{vmatrix} 2 & 0 \\ 1 & 2 \end{vmatrix}$$

H の部分行列からの行列式は、次のようになります。

$$H_2 = \begin{vmatrix} a_{n-1} & a_{n-3} \\ 1 & a_{n-2} \end{vmatrix} = \begin{vmatrix} 2 & 0 \\ 1 & 2 \end{vmatrix} = 4$$

これより、③は、フルビッツの安定判別法の2番目の条件である行列式 H_i $(i = 2, 3, \cdots, n-1)$ がすべて正である、を満足します。したがって、③だけ安定です。

なお、本問題はラウスの安定判別法（前項参照）を用いて、安定性を判別することもできます。

▌解答③▐

練習問題51　次の特性方程式をもつフィードバック系制御系において安定なものを選べ。ただし、s はラプラス演算子を表すものとする。

①　$s^2 + 2s - 1$

②　$s^2 + 1$

③　$s^5 + 2s^4 + 3s^3 + 4s^2 + 2s + 1$

④　$s^5 + 3s^4 + 2s^3 + 5s^2 + 3s + 2$

⑤　$s^5 + s^4 + 4s^3 + 3s^2 + 2s - 1$

25. フィードバック制御系の安定性

問題52 右図に示すフィード
バック制御系において、制御対
象 $P(s)$ 及びコントローラ $C(s)$
の伝達関数が次式のように与えられている。 ［令和3年度 Ⅲ－12］

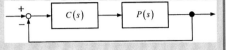

$$P(s) = \frac{b}{s+a}、 C(s) = K_p$$

$a=-2$、$b=1$ のとき、制御対象の極は $s=2$ となり不安定である。そのとき、
フィードバック制御系が安定になる定数 K_p として、最も適切なものはどれか。

① －4 ② －1 ③ 0 ④ 1 ⑤ 4

■ **出題の意図** フィードバック制御系の安定性に関する知識を要求しています。

解説

図3.12にフィードバック**制御系**を示
します。図中 $K(s)$ がコントローラであ
り、$G(s)$ が制御対象の伝達関数です。
図に示すように、外乱として、入力の変

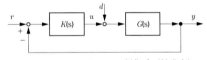

図3.12 フィードバック制御系（外乱有）

化に加えてコントローラと制御対象の間に d が入ることを想定します。この系において、
以下の4つの伝達関数がすべて安定である場合に、この系は安定であるということがで
きます。

(a) r から u への伝達関数： $G_{ru}(s) = \dfrac{K(s)}{1+G(s)K(s)}$

(b) d から u への伝達関数： $G_{du}(s) = -\dfrac{G(s)K(s)}{1+G(s)K(s)}$

(c) r から y への伝達関数： $G_{ry}(s) = \dfrac{G(s)K(s)}{1+G(s)K(s)}$

(d) d から y への伝達関数： $G_{dy}(s) = \dfrac{G(s)}{1+G(s)K(s)}$

いずれの伝達関数も分母は $(1+G(s)K(s))$ であるので、分母＝0から求めた極の
実部がすべて負であれば、システムは安定であるといえます。フィードバック制御系の
コントローラの伝達関数を $K(s)$、制御対象の伝達関数を $G(s)$ とすると、入力から出力
までの伝達関数は、次式で表されます。

$$\frac{G(s)K(s)}{1+G(s)K(s)}$$

この伝達関数は**閉ループ伝達関数**です。これに対し、$G(s)K(s)$ を**開ループ伝達関数**（あるいは**一巡伝達関数**）と呼びます。

■ 解き方

このフィードバック制御系の出力 $Y(s)$ と入力 $U(s)$ の関係は、次式で表されます。

$$Y(s) = \frac{P(s)C(s)}{1 + P(s)C(s)} U(s)$$

$P(s) = \dfrac{b}{s + a}$、$C(s) = K_p$、$a = -2$、$b = 1$ を代入して、

$$\frac{Y(s)}{U(s)} = \frac{\dfrac{K_p b}{s + a}}{1 + \dfrac{K_p b}{s + a}} = \frac{\dfrac{K_p}{s - 2}}{1 + \dfrac{K_p}{s - 2}} = \frac{K_p}{s - 2 + K_p} = \frac{K_p}{s - (2 - K_p)}$$

このフィードバック制御系の伝達関数の極、$s = 2 - K_p$ が負の場合に安定となるので、この系が安定となる条件は、次式となります。

$$2 - K_p < 0、\quad K_p > 2$$

この条件を満たすのは⑤だけです。

解答⑤

練習問題52 右図のようなフィードバック制御系を考える。ここに、$X(s)$、$Y(s)$ はそれぞれ入力、出力である。伝達関数 $G(s)$ が

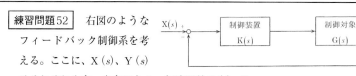

$$G(s) = \frac{2s + 1}{s^2 + s + 1}$$

の制御対象に対して、次式の制御装置 $K(s)$ を設計する。

$$K(s) = k_1 s + k_0$$

閉ループ系の極を $-2/3$ と -1 に配置して、系を安定化するための係数 k_0、k_1 の組合せとして、最も適切なものはどれか。なお、閉ループ系の特性方程式は次式で与えられる。

[令和2年度　Ⅲ－11]

$$1 + K(s)G(s) = 0$$

① $k_0 = 4$、$\quad k_1 = 5$ 　　② $k_0 = 5$、$\quad k_1 = 4$

③ $k_0 = -5/7$、$k_1 = -2/7$ 　　④ $k_0 = 5/7$、$\quad k_1 = 2/7$

⑤ $k_0 = -2/7$、$k_1 = -5/7$

26. 伝達関数の周波数特性

問題53 以下の伝達関数 $G(s)$ で表される系のゲインとして最も適切なものを選べ。なお、角振動数を ω とする。　　　　[平成24年度　IV－16]

$$G(s) = \frac{1}{s^2 + s + 1}$$

① $\dfrac{1}{\omega^2 + \omega + 1}$　② $\dfrac{1}{-\omega^2 + \omega + 1}$　③ $\dfrac{1}{\omega^2 - \omega + 1}$

④ $\dfrac{1}{\sqrt{\left(1 + \omega^2\right)^2 + \omega^2}}$　⑤ $\dfrac{1}{\sqrt{\left(1 - \omega^2\right)^2 + \omega^2}}$

出題の意図　伝達関数の周波数特性に関する知識を要求しています。

解説

　特性が $G(s)$ で与えられるシステムに、正弦波の入力 $u(t) = \sin\omega t$ を考えます。この系において、十分に時間が経過した後の定常状態の出力 $y(t)$ は、次式で表せます。

$$y(t) = \left| G(j\omega) \right| \sin\left[\omega t + \angle G(j\omega) \right]$$

　ここで、j は虚数単位で、$\angle G(j\omega)$ は $G(j\omega)$ の偏角を表します。$G(s)$ に $s = j\omega$ を代入して得られる $G(j\omega)$ は**周波数伝達関数**と呼ばれ、$\left| G(j\omega) \right|$ は**ゲイン**、偏角 $\angle G(j\omega)$ は**位相**と呼ばれます。周波数伝達関数を図示する方法に、**ベクトル軌跡**と**ボード線図**があります。ベクトル軌跡は、$G(j\omega)$ の ω を 0 から $+\infty$ に変化させたときに、$G(j\omega)$ を複素平面上にプロットしたものです。複素平面は、$G(j\omega)$ の実数部を横軸に、虚数部を縦軸にとって表す図です。ボード線図は、**ゲイン線図**と**位相線図**の2つの線図から構成されます。ゲイン線図は、横軸に角周波数 ω を、縦軸にゲインとして $20 \log_{10} \left| G(j\omega) \right|$ をとって表した線図で、位相線図は横軸に角周波数 ω を、縦軸に位相 $\angle G(j\omega)$ をとって表した線図です。ゲイン線図、位相線図とも、横軸は角周波数 ω の対数 $\log_{10}\omega$ で表します。図3.13に基本的な要素に対するボード線図を示します。ボード線図の作成は、伝達関数を基本的な要素の積で表し、要素ごとに求めたボード線図を加えることにより求めることができます。なお、図3.13では、伝達関数が $Ts + 1$ の場合と、$\dfrac{1}{Ts + 1}$ の場合、ゲインおよび位相を折れ線近似しています。実際には、傾きが変化する点の近傍でゲインおよび位相は緩やかに変化しますが、折れ線近似を行うことにより、伝達関数の周波数特性を簡易的に把握できる利点があります。

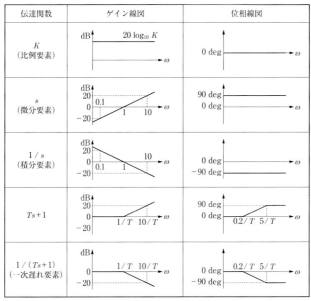

図3.13　ボード線図

■ 解 き 方

解説で説明したように、伝達関数 $G(s)$ のゲインは $|G(j\omega)|$ で表され、次のように求まります。

$$\left| G(j\omega) \right| = \left| \frac{1}{(j\omega)^2 + j\omega + 1} \right| = \left| \frac{1}{1 - \omega^2 + j\omega} \right| = \frac{1}{\sqrt{(1 - \omega^2)^2 + \omega^2}}$$

解答⑤

練習問題53　以下の伝達関数 $G(s)$ で表される系のゲインとして最も適切なものを選べ。なお、角振動数を ω とする。

$$G(s) = \frac{5}{s^3 + 2s^2 + 3s + 1}$$

① $\dfrac{5}{\omega^3 + 2\omega^2 + 3\omega + 1}$

② $\dfrac{5}{\sqrt{(1 - 2\omega^2)^2 + \omega^2(3 - \omega^2)^2}}$

③ $\dfrac{5}{-\omega^3 + 2\omega^2 - 3\omega + 1}$

④ $\dfrac{5}{\omega^3 - 2\omega^2 + 3\omega + 1}$

⑤ $\dfrac{5}{\sqrt{(1 + 2\omega^2)^2 + \omega^2(3 + \omega^2)^2}}$

149

27. 伝達関数のグラフ表現

問題54　伝達関数をグラフ表現する方法に関する次の記述の、　　　　に入る語句の組合せとして、最も適切なものはどれか。

　周波数伝達関数 $G(j\omega)$ をグラフ表現する方法の1つに　ア　がある。　ア　は、角周波数 ω を0から $+\infty$ まで変化させたときの複素数 $G(j\omega)$ を複素平面上にプロットしたもので、伝達関数の周波数特性であるゲインや位相が一目でわかり、ナイキスト安定判別にも用いられる。もう1つの方法が　イ　である。　イ　は、ゲイン線図と位相線図から構成され、角周波数 ω とゲイン、角周波数 ω と位相の関係が陽に示されているので、周波数特性を定量的に評価するのに適している。一方、　ウ　は、一巡伝達関数 $w = P(s)$ で表されるシステムに対して、複素平面上において s を規定の閉曲線上で動かしたときの複素数 w を複素平面上にプロットしたものである。

[令和元年度（再試験）　Ⅲ－12]

	ア	イ	ウ
①	ボード線図	ベクトル軌跡	ナイキスト線図
②	根軌跡	ボード線図	ベクトル軌跡
③	根軌跡	ナイキスト線図	ボード線図
④	ベクトル軌跡	ボード線図	ナイキスト線図
⑤	ベクトル軌跡	ナイキスト線図	根軌跡

出題の意図　伝達関数のグラフ表現に関する知識を要求しています。

解説

　「26. 伝達関数の周波数特性」で説明したベクトル軌跡およびボード線図に加えて、伝達関数をグラフ表現する手法に、ナイキスト線図、根軌跡などがあります。**ナイキストの安定判別法**は、開ループ伝達関数（「25. フィードバック制御系の安定性」参照）をナイキスト線図上に描き、開ループ関数の極の数と、ナイキスト線図上の軌跡から安定性を判断する方法です。ナイキスト線図は、図3.14に示す閉曲線 C（原点 $\to j\infty \to$ （半径 ∞ の半円＝実部が正の側） $\to j\infty \to 0$）上を動く s に対して、開ループ伝達関数 $G(s)K(s)$ が複素平面上に描く軌跡を示す線図です。**ナイキスト線図**上では、複素共役の関係から虚数部については、実数軸（水平軸）に対して上下対称の形になります。例えば、$G(s)K(s) = 1/(s+1)$ で表される場合は、ナイキスト線図は図3.15に示すような円になります。

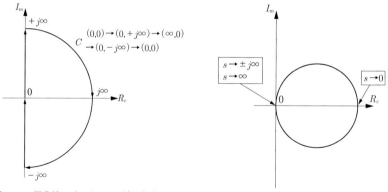

図3.14　閉曲線 C（ナイキスト線図作成のための）　図3.15　$[1/(s+1)]$ のナイキスト線図

ナイキストの安定判別法は、以下の手順で行います。

1) 開ループ伝達関数の不安定極の数を調べる。その数を P 個とする。

2) 開ループ伝達関数のナイキスト線図を描く。それが -1 を反時計方向に回る数を調べ、その数を R 回とする（時計方向に回った場合は -1 回とカウントする）。

3) $P = R$ であれば、フィードバック系は安定である。そうでない場合は不安定となる。

フィードバック系のゲインの調整により、閉ループ系の特性方程式がどのように変化するかを調べるために、**根軌跡**が用いられます。フィードバック系のゲインを K とし、K を0から無限大に変化させ、根が複素平面状で動く軌跡を描いたものが、根軌跡です。根軌跡は、$K = 0$ のときに一巡伝達関数（開ループ関数）の極に一致し、$K = \infty$ のときに一巡伝達関数のゼロ点となります。閉ループ伝達関数の極の数を n、ゼロ点の数を m とすると、根軌跡は n 本あり、一巡伝達関数の極から出発し、m 本は一巡伝達関数のゼロ点に達し、残りの $n - m$ 本は漸近線に沿って無限大となります。

■　解き方

ベクトル軌跡（ア）は $G(j\omega)$ の周波数 ω を0から $+\infty$ に変化させたときに、$G(j\omega)$ を複素平面にプロットしたものです。ボード線図（イ）はゲイン線図と位相線図から構成されます。ナイキスト線図（ウ）は複素平面上において s を規定の閉曲線上で動かしたときの伝達関数（複素数 $j\omega$）を複素平面上にプロットしたものです。よって、正しい語句の組合せは④となります。

解答④

練習問題54　次の①～⑤の用語が示す図のうち、制御工学で一般に用いられないものを選べ。　　　　　　　　　　　　　　　[平成20年度　Ⅳ－22]

①　ベクトル軌跡　　②　S−N 線図　　③　ボード線図

④　ナイキスト線図　　⑤　根軌跡

28. 古典制御と現代制御

問題55　次の記述の ▭ に入る語句の組合せとして、最も適切なものはどれか。　　　　　　　　　　　　　　　　　　　　　　　　［令和3年度　Ⅲ－13］

　PID制御において、目標値と制御量の偏差に比例した操作を行うのがP制御であり、偏差の積分値に比例した操作を行うのがI制御である。PI制御は一般に ア に有効である。また、偏差の微分値に比例した操作を行うのがD制御で、PD制御は一般に イ に有効である。

	ア	イ
①	むだ時間の低減	応答性の向上
②	むだ時間の低減	定常偏差の除去
③	定常偏差の除去	応答性の向上
④	定常偏差の除去	むだ時間の低減
⑤	応答性の向上	むだ時間の低減

■ **出題の意図**　　PID制御に関する知識を要求しています。

解　説

（1）古典制御と現代制御

　前項までに説明してきたように、システムを伝達関数で記述し、周波数応答などを評価して制御システムを構築していく方法を**古典制御**といいます。それに対して、システムの入出力の関係を常微分方程式で記述し、状態変数を導入して状態方程式を求め、制御システムを構築していく方法を**現代制御**といいます。状態変数は、システムを記述できる最小の変数の組を選び、システムが複雑になると状態変数の数が増えることになります。古典制御の場合は入力と出力が1個ずつですが、現代制御では複数の入出力に対応して制御システムを構築することができます。

　古典制御の代表的な制御方法として、**PID制御**があります。PID制御では、入力に対して、その目標値との偏差を対象に、比例操作（P操作）、積分操作（I操作）、および微分操作（D操作）を行って出力を求め、フィードバック制御する方法です。ゲイン K、積分時間 T_I、微分時間 T_D の3つのパラメータを調整することにより安定的な制御が可能となります。PID制御の入出力の関係は、次式で表されます。

$$y = K\left(e + \frac{1}{T_I}\int_0^t e\,dt + T_D\frac{de}{dt} \right)、\qquad e = \frac{u - u_{\text{set}}}{u_{\text{max}} - u_{\text{min}}}$$

ここで、yは出力、eは制御偏差、
tは時間、uは入力、u_{set}は目標値、
$u_{\max} - u_{\min}$は入力の範囲です。
PID制御をブロック線図で記述す
ると、図3.16に示すようになり
ます。

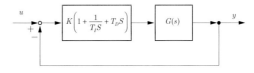

図3.16　PID制御のブロック線図

　現代制御は、システムを常微分方程式で記述し、状態変数を導入して状態方程式を求
め、制御システムを構築していく制御です。複数の入出力系に対して、線形化すること
により、行列や線形力学系の多くの知見が適用できます。このように線形化した方程式
系を対象に展開していく制御理論を**線形システム論**といいます。**最適制御論**では、状態
方程式を基に評価関数を定義し、それを最小または最大にすることにより制御システム
の最適化を行います。**H∞制御**は、外乱信号の影響を抑制する制御系を構築するための
制御理論で、H∞ノルムと呼ばれる伝達関数の評価指標を導入して、外乱の影響を評価
するものです。制御対象の不確定な部分を外乱信号として取り扱うことで、モデルの不
確かさの影響を抑制する制御系となります。このように、不確実な状況に対しても安定
性を失わず制御系が機能する性質を**ロバスト性**と呼び、ロバスト性を有する制御を**ロバ
スト制御**と呼びます。**ファジィ制御**は、**ファジィ集合論**（Fuzzy Set Theory）に基づい
て制御モデルや制御系を構成する方法です。ファジィ集合論では、ある集合に属するか
否かについて、その中間を**メンバシップ関数**により許容する方法で、人の感覚に基づく
制御など、あいまいな情報の制御に適しています。**ニューラルネットワーク制御**は、入
出力関係が定式化できない場合に、実際の入出力のデータを基にニューラルネットに
よって非線形な入出力関係モデルを構築し、そのモデルにより制御する手法です。

(2)　可制御性、可観測性

　次の状態方程式で表せるシステムを考えます。

$$\dot{x} = Ax + Bu$$

$$y = Cx$$

ここで、xは状態ベクトル（n次元）、uは入力ベクトル（m次元）、yは出力ベクトル
（l次元）、Aは$n \times n$の行列、Bは$n \times m$の行列、Cは$l \times n$の行列です。

　このシステムにおいて、ある制御入力uに、任意の初期状態（x_0）から有限時間で任
意の最終状態（x_f）に到達できる場合、このシステムは**可制御**であるといいます。シス
テムが可制御であるための必要十分条件は、次式で表されるように、**可制御行列**のラン
クがxの次元数に一致することです。

$$\mathrm{rank}\begin{bmatrix} B & AB & A^2B & \cdots & A^{n-1}B \end{bmatrix} = n$$

　また、このシステムにおいて、出力yを観測することにより、初期におけるxを一意

に決定できる場合、このシステムは**可観測**であるといいます。システムが可観測であるための必要十分条件は、次式で表されるように、**可観測行列**のランクがxの次元数に一致することです。

$$\mathrm{rank}\begin{bmatrix} C^T & A^T C^T & (A^T)^2 C^T & \cdots & (A^T)^{n-1} C^T \end{bmatrix} = n$$

■ 解き方

PI制御は一般に定常偏差の除去（ア）に有効です。また、D制御は偏差の微分に対して作用するので、PD制御は一般に応答性の向上（イ）に有効です。よって正しい語句の組合せは③となります。

解答③

練習問題55-1　次の状態方程式、出力方程式で表される系が不可観測となるとき、aの値として、最も適切なものはどれか。　　　　　［平成28年度　Ⅲ－13］

$$\dot{x} = \begin{bmatrix} 0 & 1 & 0 \\ 0 & 0 & 1 \\ 2 & 1 & a \end{bmatrix} x + \begin{bmatrix} 0 \\ 0 \\ 1 \end{bmatrix} u$$

$$y = \begin{bmatrix} -1 & 1 & 0 \end{bmatrix} x$$

①　－2　　②　－1　　③　0　　④　1　　⑤　2

練習問題55-2　次の状態方程式で示されるシステムがある。

$$\dot{X}(t) = \frac{d}{dt}\begin{bmatrix} x_1(t) \\ x_2(t) \end{bmatrix} = \begin{bmatrix} 1 & 2 \\ -3 & -4 \end{bmatrix}\begin{bmatrix} x_1(t) \\ x_2(t) \end{bmatrix} + \begin{bmatrix} 2 \\ 3 \end{bmatrix}\begin{bmatrix} u(t) \end{bmatrix} = AX(t) + Bu(t)$$

このシステムに対し、フィードバック係数ベクトル$F = \begin{bmatrix} f_1 & f_2 \end{bmatrix}$を用いて状態フィードバック制御$u(t) = -FX = -\begin{bmatrix} f_1 & f_2 \end{bmatrix}\begin{bmatrix} x_1(t) \\ x_2(t) \end{bmatrix}$を行う。係数ベクトルの値$f_1$、$f_2$を適当な値に設定することで、その閉ループ系のシステム行列（$A - BF$）の固有値（極・根）を－2と－3に設定したい。これを実現するFを次の中から選べ。　　　　　　　　［平成21年度　Ⅳ－18］

①　$\begin{bmatrix} f_1 & f_2 \end{bmatrix} = \begin{bmatrix} 1 & 2 \end{bmatrix}$　　②　$\begin{bmatrix} f_1 & f_2 \end{bmatrix} = \begin{bmatrix} -3 & -4 \end{bmatrix}$　　③　$\begin{bmatrix} f_1 & f_2 \end{bmatrix} = \begin{bmatrix} -2 & -3 \end{bmatrix}$

④　$\begin{bmatrix} f_1 & f_2 \end{bmatrix} = \begin{bmatrix} 2 & 3 \end{bmatrix}$　　⑤　$\begin{bmatrix} f_1 & f_2 \end{bmatrix} = \begin{bmatrix} \dfrac{1}{2} & \dfrac{1}{3} \end{bmatrix}$

第4章
熱工学の問題

1. 熱エネルギーと熱量

> **問題56**　水が鉛直に250 m落下し、滝つぼの底の岩を打っている。水の温度の上昇量として、最も近い値はどれか。ただし、重力加速度は9.8 m/s²、水の比熱は4.2 kJ/（kg・K）であり、水の蒸発や岩への伝熱などに伴う熱損失を無視する。　　　　　　　　　　　　　　［令和2年度　Ⅲ－23］
> ① 0.06 K　② 0.1 K　③ 0.2 K　④ 0.6 K　⑤ 1.8 K

■ **出題の意図**　熱、熱量、比熱に関する知識を要求しています。

解　説

（1）熱エネルギー

　熱エネルギーの定義は、熱をエネルギー源として、それによって外部に何らかの仕事を行うことができる能力といえます。

　仕事は、力×距離で表されます。SI単位系では、力の単位はN（ニュートン）を用いますが、1 Nは質量1 kgの物体に1 m/s²の加速度を生じさせる力として定義されています。仕事の単位はJ（ジュール）で表して、1 J＝1 N×1 m＝1 Nm　となります。熱の単位も仕事と同じJ（ジュール）で表して、熱の本質においては仕事と同じくエネルギーの形態であって、仕事を熱に変えることも、また熱を仕事に変えることもできます。

　また、仕事はかかった時間の量に関係なく絶対量となりますが、同じ仕事をしてもかかった時間が異なると単位時間あたりの仕事は異なります。仕事÷時間を**仕事率**といい、これを**動力**と呼びます。動力の単位はW（ワット）で表し、次式のようになります。

　　　1 W＝1 J÷1 s＝1 J/s＝1 Nm/s

（2）エネルギーの形態

　エネルギーには、熱エネルギー以外にも運動エネルギーや位置エネルギーなどの形態があります。このとき系が保有するエネルギーを E [J] とすると、以下のように表すことができます。

　運動エネルギーは、質量 m [kg] の物体が速度 v [m/s] で並進運動するとき、以下の式で計算できます。

$$E = \frac{1}{2}mv^2 \ [\mathrm{J}]$$

　また、加速度 g [m/s²] の重力場において質量 m [kg] の物体が基準高さから h [m] の位置に置かれているときのポテンシャルエネルギー（位置エネルギー）は、以下の式で計算できます。

$$E = mgh \ [\mathrm{J}]$$

(3) 熱量と比熱

熱は、物体の温度変化という現象により認められます。高温の物体と低温の物体を接触すると、高温から低温にエネルギーが移動しますが、このエネルギーが熱であり、量として考えた場合を**熱量**といいます。物体に熱を加えてその物体の温度を上昇させるときに、物体の温度を1 K上げるのに必要な熱量をその物体の**熱容量** C [J/K] といい、単位質量あたりの熱容量を**比熱** c [J/(kg・K)] と呼びます。

ある物体の質量が m、比熱が c で、その物体の温度を T_1 から T_2 まで上昇させるのに必要な熱量 Q は、次式で計算できます。

熱量 Q＝質量×比熱×温度変化＝ $mc(T_2 - T_1)$

ここで単位は、熱量 Q：[J]、質量 m：[kg]、比熱 c：[J/(kg・K)]、温度 T_1、T_2：[K] が用いられます。温度Kは、絶対温度です。

この式で比例定数 c が先に説明した比熱で、ある物質の単位質量1 kgの温度を1 K（℃）上昇させるのに必要な熱量です。

比熱は、物質によって異なる定数です。単位としては、[kJ/(kg・K)] あるいは [kJ/(kg・℃)] を用いますが、計算上の結果は同じになります。

熱量の単位は、工学的にはカロリー [cal] で計られて、標準気圧のもとで1 gの純粋な水を1℃高めるのに必要な熱量を1 calと定義しました。

通常は、SI単位系としてジュール [J] を用いますので、1 cal＝4.1868 Jの換算式を用いますが、これを**熱の仕事当量**といいます。したがって、SI単位系で言えば1 gの純水を1℃高めるのに必要な熱量は、4.1868 Jとなります。

比熱は、物体の温度や圧力などの条件によって異なりますが、圧力を一定に保つ場合の比熱を**定圧比熱** c_p、体積を一定に保つ場合の比熱を**定容比熱** c_v と呼びます。

一般には、定圧比熱が定容比熱より大きくなりますが、液体や固体では温度上昇による体積変化が小さいことから、これらの差は無視できるほど小さくなるため単に比熱 c が用いられます。

■ 解き方

水のポテンシャルエネルギーが熱に変わったと考えれば解けます。

解説に示したとおり、質量 m [kg] の水が鉛直に高さ h [m] の位置で保有するエネルギーは、重力加速度を $g = 9.8$ [m/s²] とすれば、$E = mgh$ [J] となります。

一方で、水1 Lを1℃上昇するのに必要な熱量は4.2 kJですが、熱エネルギーとポテンシャルエネルギーは同価です。

1 Lの水は1 kgですので、この水が落下して熱エネルギーに変化して ΔT [K] の温度上昇があったとすれば、以下の式が成り立ちます。

$$\Delta T\,[\mathrm{K}] \times 4200\,[\mathrm{J/K}] = 1\,[\mathrm{kg}] \times 9.8\,[\mathrm{m/s^2}] \times 250\,[\mathrm{m}]$$

$$\therefore \Delta T = 0.583 \doteqdot 0.6\,[\mathrm{K}]$$

┃解答④┃

練習問題56-1　人は平均して1日に2Lの水を飲み、半分は肺及び皮膚から蒸気として、残りの半分は尿となって体外に排出される。1日に飲んだ水を体温まで昇温し、肺及び皮膚から蒸気として蒸発させるのに必要なエネルギーに最も近い値はどれか。ただし、飲むときの水の温度は5℃とし、体温は36℃、蒸発潜熱を2430 kJ/kg、比熱を4.18 kJ/（kg・K）とする。　　　　　[平成26年度　Ⅲ－29]

①　2300 kJ　　②　2400 kJ　　③　2500 kJ　　④　2600 kJ　　⑤　2700 kJ

練習問題56-2　水1.5Lを1.2kWの電熱器で、20℃から80℃まで加熱するのに必要な時間に最も近い値はどれか。電熱器から水に有効に伝わる熱は50%であるとし、水の蒸発熱は無視する。　　　　　[平成28年度　Ⅲ－24]

①　150 s　　②　300 s　　③　630 s　　④　1260 s　　⑤　3498 s

2. 熱工学の用語と単位

問題57 比熱、温度伝導率（又は熱拡散率）、比エンタルピーのSI単位の正しい組合せとして、最も適切なものはどれか。　　［令和元年度　Ⅲ－25］

	比熱	温度伝導率 （又は熱拡散率）	比エンタルピー
①	J／(kg・K)	W／(m・K)	J／kg
②	J／(kg・K)	m^2／s	J／kg
③	W／(kg・K)	m^2／s	W／kg
④	J／(m^3・K)	J／(m・K)	J／(kg・K)
⑤	J／(m^3・K)	W／(m^2・K)	J／(kg・K)

◼ 出題の意図　熱工学に使用される用語とSI単位に関する知識を要求しています。

解説

この設問では、熱量、力、比熱、動力、熱流束のSI単位についての設問となっていますが、類似問題に対応できるようにするために、第4章に記載した熱工学の問題に使われている基本となる用語の意味と単位を以下に説明します。

（1）熱量

前項の問題56に記載したとおり、高温の物体から低温に物体にエネルギーが移動しますが、このエネルギーが熱であり、量として考えた場合を**熱量**といいます。

熱量のSI単位は、J（ジュール）です（工学単位はカロリーで、1 calは4.2 Jです）。

（2）比熱

物体に熱を加えてその物体の温度を上昇させるときに、物体の温度を1 K上げるのに必要な熱量をその物体の**熱容量** C［J／K］といい、単位質量あたりの熱容量を**比熱** c といいます。

比熱のSI単位は、［J／(kg・K)］です。また、［J／(kg・℃)］を用いることもあります。

（3）動力

前項の問題56に記載したとおり、仕事÷時間を仕事率といい、これを**動力**と呼びます。動力の単位はW（ワット）で表し、次式となります。

　　　　1 W＝1 J÷1 s＝1 J／s＝1 Nm／s

（4）熱流束

熱エネルギーが高温物体から低温物体に移動しているとき、この流れを**熱流**といいます。この熱エネルギーの移動量は、温度勾配に比例しますが、この熱流の流れに直角な

微小面積を dA として、その面積を単位時間あたりに dQ の熱量が流れている場合、次式の q のことを**熱流束**といいます。単位は $[W/m^2]$ となります。

$$q = \frac{dQ}{dA} \quad [W/m^2]$$

これは、単位面積、単位時間あたりの伝熱量を表しています。

熱量 Q が、流れている伝熱面 A にわたって熱流束 q が一様な場合には、$q = \dfrac{Q}{A}$ となります。

（5）力

力の単位はN（ニュートン）を用います。1 Nは質量1 kgの物体に1 m/s^{2}の加速度を生じさせる力として定義されています。

（6）圧力

圧力は、単位面積あたりの力の大きさで表され、通常SI単位系では圧力の単位はパスカル $[Pa]$ が用いられます。

（7）**エントロピー・比エントロピー**：「6. エントロピー」を参照してください。

（8）**エンタルピー・比エンタルピー**：「8. エンタルピーと仕事」を参照してください。

（9）**熱伝導率**：「18. 熱伝導」の解説を参照してください。

（10）**熱伝達率**：「19. 対流伝熱」を参照してください。

（11）**温度伝導率**：「21. 伝熱に関連する無次元数」を参照してください。

（12）**熱通過率**：「22. 熱通過と熱抵抗」を参照してください。

■ 解き方

解説のとおりに、SI単位系では以下のとおりになります。

比熱：J/(kg・K)、温度伝導率：m^2/s、比エンタルピー：J/kg

よって、この組合せは、②です。

解答②

練習問題57　熱量、比熱、動力、熱流束、熱伝導率のSI単位を正しく組み合わせたものを、次の中から選べ。　　　　　　　　　　［平成24年度　Ⅳ−23］

	熱量	比熱	動力	熱流束	熱伝導率
①	W	J/(kg・K)	J	W/(m^2・K)	W/(m・K)
②	J	J/(kg・K)	W	W/m^2	W/(m^2・K)
③	J	J/K	W	W/(m・K)	m^2/s
④	J	J/(kg・K)	W	W/m^2	W/(m・K)
⑤	W	J/K	J	W/(m^2・K)	W/K

3. 熱力学の法則

問題58 次の（ア）〜（オ）の記述のうち、誤っているものが2つある。その組合せを①〜⑤の中から選べ。　　　　　　　　　　［平成20年度　Ⅳ－33］

（ア）熱は低温物体から高温物体へ自然に移る。

（イ）砂糖を水に溶かすことは容易でも、エネルギーを加えずに溶かした砂糖を砂糖水から分離することは容易ではない。

（ウ）一様な温度の熱源から取った熱を、それ以外に何の変化も残さないで全部仕事に変換することができる。

（エ）冷水を沸騰水に入れてぬるま湯を作ることは容易にできるが、ぬるま湯を沸騰水と冷水に分離することは仕事を加えない限り難しい。

（オ）熱源から熱を取り、外界に何の変化も与えずに、継続的にすべて仕事に変換する機関は存在しない。

① ア、イ　　② ア、ウ　　③ ウ、エ　　④ エ、オ　　⑤ ア、オ

■ **出題の意図**　　熱力学の法則に関する知識を要求しています。

解　説

（1）熱力学第0法則

温度の異なる高温と低温の2個の物体を接触させておくと、はじめは高温の物体から低温の物体に熱エネルギーが移動しますが、十分に時間が経過すると、ついには同一の温度になって熱エネルギーの移動は停止してしまいます。このことを**熱平衡**の状態に達したといいます。熱平衡の概念は、以下のように表されます。

「2個の物体がそれぞれ第三の物体と熱平衡の状態にあるときは、これらの2個の物体は相互に熱平衡の状態にある」。この概念を**熱力学第0法則**といいます。

（2）熱力学第1法則

力学的なエネルギー保存の法則とは、「エネルギーはいろいろな現象の変化によってその形態を変えるが、総和は常に変わらない。」ということです。

この**エネルギー保存の法則**は、熱についてもあてはまります。

すなわち、「熱は本質的には仕事と同じエネルギーの一形態であり、仕事を熱に変えることもできるし、その逆に熱を仕事に変えることができ、熱と仕事の総和は変わらない。」ということができます。これを**熱力学第1法則**といいます。

（3）熱力学第2法則

「5. カルノーサイクル」で詳細について解説しますが、これは理想化した熱機関であり、効率の式を見てみると熱機関として考えた場合の効率は100％にはなりません。

このことは、系に加えた熱エネルギーのすべてを連続的に仕事に置き換えることはできないことを意味しており、このような概念を**熱力学第2法則**と呼びます。

熱力学第2法則は、熱エネルギーの本質を述べた法則であり、いくつかの表現がありますが、簡単にすれば次の2点に要約されます。

1）熱は高温の物体から低温の物体へと移動しますが、その逆は自然には発生しません

2）すべての熱を仕事に変換するサイクルはできません

第2種永久機関とは、外部から得た熱エネルギーをすべて仕事に変換できるような仮想の熱機関のことをいいますが、熱力学第2法則は、第2種永久機関が現実には不可能であることを示しています。

（4）可逆変化と不可逆変化

可逆変化（可逆過程）とは、起こった変化が周囲に何らかの痕跡も残さずに再び変化前の状態に戻すことができる変化のことをいいます。**不可逆変化**（過程）とは、起こった変化を元の状態に戻そうとするときに、仮に戻せても完全には元の状態に戻せずに何らかの痕跡が残ってしまったり、元に戻すために何らかのエネルギーが必要となるような変化をいいます。代表的な不可逆変化には、摩擦、異なる物質の混合、化学反応などがあります。

■ 解 き 方

（ア）熱力学の第2法則に反しているので間違いです。

（イ）この現象は不可逆変化でエネルギーを加えない限り元には戻らないので正しい。

（ウ）熱力学の第2法則に反しているので間違いです。

（エ）（イ）と同様に、この記述は正しい。

（オ）熱力学の第2法則で説明した内容であり、この記述は正しい。

したがって、（ア）と（ウ）が誤った記述です。

解答②

練習問題58　次の（ア）〜（オ）の記述のうち、正しいものが2つある。その組合せを①〜⑤の中から選べ。

（ア）ある物体を1m移動した。これは可逆変化ということができる。

（イ）ある系の温度が時間の経過により変化しない状態になることを標準状態という。

（ウ）仕事を熱に変換できるが、その逆に熱を仕事に変換することもできる。

（エ）熱力学の第1法則は「温度の低い熱源から熱を取出し、それを温度の高い熱源に移す以外に何らの影響をも伴わないようにすることはできない。」といえる。

（オ）熱は高温の物体から低温の物体へと移動するが、その逆は自然には発生しない。

①　ア、ウ　　②　イ、オ　　③　イ、エ　　④　ウ、オ　　⑤　エ、オ

4. 理想気体

> **問題59** 理想気体に関する次の記述のうち、最も不適切なものはどれか。
>
> [令和2年度 Ⅲ−26]
>
> ① 一般ガス定数は、気体の種類によらず一定である。
> ② 比熱比は、定圧比熱を定容比熱で割った値である。
> ③ 3原子分子の比熱比は、2原子分子の比熱比よりも大きい。
> ④ 温度一定の状態では、圧力と容積の積が一定である。
> ⑤ 標準状態における理想気体の容積は、気体のモル数が同じであれば等しい。

■ 出題の意図 理想気体に関連する知識を要求しています。

解 説

（1）一般の状態式

一定質量の気体を容積一定のタンクに入れる場合、気体の温度を一定値に保つと、気体の体積はタンクの容積が定まっているために圧力が決まってしまいます。このように一定質量の気体は、その温度と体積が決まると、その圧力は気体の性質によって定まり任意の値を取ることはできません。したがって、圧力 P、容積 V、温度 T の間には、「$f(P, V, T) = 0$」の関係が成り立ちます。

このような物質の圧力、容積、温度などの間の関係式を表した式を、その物質の**状態式**といいます。

温度を一定に保った場合には、状態1で圧力 P_1、体積 V_1 のものを圧縮して、状態2で圧力 P_2、体積 V_2 となったときに、「$P_1 V_1 = P_2 V_2 = PV = $ 一定」の関係が成り立ちます。

これを**ボイルの法則**といいます。この式からわかるように圧力と体積は、反比例の関係にあります。したがって、圧力が2倍になれば体積は $\frac{1}{2}$ 倍になり、圧力が $\frac{1}{2}$ 倍になれば体積は2倍になります。

また、一定質量の気体の占める体積は、圧力が一定の場合にはその気体の**絶対温度**に比例する、としたのがシャルルの法則です。

これを式に表すと「$V = V_0(1 + \alpha T)$」になります。

ここで、V_0 は0℃のときの体積で、α は**体膨張係数**といいますが、気体によって多少異なりますが、ほぼ $\alpha = \frac{1}{273.15}$ となります。

シャルルの法則では、温度と体積の関係は正比例になっていることがわかります。

この2つの法則を合わせたものが、**ボイル・シャルルの法則**となり、式で表すと次の

ようになります。

$$\frac{P_1 V_1}{T_1} = \frac{P_2 V_2}{T_2} = \frac{PV}{T} = 一定$$

この式から、気体の体積は圧力に反比例し絶対温度に比例していることがわかります。

(2) 理想気体の状態方程式

理想気体とは、実在気体の性質を理想化したもので**完全ガス**とも呼ばれています。

ボイル・シャルルの法則から、圧力 P と体積 V の積 PV は絶対温度に比例しますので、理想気体では、圧力 P [Pa]、体積 V [m^3]、質量 m [kg]、温度 T [K] の間には、次の関係が成り立ちます。

$$PV = mRT$$

または、比体積 $v = \dfrac{V}{m}$ [m^3/kg] を用いれば、$Pv = RT$ となります。

これらの式を理想気体の**状態方程式**といいます。言い換えれば、これらの式を満足する気体を理想気体あるいは完全ガスと呼びます。

ここで、R [J／(kg・K)] は、**気体定数**あるいは**ガス定数**と呼ばれている定数で、気体の種類によって異なる値を持っています。

また、気体の質量 m は分子量 M とモル数 n の積に等しいことから、状態方程式は次の式でも表されます。

$$PV = nMRT = nR_0 T$$

ここで、R_0 は**一般気体定数**あるいは**普遍気体定数**と呼ばれている定数で、すべての理想気体について等しい値になります。この定数は、熱工学では重要な定数となります。

$$R_0 = MR = 8.3145 \, [\mathrm{J／(mol・K)}]$$

なお、**モル数**とは、物質の原子や分子の数のことであり、6.02×10^{23} 個集まった量を 1 モル [mol] といいます。1 モルの分子や原子の質量は、その分子の分子量または原子の原子量に g（グラム）をつけた値のことです。炭素原子の質量数は 12 ですが、厳密に 12 g あるときの原子数は 6.02×10^{23} 個必要であったことから決められています。例えば、水素 H_2 分子の 1 モルの場合は 2 g、二酸化炭素 CO_2 の場合は 1 モルで 44 g になります。

また、1 モルの気体の体積は標準状態（1 気圧、0 ℃）では、22.4 L となり、標準状態での気体 1 モルの体積はどのような気体でも同じになります。

この 1 モルあたりの分子数を**アボガドロ数**といい、N_A で表します。厳密には次の数値となります。

$$N_A = 6.02214 \times 10^{23} \, [\mathrm{mol}^{-1}]$$

ここで、状態方程式をモル数 n の代わりに分子数 N で表してみますと、$n = \dfrac{N}{N_A}$ であることから、次式となります。

$$PV = nR_0 T = N \frac{R_0}{N_A} \, T = NkT$$

この式で$k = \dfrac{R_0}{N_A}$としましたが、一般気体定数をアボガドロ数で割ったものですから、分子1個あたりの気体定数と考えることができます。このkを**ボルツマン定数**と呼びます。この値は、$k = \dfrac{R_0}{N_A} = 1.38066 \times 10^{-23}\,[\mathrm{J/(個・K)}]$となります。1 Kの温度増加で1個の分子あるいは原子が得るエネルギーを表していることになります。

熱工学では一般的に、検討する対象を気体のかたまりとして扱う場合には一般気体定数R_0を用いますが、分子のエネルギーとして取り扱う場合にはボルツマン定数kが用いられます。

(3) 理想気体の比熱

比熱は、物体の温度や圧力などの条件によって異なりますが、圧力を一定に保つ場合の比熱を**定圧比熱**c_p、体積を一定に保つ場合の比熱を**定容比熱**c_vと呼びます。

一般には、定圧比熱が定容比熱より大きくなります。

単位質量あたりの理想気体の内部エネルギーとエンタルピーの変化は、次の関係式となります。

$$dU = c_v dT、\quad dH = c_p dT$$

ここで、c_vは定容比熱、c_pは定圧比熱です。

これらの関係を理想気体の熱力学第1法則の式に代入すると次式のようになります。

$$dQ = dU + PdV = c_v dT + PdV$$

$$dQ = dH - VdP = c_p dT - VdP$$

一方、単位質量あたりの状態方程式$PV = RT$は、次式のとおりで表されます。

$$d(PV) = PdV + VdP = RdT$$

これら3つの式から、以下の関係式が求まります。

$$c_p dT = c_v dT + RdT$$

$$\therefore c_p - c_v = R$$

この関係式から、理想気体では定圧比熱と定容比熱の差が気体定数になります。これを**マイヤーの関係**といいます。

また、この関係式からどのような気体でも定圧比熱は常に定容比熱よりも大きいことがわかります。なお、定圧比熱と定容比熱の比$\dfrac{c_p}{c_v} = \kappa$が**比熱比**として定義されています。比熱比は常に1以上の値になります。

また、理想気体の比熱比は単原子では$\dfrac{5}{3}$、2原子気体では$\dfrac{7}{5}$、多原子気体では$\dfrac{4}{3}$となり、原子数が少ないほど大きくなります。

(4) 理想気体の混合

お互いに反応しない数種類の理想気体を混合した場合、混合後の混合気体の圧力を**全圧**といい、混合前に単独で存在したときの各成分気体の圧力を**分圧**といいますが、全圧は分圧の和に等しくなります。これを**ダルトンの法則**といいます。

解き方

① 一般ガス定数 R_0 は、すべての理想気体について等しい値になり $R_0 = 8.3145$ [J/(mol・K)] となるので、この記述は正しい。

② 比熱比 κ とは、定圧比熱 c_p を定容比熱 c_v で割った値の $\kappa = \dfrac{c_p}{c_v}$ として定義されているので、この内容は正しい。

③ 原子の数が少ないほど比熱比は大きくなるので、この内容は誤りである。

④ 理想気体では、圧力 P と容積 V および温度 T の間には、$PV = nR_0T$ の関係が成り立ちます。ここで、n はモル数で R_0 は一般ガス定数ですが、すべての理想気体について等しい値になります。よって、温度一定の状態では右辺が一定となるので圧力 P と容積 V の積は一定となり、この内容は正しい。

⑤ 1モルの理想気体の容積は標準状態（1気圧、0℃）では、22.4 Lとなり、標準状態での理想気体として扱う気体1モルの容積はどのような気体でも同じになるので、この記述は正しい。

解答③

練習問題59-1　40 Lボンベの中に温度20℃、圧力15 MPaの酸素が入っている。この酸素を使用して十分に時間が経った後、ボンベの中の温度は15℃、圧力は3.0 MPaとなった。酸素を理想気体と仮定した場合、使用した酸素の質量として、最も近い値はどれか。ただし、酸素の気体定数を 260 J/(kg・K) とする。

［令和元年度（再試験）　Ⅲ−27］

① 0.63 kg　② 85 kg　③ 6.3 kg　④ 8.5 kg　⑤ 63 kg

練習問題59-2　理想気体におけるマイヤーの関係式と定圧比熱 c_p 及び定容比熱 c_v の関係式について、それらの組合せとして、最も適切なものはどれか。なお、R は気体定数、κ は比熱比である。　　［平成28年度　Ⅲ−23］

① $c_p - c_v = R$ 、 $c_p = \dfrac{\kappa}{\kappa - 1}R$ 、 $c_v = \dfrac{1}{\kappa - 1}R$

② $c_p - c_v = R$ 、 $c_p = \dfrac{\kappa^2}{\kappa^2 - 1}R$ 、 $c_v = \dfrac{1}{\kappa^2 - 1}R$

③ $c_p + c_v = R$ 、 $c_p = \dfrac{\kappa}{\kappa + 1}R$ 、 $c_v = \dfrac{1}{\kappa + 1}R$

④ $c_p + c_v = R$ 、 $c_p = \dfrac{1}{\kappa + 1}R$ 、 $c_v = \dfrac{\kappa}{\kappa + 1}R$

⑤ $c_p + c_v = R$ 、 $c_p = \dfrac{\kappa^2}{\kappa^2 + 1}R$ 、 $c_v = \dfrac{1}{\kappa^2 + 1}R$

5. カルノーサイクル

> **問題60** あるボイラで発生した蒸気を熱源として、高熱源が温度600℃で100 MWの熱を発生する。低熱源を20℃の冷却水とするとき、この熱源間に可逆カルノーサイクルを行う損失の無い熱機関を考えると、出力及び冷却水に捨てる廃熱は何MWか、最も近い値の組合せを次の中から選べ。
>
> [平成24年度　Ⅳ−26]
>
> | | 出力 | 廃熱 |
> |---|---|---|
> | ① | 34 MW | 66 MW |
> | ② | 46 MW | 54 MW |
> | ③ | 54 MW | 46 MW |
> | ④ | 66 MW | 34 MW |
> | ⑤ | 97 MW | 3 MW |

■ 出題の意図 可逆カルノーサイクルに関する知識を要求しています。

解　説

（1）カルノーサイクル

カルノーサイクルのモデルは、図4.1に示すものであり温度 T_H の高温熱源から熱量 Q_H を取り入れて、その一部を外部への仕事 W に変換してから、残りの熱量 Q_L を温度 T_L の低温熱源へ捨てる、という動作を繰り返します。物体の圧力 P と体積 V とを直交座標の両軸にとって状態変化を表した線図を **P−V線図** と呼びますが、カルノーサイクルは図4.2の P−V 線図に示すように4つのサイクルから構成されています。その各過程を以下に説明します。

1）A→Bの過程：高温における等温給熱過程で、シリンダ内の気体の体積は、温度 T_H の高温熱源から熱量 Q_H を取り入れて状態AからBに膨張します。高温熱源 T_H と同じ温度で変わらないから等温膨張となります。

2）B→Cの過程：高温熱源からの熱量 Q_H が遮断されて、状態BからCへ低温熱源の T_L に等しくなるまで膨張します。断熱変化で外に対して仕事 W をしているために、内部エネルギーは減少して温度は T_H から T_L に下がります。

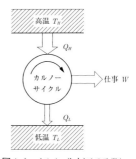

図4.1　カルノーサイクルのモデル

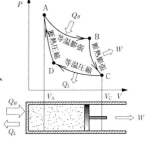

図4.2　カルノーサイクル

3) C→Dの過程：内部の気体が低温熱源の T_L と同じ温度になり、低温熱源に触れた状態で体積を減少させる過程となります。状態CからDに圧縮される間に熱が出ますが、その熱量 Q_L は温度 T_L の低温熱源へ捨てられます。この過程は、元の状態に戻すために必要です。

4) D→Aの過程：低温熱源から切り離されて、状態Dから最初のAに圧縮されて戻ります。外部からの仕事を得て圧縮されますが、その間に熱が外に出ませんので内部の気体は高温熱源の温度 T_H まで上昇します。

(2) カルノーサイクルの熱効率

熱効率とは、熱機関が高熱源から受け取った熱量のうちの、どれだけを正味の仕事に変換したかを示す比率で、熱機関の最も重要な性能値の1つです。

熱機関のサイクルにおいて、作動流体が高温熱源から供給された熱量をすべて仕事にできるわけではありません。供給された熱量 Q_H のうちで、外部に対してなす正味の仕事を W として、低温熱源へ捨てられる熱量 Q_L を考えます。熱機関として、Aから時計回りにA→B→C→D→Aのサイクルを描いて、この間に外部に行った仕事は、$W = Q_H - Q_L$ となります。

これから熱機関の効率 η は、次式で表すことができます。この η は**サイクル効率**とも呼ばれます。

$$\eta = \frac{W}{Q_H} = \frac{Q_H - Q_L}{Q_H} = 1 - \frac{Q_L}{Q_H} = 1 - \frac{T_L}{T_H}$$

ここで、W は外部になす仕事である出力、Q_H は高温熱源から得る入熱量で T_H はその温度、Q_L は低温熱源への廃熱量で T_L はその温度を表します。ただし、温度は**絶対温度**です。

この式から、熱源の絶対温度の差が効率になります。

■ 解き方

解説で述べたカルノーサイクルの熱効率 η の式から、出力は以下で計算できます。

$$W = Q_H \left(1 - \frac{T_L}{T_H}\right) = 100 \ [\text{MW}] \times \left(1 - \frac{20 + 273}{600 + 273}\right) = 66.4 \ [\text{MW}]$$
$$Q_L = Q_H - W = 100 - 66.4 = 33.6 \ [\text{MW}]$$

よって、最も近い組合せは、出力が66 MW、廃熱が34 MWの④となります。

解答④

練習問題60　低温熱源の温度が27℃であるカルノーサイクルにおいて、それぞれ500℃、700℃、900℃の一定高温熱源から400 kJを得る3ケースを考える。その中で最も小さくなる無効エネルギーの値はいくらか。最も近いものを次の中から選べ。　　　　　　　　　　　　　　　　　　　　[平成19年度　Ⅳ－24]

① 140 kJ　② 130 kJ　③ 120 kJ　④ 110 kJ　⑤ 100 kJ

6. エントロピー

問題61 エントロピーに関する次の（ア）～（オ）の記述のうち、正しいものの組合せとして、適切なものはどれか。　　　　［令和3年度　Ⅲ－26］

（ア）エントロピーは気体が保有するエネルギーのことである。

（イ）エントロピーは必ず増大する。

（ウ）断熱された容器内の液体をスクリューで撹拌したとき、液体のエントロピーは増大する。

（エ）断熱された流路を流体が流れて抵抗により圧力が減少した。このとき流路は断熱されているので流体のエントロピーは変化しない。

（オ）断熱された容器内に置かれた高温の物体から低温の物体へ熱が伝わるとき、容器内のエントロピーは増大する。

　①　ア、イ　　②　ア、エ　　③　イ、ウ　　④　ウ、エ　　⑤　ウ、オ

出題の意図　　エントロピーに関する知識を要求しています。

解　説

（1）エントロピー

加えられる熱量をdQとし、そのときの温度Tで割ったものを次式で定義して、このSをエントロピーと呼びます。単位は［J/K］となります。

$$dS = \frac{dQ}{T}$$

エントロピーSは、エンタルピーHと同様に気体の状態量を表していますが、熱量ではなくて熱の状態量を示していて、熱の授受によって変化します。

温度Tは絶対温度で常に正の値となるため、系に熱が入ればエントロピーは増加し、反対に熱が放出されればエントロピーは減少します。

断熱過程のように熱の授受がない過程においては、エントロピーの増減はありません。

エントロピーは、物質の量に比例する状態量なので、**比エントロピー**sを質量mの物質の単位質量あたりのエントロピーとして定義すれば、$s = \dfrac{S}{m}$［J/kg・K］となります。

（2）カルノーサイクルにおけるエントロピー

問題60で述べた「カルノーサイクル」は、等温過程と断熱過程の繰り返しですが、図4.3に縦軸に温度T、横軸にエントロピーSを表した図を示します。この線図を**T-S線図**と呼びます。この線図により温度の変化がわかりやすくなります。

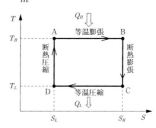

図4.3　カルノーサイクルのT-S線図

A→Bの過程の等温膨張では、　$dS_1 = +\dfrac{Q_H}{T_H}$ です。

C→Dの過程の等温圧縮では、　$dS_2 = -\dfrac{Q_L}{T_L}$ です。

B→CおよびD→Aの過程では断熱過程となり、$dS = 0$ です。

$\dfrac{Q_H}{T_H} = \dfrac{Q_L}{T_L}$ の関係があることから、$dS_1 + dS_2 = 0$ となってサイクル全体ではエントロピーの変化がないことになります。

このように可逆サイクルにおいては、$S = 0$ となりエントロピーの増加はありません。

不可逆サイクルにおいては、$S > 0$ となりエントロピーは増加します。現実のすべての過程は不可逆サイクルとなるため、ある系を考えればエントロピーは常に増加していることになります。このことを**エントロピー増加の法則**といいます。

(3) 理想気体のエントロピー変化

エントロピーの定義と熱力学の第一法則から、$Tds = du + pdv$ の式が得られます。

この式から、理想気体のエントロピー変化の式を求めてみます。

$Tds = du + pdv$ を T で割って比エントロピーの形にすれば、以下の式になります。

$$ds = \frac{du}{T} + \frac{pdv}{T}$$

比熱が温度に依存せずに一定とした理想気体では、以下の関係が成り立ちます。

$pv = RT$、$du = c_v dT$　　ここで、c_v、R はそれぞれ定積比熱、気体定数です。

これらの式を上の式に代入すると、以下の式になります。

$$ds = c_v \frac{dT}{T} + R \frac{dv}{v}$$

状態1から状態2に至るエントロピーの変化 Δs は、この式を積分すれば得られるので以下のとおりになります。

$$\Delta s = c_v \int_1^2 \frac{dT}{T} + R \int_1^2 \frac{dv}{v} = c_v \ln\left(\frac{T_2}{T_1}\right) + R \ln\left(\frac{v_2}{v_1}\right)$$

(4) 伝熱の場合のエントロピーの増加

温度 T_1（高温源）の系から、温度 T_2（低温源）の系に熱量 dQ が伝わった場合のエントロピーの増加分は、以下のようになります。ただし、2つの系の熱容量は十分に大きく、外部からの影響による温度変化は無視できるものと考えます。

高温源の系のエントロピーは、　$dS_1 = \dfrac{-dQ}{T_1}$　（エントロピーは減少）

低温源の系のエントロピーは、　$dS_2 = \dfrac{dQ}{T_2}$　（エントロピーは増加）

この伝熱による状態変化により、エントロピーの変化 dS は以下のようになります。

$$dS = dS_1 + dS_2 = \frac{-dQ}{T_1} + \frac{dQ}{T_2} = dQ\left(\frac{1}{T_2} - \frac{1}{T_1}\right)$$

以上の式から、$T_1 > T_2$ であるため、全体のエントロピーは増加します。

解き方

（ア）エントロピーの単位はJ/Kとなりますので、エネルギーとは異なります。よって、この内容は誤っています。

（イ）熱の移動によりエントロピーの変化量は、正にも負にもなります。よって、この内容は誤っています。

（ウ）スクリューで撹拌したということは、液体にエネルギーが与えられたことになり、エネルギーは熱になるので、熱の増加によりエントロピーは増加します。よって、正しい内容です。

（エ）断熱された流路を流体が流れて抵抗により圧力が減少した、ということは、摩擦により不可逆的な損失が発生していることになり、そのぶん流体のエントロピーは増加することになります。よって、この内容は誤っています。

（オ）高温の物体のエントロピーの減少よりも低温の物体へのエントロピーの増加のほうが大きくなりますので、エントロピーは増加します。よって、正しい内容です。

よって、正しい記述の組合せは（ウ）と（オ）です。

解答⑤

練習問題61-1 右図のように、断熱された容器が熱を通さない隔壁と開閉できるドアで2つの部屋に仕切られている。それぞれの部屋の中には温度が1000 Kと400 Kの物体が置かれている。これら2つの物体の熱容量は十分大きいため、それぞれの温度変化は無視できるものとする。はじめは閉まっていたドアをある時刻に開いて、高温物体から低温物体へ10 kJの熱が移動したところでドアを閉めた。このとき、容器全体のエントロピー変化量として、最も近い値はどれか。　　　　　　　　[令和2年度　Ⅲ－24]

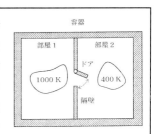

①　－10 J/K　　②　－1.0 J/K　　③　5.0 J/K　　④　15 J/K　　⑤　25 J/K

練習問題61-2 時速72 km、質量1500 kgの物体が摩擦により完全に停止した。このとき発生した熱は20℃の周囲環境に散逸し、物体及び周囲環境に温度変化は生じなかった。このときのエントロピーの変化量として、最も近い値はどれか。

[令和元年度（再試験）　Ⅲ－23]

①　15 kJ/K　　②　13 kJ/K　　③　1.5 kJ/K　　④　1.3 kJ/K　　⑤　1.0 kJ/K

7. 理想気体の状態変化

> **問題62**　理想気体の断熱変化（等エントロピー変化）では、圧力、体積、温度、比熱比をそれぞれ p、V、T、γ とすると、pV^{γ} が一定となる関係が成立する。これより導かれる関係として、最も適切なものはどれか。
>
> [令和元年度　Ⅲ－28]
>
> ①　$p^{\gamma}T^{\gamma-1}$ が一定　　②　$p^{\gamma}T^{1-\gamma}$ が一定　　③　$p^{\gamma}T$ が一定
>
> ④　$p^{1-\gamma}T^{\gamma}$ が一定　　⑤　$p^{\gamma-1}T^{\gamma}$ が一定

■ **出題の意図**　理想気体の状態変化に関する知識を要求しています。

解　説

（1）等容変化（等積変化あるいは定積変化ともいう）

体積が一定であるので、状態方程式は、$\dfrac{P_1}{T_1}=\dfrac{P_2}{T_2}=\dfrac{P}{T}=$ 一定　の関係となります。

体積の増減がないため、気体は膨張も圧縮もしないので、外部への仕事もありません。

熱力学第1法則の式は、$dQ = dU + PdV$ ですが、$dV = 0$ となるため、$dQ = dU = c_v dT$ となります。この式から、加えた熱量はすべて内部エネルギーの増加となり、内部温度も上昇します。逆に熱量を取れば内部エネルギーは減少して、内部温度も低下します。

エントロピー（「6. エントロピー」参照）は、熱量を増加した場合は正となり、熱量を取る場合は負となります。

（2）等温変化

温度が一定であるので、状態方程式は、$P_1 V_1 = P_2 V_2 = PV =$ 一定　の関係となります。

単位質量あたりの理想気体の内部エネルギーの変化は、$dU = c_v dT$ ですが、この式から、$dT = 0$ となるので、$dU = 0$ であるから内部エネルギーの U は一定で変化しないことがわかります。

また、$dQ = PdV$ であることから、加えた熱量により気体は膨張してすべて仕事に変えることが可能です。等温圧縮の場合は、圧縮に必要な仕事に相当する熱量を外部に放熱します。

エントロピーは、等温膨張の場合は正となり、等温圧縮の場合は負となります。

（3）等圧変化（定圧変化ともいう）

圧力が一定であるので、状態方程式は、$\dfrac{V_1}{T_1}=\dfrac{V_2}{T_2}=\dfrac{V}{T}=$ 一定　の関係となります。

体積を一定に保って熱量を加えると圧力が上昇してしまうので、圧力を一定にするた

めには、気体は膨張して体積が増加します。

また、熱力学第1法則の式は、$dQ = dH - VdP$ですが、$dP = 0$となるため、$dQ = dH = c_p dT$となります。よって、熱量を加えると気体の温度は上昇し、それに伴って体積も増加することがわかります。そのため、内部エネルギーは増加します。

逆に等圧圧縮の過程の場合は、熱量を外部に放出して、内部エネルギーは減少します。

エントロピーは、等圧膨張の場合は正となり、等圧圧縮の場合は負となります。

(4) 断熱変化

ある系の状態が変化するとき、外部からの熱量の授受が一切ない場合のことです。

熱力学第1方程式は、$dQ = dU + PdV$で、$dQ = 0$ですから、$dU = -PdV$となります。

また、$dU = c_v dT$ですから、内部エネルギーUは絶対温度Tに正比例の関係があります。この関係から、以下のとおりとなります。

・断熱膨張：$dV > 0$となるので、$dU < 0$ですから、内部温度は下がります。

・断熱圧縮：$dV < 0$となるので、$dU > 0$ですから、内部温度は上がります。

なお、断熱過程による圧力と温度の変化を定量的に表す式は、$P_1 V_1^{\kappa} = P_2 V_2^{\kappa} = PV^{\kappa} = $ 一定　となり、これを**ポアソンの関係式**といいます。この式でκは比熱比です。

ボイル・シャルルの法則の式 $\dfrac{PV}{T} = $ 一定　も同時に成り立つので、これらの式から

$\quad TV^{\kappa-1} = $ 一定　の関係式が得られます。

エントロピーは変化しないので、等エントロピー変化ともいいます。

(5) ポリトロープ変化

状態変化の過程で熱の出入りがある場合、圧力と容積の関係を一般化したもので、以下の式で表される変化を**ポリトロープ変化**といい、定数nを**ポリトロープ指数**といいます。

$\quad P_1 V_1^{n} = P_2 V_2^{n} = PV^{n} = $ 一定

断熱変化と同様に、ボイル・シャルルの法則の式も同時に成り立つので、これらの式から

$\quad TV^{n-1} = $ 一定　の関係式が得られます。

ポリトロープ指数nが特定の値のとき、例えば以下のような場合に、上述の（a）〜（d）の状態変化を表します。

$\quad n = 0$：等圧変化

$\quad n = 1$：等温変化

$\quad n = \infty$：等容変化

$\quad n = \kappa$：断熱変化

■ **解 き 方**

理想気体では、$pV = RT$、と $\dfrac{pV}{T} = $ 一定、が成り立ちます。

この式から、$V = \dfrac{T}{p}$ を設問に与えられた $pV^{\gamma} = $ 一定 の式に代入すると、以下の式が導けます。

$$p\left(\frac{T}{p}\right)^{\gamma} = \frac{p}{p^{\gamma}}T^{\gamma} = p^{1-\gamma}T^{\gamma} = \text{一定}$$

|解答④|

練習問題62-1 理想気体の状態変化は、ポリトロープ指数 n を用いて、一般化できる。理想気体の圧力を p、体積を V として、pV^n が一定の場合における $p-V$ 線図上の状態変化について、次の（ア）～（オ）のうち、正しいものの組合せとして、最も適切なものはどれか。 [平成30年度 Ⅲ-23]

（ア）n が0のとき、等積変化となる。

（イ）n が1のとき、等積変化となる。

（ウ）n が0のとき、等エントロピー変化となる。

（エ）n が1のとき、等温変化となる。

（オ）n が0のとき、等圧変化となる。

① （ア）と（イ）　② （イ）と（ウ）　③ （ウ）と（エ）

④ （エ）と（オ）　⑤ （ア）と（オ）

練習問題62-2 理想気体を体積 v_1 から v_2 まで可逆断熱圧縮した。このとき、圧縮後の温度 T_2 と圧縮前の温度 T_1 の比 T_2 / T_1 として最も適切なものはどれか。ただし、比熱比を κ とする。 [平成27年度 Ⅲ-23]

① $T_2 / T_1 = (v_2 / v_1)^{-\kappa}$　② $T_2 / T_1 = (v_2 / v_1)^{-\kappa - 1}$　③ $T_2 / T_1 = (v_2 / v_1)^{\kappa}$

④ $T_2 / T_1 = (v_2 / v_1)^{1-\kappa}$　⑤ $T_2 / T_1 = (v_2 / v_1)^{\kappa - 1}$

8. エンタルピーと仕事

> **問題63** 蒸気タービンに流入、流出する流れを考える。流入部の流速を20 [m/s]、エンタルピーを3502 [kJ/kg] とする。流出部の流速を60 [m/s]、エンタルピーを2500 [kJ/kg] とする。タービン内を通過する流体は、断熱変化すると仮定する。また、重力の影響は無視する。このとき、タービンを通過する単位質量あたりの蒸気が行う仕事として、最も近い値はどれか。
>
> [平成29年度　Ⅲ−29]
>
> ① 1000 [kJ/kg]　② 598 [kJ/kg]　③ 2298 [kJ/kg]
> ④ 7602 [kJ/kg]　⑤ 6004 [kJ/kg]

■ 出題の意図　エンタルピーと仕事に関する知識を要求しています。

解　説

（1）エンタルピー

エンタルピー H は、内部エネルギーを U、物体の圧力を P、容積を V として、次式で定義されます。

$$H = U + PV \quad [\text{J}]$$

また、単位質量あたりのエンタルピーを**比エンタルピー** h と呼び、次式となります。

$$h = u + Pv \quad [\text{J/kg}]$$

この式からエンタルピーは、物体が保有している内部エネルギーと圧力が持つエネルギーの和であるといえます。圧力はエネルギーではありませんが、その圧力が持つエネルギーを圧力と容積の積で表し、仕事として考えることができます。

（2）作動流体のエネルギー保存則

図4.4に示すような定常流動系を考えます。流入する体積 V、質量 m の作動流体（単位時間あたり）は、内部エネルギーに加えて運動エネルギーと位置エネルギーを伴って系内に流入します。この作動流体が速度 w_i で高さ z_i から流入するとすれば、全エネルギー E_i は以下の式になります。

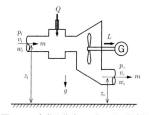

図4.4　定常流動系のエネルギー保存則

$$E_i = U_i + PV_i + \frac{mw_i^2}{2} + mgz_i = H_i + \frac{mw_i^2}{2} + mgz_i \quad (H はエンタルピー)$$

作動流体の単位質量あたりにすれば、以下のようになります。

$$e_i = h_i + \frac{w_i^2}{2} + gz_i \quad (h は比エンタルピー)$$

同様に、この系から流出する作動流体の式は、以下のようになります。

$$E_o = H_o + \frac{mw_o^2}{2} + mgz_o \qquad e_o = h_o + \frac{w_o^2}{2} + gz_o$$

ここで、この系に熱量 Q を加えて仕事 L を取り出すとすれば、熱力学第 1 法則から以下の式が成り立ちます。

$$E_i + Q - L - E_o = 0 \qquad \therefore E_o - E_i = Q - L$$

この式を書き直すと、以下のようになります。

$$\left(H_o + \frac{mw_o^2}{2} + mgz_o \right) - \left(H_i + \frac{mw_i^2}{2} + mgz_i \right) = Q - L$$

$$(h_o - h_i) + \frac{w_o^2 - w_i^2}{2} + g(z_o - z_i) = q - l$$

作動流体が系を通過するときの運動エネルギーと位置エネルギーの変化を無視できれば、この式は、以下のように簡略化できます。

$$h_o - h_i = q - l$$

また、取り出せる仕事 L は、以下の式で表せます。

$$L = m(h_i - h_o) + Q$$

(3) 圧縮機の必要動力

上記の (2) 項の説明では仕事を取り出すとしましたが、圧縮機の場合には系内に仕事を与えることになります。すなわち、仕事 L を与えるとしてプラスにすればよいことになります。

また、エントロピーが等しい状態では、外から与えられる熱量 Q をゼロにすればよいことになります。よって、圧縮機に必要な仕事量 W は、以下の式で計算できます。

$$W = m(h_o - h_i)$$

なお、実施の圧縮機では、気体を圧縮すると通常はコンプレッサー効率が 100% ではないのでコンプレッサーの消費した動力に対応して、気体の比エンタルピーと比エントロピーが増加します。理想的な圧縮（効率 100%）を行うことができれば比エントロピーは増加せず、比エンタルピーの増加分も最小となります。また、実際の圧縮機の効率 h は、圧縮前の比エンタルピーを h_1、効率 η で圧縮した後の比エンタルピーを h_2、等エントロピーで同じ圧力まで圧縮した場合の圧縮後の比エンタルピーを h_2' とすると以下の式になります。

$$\eta = \frac{\text{等エントロピー変化の仕事}}{\text{実際に必要とした仕事}} = \frac{h_2' - h_1}{h_2 - h_1}$$

■ 解 き 方

解説に記載した以下の式から計算できます。

$$(h_o - h_i) + \frac{w_o^2 - w_i^2}{2} + g(z_o - z_i) = q - l$$

この式で重力影響が無いこと、外部からの熱量は加えられないことから、単位質量あたりのタービンが行う仕事は、以下のとおりとなります。

$$l = (h_i - h_o) - \frac{w_o^2 - w_i^2}{2} = (3502 - 2500) - \frac{60^2 - 20^2}{2000} \fallingdotseq 1000 \; [\mathrm{kJ/kg}]$$

解答①

練習問題63-1 圧力100 kPa、比エンタルピーが285.1 kJ/kgのガス（状態1）を、800 kPaまでコンプレッサーによって0.1 kg/sの割合で定常的に加圧する。圧力が800 kPaにおいて、状態1とエントロピーが等しい状態の比エンタルピーを517.1 kJ/kgとする。コンプレッサーの断熱効率が80%のとき、コンプレッサーの入力動力に最も近い値を次の中から選べ。 ［平成22年度 Ⅳ－25］

① 18.6 kW ② 23.2 kW ③ 29.0 kW ④ 232.0 kW ⑤ 290.0 kW

練習問題63-2 2942 kJ/kgのエンタルピーを持ち静止していた蒸気が、膨張することでエンタルピーが2622 kJ/kgになった。このときの蒸気の速度に最も近い値はどれか。 ［平成30年度 Ⅲ－24］

① 25 m/s ② 80 m/s ③ 250 m/s ④ 570 m/s ⑤ 800 m/s

9. エクセルギー

> **問題64**　エクセルギーに関する次の記述のうち、誤っているものを選べ。
>
> ［平成21年度　Ⅳ－33］
>
> ① 熱のエクセルギーとは、与えられた熱量にカルノー効率をかけたものである。
>
> ② エクセルギーは自由エネルギーとは厳密には異なっており、その違いは過程や平衡状態の制約条件である。
>
> ③ エクセルギー損失とは、与えられたエネルギーとエクセルギーの差をいう。
>
> ④ 全エネルギーからエクセルギーを引いた利用不可能なエネルギーを、無効エネルギーと呼ぶことがある。
>
> ⑤ すでに電気エネルギーとなっているものは、その全てがエクセルギーである。

■ 出題の意図　エクセルギーに関する知識を要求しています。

■ 解　説

（1）エクセルギーの定義

現代社会では、石油、天然ガスなどの再生不可能なエネルギー資源を大量に消費して、人類が必要とするエネルギーを得ることによって維持していますが、その反面で資源の枯渇や地球温暖化の諸問題が生じています。また、「3. 熱力学の法則」で説明したように、すべての熱を必要とする有効な仕事に変換することはできません。

そのため、エネルギーが無駄に捨てられている部分を定量的に明らかにして、効率よくエネルギーを消費することが求められています。このようなエネルギーの問題を検討して、より良いシステムを設計するために考えられたのが、エクセルギーという概念です。

エクセルギーとは、ある系が周囲の系と平衡状態になるまでに力学的な仕事として取り出せる理論上の最大仕事（エネルギー）のことです。**有効エネルギー**ともいいます。

すなわち、全エネルギーを利用できるエネルギーと利用できないエネルギーに分け、利用できるエネルギーを「エクセルギー」と呼んでいます。全エネルギーから、エクセルギーを引いた利用不可能なエネルギーを無効エネルギーと呼ぶこともあります。

運動エネルギー、電気エネルギーはすべてがエクセルギーといえます。

（2）熱のエクセルギー

熱力学の第2法則によれば、周囲と同じ温度の1つの熱源から仕事を取り出すことはできません。例えば、大気中の温度と等しい常温の水は、その温度に対応した内部エネルギーを持っていますが、この水からエネルギーを取り出すことはできません。外気の

温度と異なって初めて、その水からエネルギーを取り出すことができます。エクセルギーは、ある系が周囲と平衡状態に達するまでに取り出すことのできる最大の仕事量（エネルギー）のことですので、高温と低温の2つの熱源の温度差があれば仕事を取り出すことができます。

取り出すことのできる理論上の最大の仕事は、次式で表されます。

$$E_Q = L_{\max} = Q_H \cdot \eta_C = Q_H \left(1 - \frac{T_L}{T_H}\right)$$

ここで、E_Qはエクセルギー、$L_{\max}$は得られる仕事量（エネルギー）、Q_Hは高温熱源から入力した熱量、η_Cはカルノーサイクル熱効率、T_Lは低温熱源温度、T_Hは高温熱源温度です。

熱のエクセルギーは、高温熱源の熱量にカルノー効率をかけたものになります。

この式によれば、2つの熱源の温度差が大きければ大きいほどカルノーサイクル熱効率η_Cは大きくなり、取り出すことのできる仕事量（エネルギー）は大きくなります。

（3）エクセルギー効率

現実的な問題として考えると、上記で述べたエクセルギーは理論上の最大仕事であってそれをすべて利用できるものではありません。

理論上のエクセルギーを効率の分母として、実際に得られる仕事L_{act}との比で表した以下の式を**エクセルギー効率**η_Hと定義しています。有効エクセルギー効率ともいいます。

$$\eta_H = \frac{利用したエクセルギー（得られた仕事）}{エクセルギー} = \frac{L_{act}}{E_Q}$$

■ 解 き 方

① 解説で述べたとおり、この記述は正しい。

② 解説の例で述べたように、エクセルギーは、仕事として取り出せる有効エネルギーであるため制約条件があります。よって、この記述は正しい。

③ エクセルギー損失とは、計算されるエクセルギーと現実に利用されているエクセルギーの差です。よって、「与えられたエネルギーとの差」は誤りです。

④ エクセルギーの定義から、この記述は正しい。

⑤ 電気エネルギーは送電ロスを無視すれば、その全量は使用可能です。よって、この記述は正しい。

解答③

練習問題64 高温熱源の温度が1,000℃と低温熱源の温度が20℃で作動する熱機関において、高温熱源から100 kWが入熱として与えられたときに40 kWの仕事が得られた。このときのエクセルギー効率の値として最も近いものを選べ。

① 40%　　② 44%　　③ 48%　　④ 52%　　⑤ 56%

10. 火花点火機関のサイクル

問題65　右図は、ディーゼルサイクルのp–V（圧力–体積）線図である。図中の1、2、3、4は各行程の始点と終点を意味する。ディーゼルサイクルの理論熱効率として最も適切なものはどれか。ただし、1、2、3、4に対応する温度をT_1、T_2、T_3、T_4とし、定圧比熱、定積比熱をそれぞれc_p、c_Vとする。

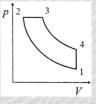

［令和元年度　Ⅲ–24］

①　$\dfrac{c_p(T_3 - T_2) - c_V(T_4 - T_1)}{c_V(T_4 - T_1)}$
②　$\dfrac{c_p(T_2 - T_3) - c_V(T_4 - T_1)}{c_V(T_4 - T_1)}$

③　$\dfrac{c_p(T_3 - T_2) - c_V(T_4 - T_1)}{c_p(T_3 - T_2)}$
④　$\dfrac{c_p(T_2 - T_3) - c_V(T_4 - T_1)}{c_p(T_2 - T_3)}$

⑤　$\dfrac{c_p(T_2 - T_3) - c_V(T_1 - T_4)}{c_V(T_4 - T_1)}$

出題の意図　火花点火機関に関する知識を要求しています。

解　説

　設問はオットーサイクルの問題ですが、ここでは**内燃機関**の火花点火式機関の代表例として、オットーサイクルとディーゼルサイクルについて解説します。

（1）オットーサイクル

　オットーにより創案され、ガソリンエンジンなど火花点火式内燃機関の基本サイクルで、作動流体の加熱および放熱が同じ容積のもとで行われるため、**定容サイクル**ともいいます。

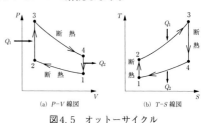

(a) P–V 線図　　(b) T–S 線図
図4.5　オットーサイクル

図4.5にこのサイクルのP–V線図およびT–S線図を示します。

　1）第1過程：図の1→2の変化で断熱圧縮

　　断熱状態のまま内部の混合ガスが圧縮されて温度が上昇します。

　2）第2過程：図の2→3の変化で等容加熱

　　断熱圧縮された混合ガスが、2で点火プラグで着火して熱が与えられますが容積が一定のため圧力が上昇します。

3) 第3過程：図の3→4の変化で断熱膨張

断熱膨張しながらピストンを押し下げて外部に仕事をします。

4) 第4過程：図の4→1の変化で等容放熱

シリンダ内に残っている熱を排出することで圧力が下がり、元の状態に戻ります。

なお、オットーサイクルの理論効率ηは、次式で表されます。

$$\eta = 1 - \left(\frac{1}{\varepsilon}\right)^{\kappa-1} = 1 - \varepsilon^{1-\kappa}$$

ここで、$\kappa = \dfrac{C_p}{C_v}$ は比熱比、$\varepsilon = \dfrac{V_1}{V_2}$ は**圧縮比**を表します。

比熱比は作動流体で決まりますので、圧縮比が大きくなるほど効率も高くなります。

（2）ディーゼルサイクル

ディーゼルの創意による圧縮着火式内燃機関の基本サイクルで、中低速で回転するディーゼルエンジンの基本サイクルです。作動流体の加熱が定圧で行われるため、**定圧サイクル**ともいいます。

図4.6にこのサイクルのP-V線図およびT-S線図を示しますが、オットーサイクルでの等容加熱が等圧加熱に置き換えられたサイクルです。

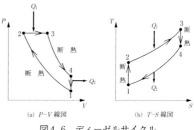

(a) P-V 線図　　　(b) T-S 線図

図4.6　ディーゼルサイクル

1) 第1過程：図の1→2の変化で断熱圧縮

オットーサイクルと同じですが、断熱状態のまま内部の空気のみが圧縮されて温度が上昇します。

2) 第2過程：図の2→3の変化で等圧加熱

断熱圧縮され高温になった2の空気の中に燃料を霧状にして噴霧します。燃焼が始まり温度が上がり膨張をはじめて体積が増えますが、圧力は一定のままとなります。

3) 第3過程：図の3→4の変化で断熱膨張

3で燃料の噴射が終わり燃焼も終わって、断熱膨張しながらピストンを押し下げて外部に仕事をします。

4) 第4過程：図の4→1の変化で等容放熱

熱を排出することで圧力が下がり、元の1の状態に戻ります。

なお、ディーゼルサイクルの理論効率ηは、次式で表されます。

$$\eta = 1 - \left(\frac{1}{\varepsilon}\right)^{\kappa-1}\left(\frac{\sigma^{\kappa}-1}{\kappa(\sigma-1)}\right)$$

ここで、$\sigma = \dfrac{T_3}{T_2} = \dfrac{V_3}{V_2}$ のことを**締切比**または等圧膨張比といいます。κは比熱比、εは圧縮比です。

解き方

加熱量 Q_1 は2→3で行われて等圧となるため、動作流体 G [kg] とすれば、以下のとおりとなります。

$$Q_1 = Gc_p (T_3 - T_2)$$

放熱量は4→1で行われて容積が等しい等容過程となるため、以下の式となります。

$$Q_2 = Gc_V (T_4 - T_1)$$

有効仕事に相当する熱量 Q_L は、$Q_L = Q_1 - Q_2$　となります。

よって、理論熱効率 η は、以下のとおりの式になります。

$$\eta = \frac{Q_L}{Q_1} = \frac{Q_1 - Q_2}{Q_1} = \frac{c_p(T_3 - T_2) - c_V(T_4 - T_1)}{c_p(T_3 - T_2)}$$

解答③

練習問題65　火花点火機関（オットーサイクル）において、圧縮比 $\varepsilon = 6$ を10%向上させたとき、理論上の効率向上値として最も近いものを選べ。ただし、比熱比 $\kappa = 1.4$ とする。必要であれば、$6^{-0.4} = 0.488$、$6.6^{-0.4} = 0.470$ を用いよ。（著者追記）　　　　　[平成17年度　Ⅳ−23]

①　1.1%　　②　1.8%　　③　3.6%　　④　5.0%　　⑤　10.0%

11. スターリングサイクル

次の文章の □ 内に入る語句の正しい組合せを①〜⑤の中から選べ。 ［平成19年度 Ⅳ-25］

理想的なスターリングサイクルは2つの ア 変化と2つの イ 変化からなり、蓄熱器を介して完全な熱再生が可能であれば、熱機関としての理論効率は同じ温度範囲で作用する ウ サイクルのそれに等しくなる。最近では、逆サイクルとして エ に利用されている。

	ア	イ	ウ	エ
①	等温	等容	カルノー	冷凍機
②	等エントロピー	等圧	オットー	圧縮機
③	等温	等容	オットー	暖房機
④	等圧	等温	カルノー	圧縮機
⑤	等エントロピー	等容	ディーゼル	冷凍機

■ **出題の意図** スターリングサイクルに関する知識を要求しています。

解 説

スターリングサイクルは、外燃式ピストンエンジンに適用されるガスサイクルで、シリンダ内の作動ガスを外部から加熱・冷却して仕事を得る外燃機関です。

特徴としては、外燃機関であることから熱源の多様性、排気ガスがクリーンであること、複雑な弁機構などがなく静寂性が高いことが挙げられます。

図4.7にスターリングエンジンの構造と動作原理を示します。また、図4.8にこのサイクルのP-V線図およびT-S線図を示します。

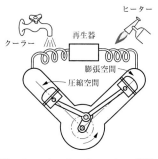

図4.7 スターリングエンジンの構造

1) 1→2：等容加熱過程

圧縮側ピストンは上に、膨張側ピストンは下に移動します。エンジン内の作動ガスが加熱器を通過し、高温となり膨張空間へ流れ込みます。容積一定

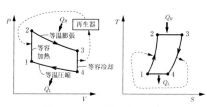

図4.8 スターリングエンジン

で加熱されて、エンジン内のガス圧力が高まります。

2）2→3：等温膨張過程

　　両方のピストンは下向きに移動し、温度を一定に保ちながら作動ガスは膨張します。エンジンは外部に仕事を行います。

3）3→4：等容冷却過程

　　圧縮側ピストンは下に、膨張側ピストンは上に移動します。エンジン内の作動ガスが冷却器を通過し、低温となり圧縮空間へ流れ込みます。エンジン内のガス圧力が容積一定で低下します。

4）4→1：等温圧縮過程

　　次の過程では両ピストンは上に移動し、作動ガスは温度を一定に保ちながら圧縮されます。エンジンは外部より仕事がされて、外部に熱を捨てます。

　このようにスターリングエンジンは、気体が暖まると膨張し、冷やされると圧縮する性質をうまく利用して動いています。スターリングサイクルは、等容加熱、等温膨張、等容冷却、等温圧縮を繰り返すサイクルで、2つの等温過程があることが特徴です。また、再生器を取り付けることで、3）の等容冷却のときに放出される熱を1）の等容加熱のときに再生して利用できるのが特徴です。

　これにより、理論効率は以下の式となりカルノーサイクルの熱効率に等しくなります。

$$\eta = 1 - \frac{Q_L}{Q_H} = 1 - \frac{T_L}{T_H}$$

　また、逆スターリングサイクルは、小型の装置構成で極低温を発生させることが可能であり各種冷凍機等への応用が可能です。逆スターリングサイクルにおいては、作動媒体としてヘリウムガスや水素ガス、窒素ガスなどを採用することができるため、地球環境に悪影響を及ぼすことがありません。

■ 解 き 方

　解説で詳細を説明したとおりですが、ア〜エに入る語句としては、ア．等温、イ．等容、ウ．カルノー、エ．冷凍機、となります。

解答①

練習問題66　出力100 PSのスターリングエンジンを1時間運転して10 kgの燃料を消費した。この燃料の燃焼による発熱量を5×10^7 J/kgとする。この場合のスターリングエンジンの熱効率として最も近い値を、次の中から選べ。ただし、1 PS ＝ 0.735 kWとする。

① 49%　　② 51%　　③ 53%　　④ 55%　　⑤ 57%

12. 蒸気タービンサイクル

問題67 下図に示すように、ある蒸気サイクルの $T-s$ 線図を考える。図中の番号を付した状態点 i $(i=1\sim6)$ の比エンタルピーを h_i とするとき、理論熱効率 η を表す式として、最も適切なものはどれか。[令和2年度 Ⅲ−25]

① $\eta = \dfrac{(h_5 - h_6) - (h_2 - h_1)}{h_5 - h_1}$

② $\eta = \dfrac{(h_5 - h_6) - (h_2 - h_1)}{h_5 - h_2}$

③ $\eta = \dfrac{(h_5 - h_6) - (h_3 - h_1)}{h_5 - h_2}$

④ $\eta = \dfrac{(h_5 - h_1) - (h_2 - h_1)}{h_5 - h_6}$

⑤ $\eta = \dfrac{(h_5 - h_1) - (h_3 - h_1)}{h_5 - h_1}$

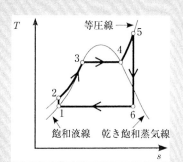

出題の意図 蒸気タービンサイクルに関する知識を要求しています。

解説

(1) 蒸気サイクル

図4.9に**蒸気原動機**の基本構成を示しますが、重油などの燃料を燃焼させて水から高温・高圧の蒸気を発生させるボイラ、この蒸気の膨張により動力を発生する蒸気タービン、蒸気タービンから出た低圧蒸気を冷却して水に戻す復水器、復水した水を再びボイラに送り返す給水ポンプがあります。蒸気原動機を理想化して表したものを**ランキンサイクル**といいます。特徴は、水と蒸気の間の相変化による作動物質の状態変化を利用して、力学的仕事を取り出していることです。

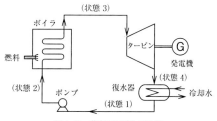

図4.9 蒸気原動機の構成

給熱（加熱）と廃熱（冷却）が、ほぼ一定の温度で行えるために理想サイクルに近い動作をするといえます。図4.10にこのサイクルの $P-V$ 線図および $T-S$ 線図を示します

が、その各行程は以下のようになります。

1) 第1過程：図の1→2の変化で、ボ
イラ給水は、給水ポンプによって断
熱圧縮されて高圧水になってボイラ
に供給されます。

2) 第2過程：図の2→3の変化、ボイ
ラ内での加熱および蒸発です。圧力

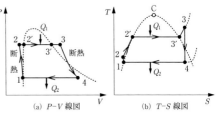

図4.10　ランキンサイクル

一定の状態で等圧加熱して高圧水を過熱蒸気にする過程です。

3) 第3過程：図の3→4の変化で、熱エネルギーの流入を断って、断熱膨張しながら
タービン羽根車を回転して仕事をします。圧力低下によって蒸気の温度も低下して、
過熱蒸気から湿り蒸気になります。

4) 第4過程：図の4→1の変化で、圧力が一定の状態で、復水器により冷却して湿り
蒸気から飽和水に戻します。これで、元の1の状態に戻ります。

ランキンサイクルの熱効率は、タービン入口の蒸気の圧力と温度が高いほど、また復
水器で冷たく冷やすほど高くなります。

(2) 再熱サイクル

ランキンサイクルでは、タービン入口の圧力と温度を上げるほど熱効率が高くなりま
すが、タービン入口温度は材料の耐熱性により上限があります。そのため、タービンで
の膨張を途中で止めて蒸気を取り出し、ボイラで再度加熱して過熱度を上げてから2回
に分けて膨張させます。これを**再熱サイク
ル**といいます。通常、タービンを高圧ター
ビンと低圧タービンに分け、高圧タービン
から出た蒸気をボイラの再熱器で再度加熱
してから低圧タービンに蒸気を入れて膨張
させます。図4.11に基本構成を示します。

(3) 再生サイクル

一方、ボイラへの加熱量を減らす方法と
して、タービンで膨張している途中の蒸気
を取り出し（抽気という）、ボイラへの給水
を加熱する方法を**再生サイクル**といいます。
蒸気を抽気することによりタービンの仕事量
は減少しますが、ボイラでの加熱量の減少
効果があり熱効率は向上します。図4.12に
基本構成を示します。

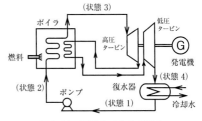

図4.11　再熱サイクルの構成

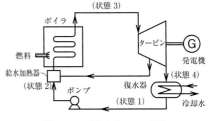

図4.12　再生サイクルの構成

(4) 蒸気の乾き度

　乾き度とは、乾き蒸気の中に含まれている乾き飽和蒸気と飽和液の割合を表す指標のことです。湿り蒸気1 kgの中に乾き蒸気が x kgで、飽和液が残りの $(1-x)$ kg含まれているときに、この湿り蒸気の乾き度は x であるといいます。

　例えば、乾き度0.85の湿り蒸気とは、質量比85％の飽和蒸気と、残り15％の飽和水（水滴として存在）の混合蒸気のことです。

■ 解き方

　比エンタルピーは単位質量あたりのエンタルピーであり、物体（この場合は水と蒸気）が保有しているエネルギーです。このエネルギーにより蒸気タービンを作動して仕事を取り出しています。エンタルピーの詳細については、「8. エンタルピーと仕事」を参照してください。

　1→2は、ポンプによる加圧で、ポンプの仕事（必要動力）は、$w_P = h_2 - h_1$

　2→5は、ボイラの加熱量で、受けた熱量は、$q_B = h_5 - h_2$

　5→6は、タービンで仕事を取出しますが、タービンの仕事（出力）は、$w_T = h_5 - h_6$

　6→1は、復水器の冷却で放熱する熱量では、$w_c = h_6 - h_1$

　正味の仕事はタービンの出力からポンプで消費した動力を差し引いたものになりますので、理論熱効率 η は、以下の式になります。

$$\eta = \frac{w_T - w_P}{q_B} = \frac{(h_5 - h_6) - (h_2 - h_1)}{h_5 - h_2}$$

解答②

練習問題67-1　一定の圧力0.20 MPaのもと、質量1.0 kgの飽和水に1600 kJの熱を加えて、湿り水蒸気とした。このとき、湿り水蒸気の乾き度として、最も近い値はどれか。ただし、0.20 MPaにおける飽和水、飽和水蒸気の比エンタルピーをそれぞれ505 kJ/kg、2706 kJ/kgとする。　　　　[令和3年度　Ⅲ-24]

①　0.93　　②　0.87　　③　0.81　　④　0.73　　⑤　0.50

練習問題67-2　絶対圧力14［MPa］における乾き度0.85の湿り蒸気の比エンタルピーに最も近い値はどれか。ただし、この圧力における飽和水及び飽和蒸気の比エンタルピーを、それぞれ1571［kJ/kg］、2638［kJ/kg］とする。

[平成29年度　Ⅲ-26]

①　396［kJ/kg］　　②　1731［kJ/kg］　　③　2105［kJ/kg］

④　2242［kJ/kg］　　⑤　2478［kJ/kg］

13. 冷凍サイクル

問題68　外気温2.0℃の周囲環境から室内に2.8 kWの熱が供給され、室内温度が23.0℃に保たれている。このとき必要となる最小電力として、最も近い値はどれか。　　　　　　　　　　　　　　　[令和3年度　Ⅲ−23]

① 20 W　　② 100 W　　③ 200 W　　④ 2.5 kW　　⑤ 40 kW

■ 出題の意図　冷凍サイクルに関する知識を要求しています。

解説

外部から仕事を与えて低温熱源から高温熱源に熱を移動して冷凍する機械を**冷凍機**といいます。液体を気化すれば周囲から熱を奪い、気体を凝縮すれば周囲に熱を放出しますので、この原理を応用しています。冷凍機に用いられる液体を**冷媒**といいます。

（1）逆カルノーサイクル

「5. カルノーサイクル」は可逆サイクルですから、これを逆に作動させると図4.13に示すように低温の熱源から高温の熱源に熱を移動させることができます。

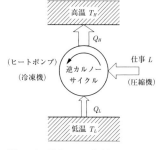

図4.13　逆カルノーサイクルのモデル

外部から仕事Lを与えることにより、カルノーサイクルと逆の経路となるサイクルを**逆カルノーサイクル**と呼び、理想的な**冷凍サイクル**となります。

このサイクルは、工学的に2つの用途が考えられ、低温熱源から熱Q_Lを取って冷やす目的の場合が冷凍機であり、一方で高温熱源へ熱Q_Hをくみ上げて暖めることが目的の場合が**ヒートポンプ**となります。これらの装置は熱機関と逆サイクルとなるので、外部からの仕事を供給する必要があります。このため圧縮機が設けられていて、これを動かすモータが消費する外部からの動力となります。逆カルノーサイクルによる冷凍機とヒートポンプの性能は、それぞれ次式で定義される**成績係数（COP、動作係数ともいう）**によって表されます。

冷凍機：$\varepsilon_R = \dfrac{Q_L}{L} = \dfrac{Q_L}{Q_H - Q_L} = \dfrac{1}{\dfrac{Q_H}{Q_L} - 1}$　　ヒートポンプ：$\varepsilon_H = \dfrac{Q_H}{L} = \dfrac{Q_H}{Q_H - Q_L} = \dfrac{1}{1 - \dfrac{Q_L}{Q_H}}$

また、理論上の最大成績係数は、以下のようになります。

冷凍機：$\varepsilon_{R(max)} = \dfrac{Q_L}{L} = \dfrac{T_L}{T_H - T_L} = \dfrac{1}{\dfrac{T_H}{T_L} - 1}$

ヒートポンプ　：$\varepsilon_{H(max)} = \dfrac{Q_H}{L} = \dfrac{T_H}{T_H - T_L} = \dfrac{1}{1 - \dfrac{T_L}{T_H}}$

これらの式およびエネルギー保存の関係式$Q_H = Q_L + L$から、$\varepsilon_H = \varepsilon_R + 1$となることがわかります。

（2）蒸気圧縮式冷凍サイクル

問題68に解答するには（1）項のみ理解すれば可能ですが、他の過去問題に対応するために、**蒸気圧縮式冷凍サイクル**の構成機器と、その作動原理を説明します。図4.14に示したように、圧縮機、凝縮器、膨張弁と蒸発器で構成されています。圧縮機は、モータあるいはエンジンにより駆動され、これらの機器を作動物質である冷媒が循環します。また、P–H線図およびT–S線図を図4.15に示しますが、各過程での冷媒の変化を以下に説明します。

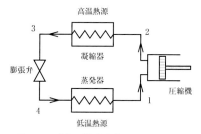

図4.14 蒸気圧縮式冷凍サイクルの構成

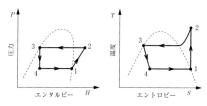

図4.15 蒸気圧縮式冷凍サイクル

1）1→2の過程：低温・低圧の飽和蒸気の冷媒が圧縮機によって圧縮されて、高温・高圧の過熱蒸気となります。冷媒の温度が上昇します。

2）2→3の過程：凝縮器では、冷媒は放熱しながら等圧で冷却されて、凝縮して飽和液になります。ここで高温熱源に熱を放出して周囲は温められます。

3）3→4の過程：膨張弁で絞り膨張して低圧・低温の湿り蒸気になります。温度と圧力が降下します。

4）4→1の過程：最後に蒸発器では、冷媒は吸熱して等圧で加熱されて蒸発して飽和蒸気になります。ここで低温熱源から熱を吸収して周囲は冷却されます。

解き方

外気の低温熱源から高温熱源へ熱量Qをくみ上げて暖めているので、ヒートポンプとして考えれば以下のとおり解けます。

詳細は解説で説明したとおりですが、最小電力は外部からの仕事を供給するモータの消費動力となります。ヒートポンプの理論上の最大成績係数ε_Hは、以下の式で計算できます。

$$\varepsilon_H = \frac{Q}{L} = \frac{T_H}{T_H - T_L} = \frac{23 + 273}{(23 + 273) - (2 + 273)} = 14.1$$

室内に供給される熱量は、$Q = 2.8$ kWであるから、最小電力Lは以下のとおりになります。

$$L = \frac{Q}{\varepsilon_H} = \frac{2.8 \times 10^3}{14.1} = 198.6 \ [\text{W}]$$

よって、最も近い値は③となります。

解答③

練習問題68 庫内温度が−3.0℃の冷凍庫から、熱電素子冷却装置を用いて、気温27.0℃の周囲環境へ、72 Wの熱が放熱できるものとする。このとき必要となる最小電力に最も近い値はどれか。　[平成30年度　Ⅲ−27]

① 0.80 W　② 7.2 W　③ 8.0 W　④ 72 W　⑤ 80 W

189

14. 熱機関とサイクル

問題69　熱サイクル図（ア）〜（オ）の名称の組合せとして、最も適切なものはどれか。ただし、Tは温度、Sはエントロピー、Pは圧力、Vは体積である。　　　　　　　　　　　　　　　　　　　　　　　　　[平成28年度　Ⅲ−26]

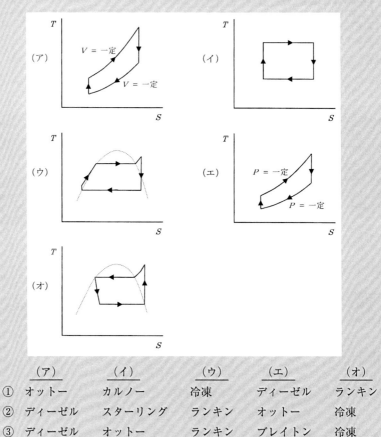

	（ア）	（イ）	（ウ）	（エ）	（オ）
①	オットー	カルノー	冷凍	ディーゼル	ランキン
②	ディーゼル	スターリング	ランキン	オットー	冷凍
③	ディーゼル	オットー	ランキン	ブレイトン	冷凍
④	オットー	カルノー	ランキン	ブレイトン	冷凍
⑤	ブレイトン	スターリング	冷凍	オットー	ランキン

■ 出題の意図　　熱機関とサイクルに関する知識を要求しています。

解 説

　人類は熱エネルギーを変換して有効利用することによって多くの利便性を得ていますが、熱エネルギーを物体を動かすことができる機械的な仕事に変換して、動力としている機械のことを**熱機関**といいます。

　また、連続的に熱エネルギーから力学的エネルギーに変換して、機械的な仕事を取り出すための行程を**サイクル**と呼びます。

　この問題を解くために、問題65から問題68までに説明した熱機関の主なサイクルと冷凍サイクルに加えて、以下に**ガスタービンのサイクル**について説明します。

　発電所などで使われているガスタービンは、エンジンに流入した空気を圧縮機で圧縮し、燃焼器で燃料を加えたのち燃焼させ、高温高圧ガスを作り、このガスをタービンの羽根車にあてて、そのエネルギーを直接回転仕事に変える熱機関です。得られた回転仕事が発電機などの駆動力となりますが、タービンで発生した仕事の一部で圧縮機を駆動しています。

　ガスタービンの構成要素は、圧縮機、燃焼器、タービンと各種の熱交換器です。また、作動流体が、圧縮、燃焼、膨張の各行程でそれぞれの機器で連続的に定常状態で流れているところが大きな特徴です。この熱機関の基本サイクルは**ブレイトンサイクル**と呼ばれ、断熱圧縮、等圧加熱、断熱膨張、等圧冷却の4つの可逆過程から構成されています。

　図4.16にこのサイクルの基本構成を示します。また、図4.17に$P–V$線図および$T–S$線図を示しますが、各行程は以下のようになります。

1) 第1過程：図の1→2の変化で断熱圧縮

　　空気を吸入して、圧縮機で空気を圧縮させて温度が上昇します。

2) 第2過程：図の2→3の変化で等圧加熱

　　断熱圧縮された空気を燃焼器に入れて、圧力一定の状態で燃料と混合して燃焼させて加熱します。

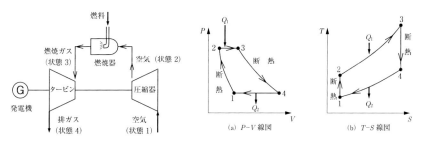

図4.16　ガスタービンの構成　　　　　図4.17　ブレイトンサイクル

3）第3過程：図の3→4の変化で断熱膨張

　　熱エネルギーの流入を断って、吸入時と同じ圧力まで断熱膨張しながらタービンの羽根車を回転する仕事をします。

4）第4過程：図の4→1の変化で等圧冷却

　　圧力が一定の状態で熱を排出して冷却して、元の1の状態に戻ります。

ただし、実際には、タービンから流出した作動流体はそのまま下流に流れていき、圧縮機からは常に新しい作動流体が流入しているのですが、サイクルを構成する上ではこの図に示すように等圧冷却過程を加えます。

圧縮機の出口圧力P_2と入口圧力P_1の比を圧力比rといいますが、サイクルの性能に関係する重要なパラメータとなります。

■ 解 き 方

（ア）は、加熱と放熱が容積（V）一定であることから「10. 火花点火機関のサイクル」の（1）項で説明したオットーサイクルです。

（イ）は、サイクル全体でエントロピーの変化がないことから、「6. エントロピー」で説明したカルノーサイクルです。

（ウ）は、蒸気の飽和液線（点線）との関係から「12. 蒸気タービンサイクル」の（1）項で説明したとおり、ランキンサイクルです。

（エ）は、上記の解説で説明したブレイトンサイクルです。

（オ）は、「13. 冷凍サイクル」の（2）項で説明した蒸気圧縮式冷凍サイクルです。

よって、この組合せは④になります。

解答④

練習問題69　次に示す熱機関及び冷凍機のサイクルとその適用例のうち、最も不適切な組合せはどれか。　　　　　　　　　　［平成16年度　Ⅳ－17］
① オットーサイクル　　：　火花点火機関
② サバティサイクル　　：　ディーゼル機関
③ ランキンサイクル　　：　ガスタービン
④ カルノーサイクル　　：　スターリングエンジン
⑤ 逆カルノーサイクル：　冷凍機

15. 燃焼の用語

問題70 次の文章の、□□□に入る語句として正しい組合せを①〜⑤の中から選べ。 [平成20年度 Ⅳ－35]

燃料の単位量当たりの燃焼熱を □ア□ という。燃料を燃焼させた場合燃焼生成物の中になお可燃物質が残存するような燃焼を □イ□ といい、そうでない燃焼を □ウ□ という。燃焼ガス中の水分（H_2O）が液体で存在すると考えたときの発熱量を □エ□ 、また、蒸気で存在すると考えたときの発熱量を □オ□ という。

	ア	イ	ウ	エ	オ
①	発熱量	完全燃焼	不完全燃焼	高発熱量	低発熱量
②	発熱量	不完全燃焼	完全燃焼	低発熱量	高発熱量
③	発熱量	不完全燃焼	完全燃焼	高発熱量	低発熱量
④	高発熱量	不完全燃焼	完全燃焼	発熱量	低発熱量
⑤	低発熱量	不完全燃焼	完全燃焼	高発熱量	発熱量

出題の意図 燃焼の用語に関する知識を要求しています。

解説

（1）燃焼

燃焼とは、燃料中の可燃成分と空気中の酸素が急激に反応して、熱と光を発生させる現象のことをいいます。このときに発生する反応熱が、熱機関やボイラなどの熱源として利用されています。燃焼して多量の熱を発生するのは、炭素と水素です。

燃料中に存在する元素の炭素 C と水素 H が、それぞれ CO_2 と H_2O にすべて変わって燃焼生成物中に可燃成分を残さない燃焼を**完全燃焼**といいます。

これに対して、燃焼生成物中に未燃の燃料分、炭素 C や CO などの可燃成分を残すような燃焼を**不完全燃焼**といいます。不完全燃焼は、燃料に対して十分な量の酸素（空気）が供給されていない場合、燃焼に十分な温度が得られない場合や、燃焼反応が完了するまでに十分な時間をかけて燃焼が行われない場合に生じます。

（2）燃焼に必要な空気量

単位量の燃料が理論的に完全燃焼する場合の空気の量のことを**理論空気量**といいます。

また、燃焼のときに消費される空気 A と燃料 F の質量の割合のことを**空燃比** A/F、その逆数で燃料 F と空気 A の質量の割合のことを**燃空比** F/A と呼びます。

現実的には、燃料を完全に燃焼させるために理論空気量よりも多くの空気が使われますが、実際に燃焼に使用された空気の量と理論空気量との比を**空気比**あるいは**空気過剰率** λ といいます。また、その逆数を**当量比** φ といいます。

$$空気比：\lambda = \frac{実際の空気量}{理論空気量}　、　当量比：\phi = \frac{理論空気量}{実際の空気量}$$

上記の式で、$\lambda = \phi = 1$ となるとき、すなわち理論的空気量で燃料が完全燃焼する場合のものを**量論空燃比**、または**理論的空燃比**といいます。

(3) 燃料の発熱量

燃料の単位量が、標準気圧のもとで燃焼の始めと終わりの温度を0℃として、この場合に十分な乾燥空気で完全に燃焼したときに発生する熱量のことを**発熱量**といいます。

発熱量には、高発熱量と低発熱量があります。

高発熱量は、燃料中に含まれている水素や炭化水素が燃焼すると燃焼ガス中に水蒸気が発生しますが、この生成水蒸気が凝縮したときに得られる潜熱と燃料の燃焼熱を含めた発熱量のことをいい、**高位発熱量**あるいは**総発熱量**ともいいます。

低発熱量は、燃焼ガス中に生成した水蒸気がそのままの状態で、凝縮潜熱を含めない発熱量のことをいい、**低位発熱量**あるいは**真発熱量**ともいいます。加熱炉、ボイラなど実際のプラントでは、燃焼排ガスは100℃以上で装置外に排出されるため、凝縮潜熱は利用できません。そのため熱効率を計算する場合には、低発熱量が一般的に使用されています。

高発熱量 H_o と低発熱量 H_u には、『低発熱量 H_u ＝高発熱量 H_o －水蒸気の凝縮潜熱×水蒸気の量』の関係があります。

■ 解き方

解説で詳細を説明したとおりですが、ア．発熱量、イ．不完全燃焼、ウ．完全燃焼、エ．高発熱量、オ．低発熱量、となります。

┃解答③┃

| 練習問題70 | 次の文章の、□に入る語句として正しい組合せを①～⑤の中から選べ。

単位量の燃料が理論的に完全燃焼する場合の空気の量のことを ア という。また、燃焼のときに消費される空気 A と燃料 F の質量の割合である A/F のことを イ 、その逆数で燃料 F と空気 A の質量の割合である F/A のことを ウ と呼ぶ。

現実的には、燃料を完全に燃焼させるために ア よりも多くの空気が使われるが、実際に燃焼に使用された空気の量と ア との比を エ という。また、その逆数を オ という。

	ア	イ	ウ	エ	オ
①	燃焼空気量	空燃比	質量比	理論空気比	量当比
②	燃焼空気量	燃料比	燃空比	理論空気比	当量比
③	理論空気量	燃料比	質量比	空気比	量当比
④	理論空気量	空燃比	燃空比	空気比	当量比
⑤	理論空気量	空燃比	燃空比	理論空気比	量当比

16. 燃焼に必要な理論空気量

> **問題71** メタンCH_4が空気比1.2で完全燃焼する場合、生成される燃焼排出物のうち、二酸化炭素CO_2の体積分率に最も近い値はどれか。ただし、空気の組成は酸素O_2と窒素N_2とし、酸素と窒素の体積比率は$1:3.8$とする。また、燃焼生成物中の水H_2Oは水蒸気とし、凝縮はしていないものとする。
>
> [平成30年度　III－28]
>
> ① 0.080　　② 0.094　　③ 0.17　　④ 0.20　　⑤ 0.25

出題の意図　燃焼に必要な理論空気量に関する知識を要求しています。

解 説

完全燃焼と理論空気量の意味については、前項の「15. 燃焼の用語」を参照してください。

(1) 炭素の完全燃焼の基礎式

炭素が**完全燃焼**した場合には、次式になります。

$$C + O_2 = CO_2 + Q_1$$

この式は、1 kmolの炭素と1 kmolの酸素が結合して1 kmolの二酸化炭素となり、そのときにQ_1の燃焼熱を発生することを表しています。このときの燃焼熱Q_1は、407〔MJ／kmol〕になります。

この場合に、反応する物質が同温・同圧の気体として考えられると上式の量的な関係は容積についても成立することになります。そのときには、次式のように表されます。

$$1\ Nm^3\ C + 1\ Nm^3\ O_2 = 1\ Nm^3\ CO_2 + 18.17\ 〔MJ／Nm^3〕$$

なお、kmol数に分子量を乗じると質量に書き換えられますから、次式となります。

$$12\ kg\ C + 32\ kg\ O_2 = 44\ kg\ CO_2 + Q_1$$

したがって、炭素1 kgで考えると次式のように表されます。

$$1\ kg\ C + \frac{32}{12}\ kgO_2 = \frac{44}{12}\ kg\ CO_2 + 33.91\ 〔MJ／kg〕$$

また、1 kmolの体積は22.4 m³ですから、炭素12 kgが燃焼するのには酸素が22.4 m³必要です。ここから、炭素1 kgが燃焼するのには酸素が$\frac{22.4}{12} = 1.867$ m³必要になります。

(2) 水素の完全燃焼の基礎式

水素の完全燃焼については、燃焼生成物が液体か蒸気の場合で発熱量が異なります。

設問には発熱量がないため、ここでは発熱量を無視して説明します。

上記の炭素と同様に、完全燃焼の場合には次式で表されます。

$$H_2 + \frac{1}{2}\ O_2 = H_2O + Q_2$$　　ここで、Q_2は発熱量を示すが、以下では無視します。

炭素の場合と同様に、この関係式は容積、質量についても成り立ちます（発熱量は無視）。

$$1\ Nm^3\ H_2 + \frac{1}{2}\ Nm^3\ O_2 = 1\ Nm^3\ H_2O$$

$$2\ kg\ H_2 + 16\ kg\ O_2 = 18\ kg\ H_2O$$

$$1\ kg\ H_2 + 8\ kg\ O_2 = 9\ kg\ H_2O$$

　　同様に、1 kmolの体積は22.4 m^{3}ですから、水素2 kgが燃焼するのには酸素が（$\frac{22.4}{2}$ m^3）で11.2 m^{3}必要です。ここから、水素1 kgが燃焼するのには酸素が$\frac{11.2}{2}=5.6$ m^{3}必要になります。

（3）燃焼に必要な空気量

　　燃焼に必要な空気量を求める場合、空気の近似的な容積組成は酸素21％と窒素79％、すなわち酸素1に対して窒素3.8の組成として扱います。

　　窒素は高温では反応して酸化窒素を形成しますが、通常の必要酸素量の計算では可燃成分とは反応に影響しない不活性物質とみなして扱います。

　　したがって、燃焼が空気によって行われる場合には、炭素および水素の燃焼反応は次式で表されます。

$$C + O_2 + 3.8\,N_2 = CO_2 + 3.8\,N_2 \qquad H_2 + \frac{1}{2}\,O_2 + \frac{3.8}{2}\,N_2 = H_2O + \frac{3.8}{2}\,N_2$$

　　この関係式は、上記の（1）および（2）項で説明したようなモル数・容積・質量についても成り立ちます。

■ **解 き 方**

　　メタンの完全燃焼の式は、空気比を1とすれば、以下の式になります。

$$CH_4 + 2O_2 \;\rightarrow\; CO_2 + 2H_2O$$

　　次に空気比をλとして、空気の組成がO_2とN_2で体積比が1：3.8であることから、完全燃焼させた場合の反応式は、以下になります。

$$CH_4 + 2\lambda(O_2 + 3.8N_2) \;\rightarrow\; CO_2 + 2H_2O + 2(\lambda - 1)O_2 + 7.6\lambda N_2$$

　　この式は、解説で説明したように容積についても成り立ちますので、それぞれのガス成分が1 Nm^{3}と考えれば、排気ガス中の炭酸ガスの体積分率は、以下のとおり計算できます。

　　　　体積分率＝（CO_2の体積）／（燃焼後のすべてのガス成分の体積の和）
　　　　　　　　＝$1 / (1 + 2 + 2 \times (1.2 - 1) + 7.6 \times 1.2) = 0.07987$

　　よって、最も近い値は0.08となります。

‖解答①‖

【参考用の追記】：
　　　平成19年度の問題Ⅳ−23で類似の問題が出題されています。ただし、この問題では、体積分率ではなく「質量割合（分率）」になっています。その場合には、各成分の質量を算出する必要があります。各成分の質量はmol数に分子量を掛けて算出できます。
　　　質量割合＝$44 / (44 + 2 \times 18 + 2 \times (1.2 - 1) \times 32 + 7.6 \times 1.2 \times 28) = 0.1264$　となります。

練習問題71　メタン1 kgを完全燃焼させるために必要な理論空気量に最も近い値はどれか。ただし、空気中の酸素の質量割合は0.232とする。

［平成27年度　Ⅲ−24］

①　4.0 kg　　②　23.0 kg　　③　15.3 kg　　④　17.2 kg　　⑤　8.6 kg

17. 伝熱の形態

> **問題72** 3つの伝熱形態に関する記述（ア）〜（オ）の中で、間違っているものが2つある。その組合せを①〜⑤の中から選べ。［平成19年度 Ⅳ−27］
>
> （ア）熱伝導あるいは対流による熱輸送と、ふく射による熱輸送を重ね合せることができる。
>
> （イ）キルヒホッフの法則によれば、波長に関して積分された全吸収率と波長に関して積分された全放射率は常に等しい。
>
> （ウ）熱流束一定の条件で管壁から流体を加熱すると、流れ方向に、管壁も温度が高くなる。
>
> （エ）フーリエの法則における "負号" は、ある方向に温度勾配が負であれば熱は正の方向に流れることを意味する。
>
> （オ）ある円柱周りのヌッセルト数と熱伝導率が一定であれば、その直径が大きいほど、熱伝達率は高くなる。
>
> ①　ア、エ　　②　イ、ウ　　③　イ、オ　　④　ウ、オ　　⑤　エ、オ

出題の意図　伝熱に関する知識を要求しています。

解　説

　熱量は、高温の物質から低温の物質へと移動します。したがって、物質間に温度差がなければ熱量が移動しません。このように、熱量が移動することを**伝熱**といいます。

　移動する熱量は、温度差が大きいほど、移動する時間が長いほど、また、その通過する面積が広いほど大きくなります。この関係を式で表すと次のようになります。

$$Q\,[\mathrm{J}] \propto \Delta T\,[\mathrm{K}] \times t\,[\mathrm{s}] \times A\,[\mathrm{m}^2]$$

ここで、$Q\,[\mathrm{J}]$ は移動する熱量、$\Delta T\,[\mathrm{K}]$ は高温と低温の差、$t\,[\mathrm{s}]$ は移動時間、$A\,[\mathrm{m}^2]$ は熱の通過面積を表します。

　あるいは、単位時間あたりに移動する熱量を熱の移動速度として $\dot{Q}\,[\mathrm{W}] = \dfrac{Q}{t}$ と定義すれば、次のような関係式で表すこともできます。$\dot{Q}$ は**熱流量**ともいいます。

$$\dot{Q}\,[\mathrm{W}] \propto \Delta T\,[\mathrm{K}] \times A\,[\mathrm{m}^2]$$

　熱の移動は、そのメカニズムにより大きく熱伝導、対流伝熱（あるいは熱伝達）、放射伝熱（あるいはふく射伝熱）の3つに分類することができます。

　熱伝導は、物体内部に温度の勾配があれば熱は物体内部を移動しますが、物質の移動によらず動かない物体中を熱がその内部に移動して伝わることをいいます。この現象は、熱拡散と呼ばれることもあります。

　これに対して、固体壁が温度の異なる流体に接触しているとき、流体に流れを生じながら熱量が移動する現象を**対流伝熱**あるいは**熱伝達**といいます。流体は高温になると浮力が生じて上昇しますので、特別の装置をつけなくても流体の対流が生じますが、このような対流を**自然対流**といいます。これに対して送風機などの装置によって流体の流れを作る場合を**強制対流**といいます。

197

　放射伝熱（ふく射伝熱）は、熱が熱伝導や対流伝熱のように物質を媒体として伝わるのとは異なり、2つの離れた物体間に電磁波の形で熱エネルギーが輸送される現象をいいます。

(a) 伝導伝熱（熱伝導）

(b) 対流伝熱（熱伝達）

(c) ふく射伝熱（放射伝熱）

図4.18　伝熱のメカニズム

　これら3つのメカニズムについて、模式図を図4.18に示します。

　以上のように伝熱には、そのメカニズムにより大きく熱伝導、対流伝熱、放射伝熱の3つに分類することができますが、実際には、それぞれの伝熱形態が単独に生じていることもありますが、これらのうちの2つあるいは3つが同時に生じている場合も多々あります。

　これらの詳細については、次項からの問題で詳細に説明します。ここでは伝熱の形態の概要を説明しましたが、この問題は、次項からの伝熱に関する問題73から問題75までの解説を勉強してから解いたほうがわかりやすいので、そのようにしてください。

■　解き方

（ア）解説に述べたとおり、この内容は正しい。

（イ）一般に黒体および灰色体以外の物体については、波長に関して積分された全吸収率と波長に関して積分された全放射率は等しくなりません。よって、この記述は誤りです。

（ウ）加熱と温度の関係から、この内容は正しい。

（エ）フーリエの法則の式から、この内容は正しい。

（オ）ヌッセルト数は、代表長さl、対流熱伝達率α、流体の熱伝導率kとすると、$\dfrac{l\alpha}{k}$の式で定義されます。よって、ヌッセルト数と熱伝導率kが一定であれば、lが大きいほど熱伝達率αは小さくなります。よって、（オ）の記述は誤りです。

　したがって、（イ）と（オ）が間違った記述です。

解答③

練習問題72　伝熱には、そのメカニズムにより熱伝導、対流伝熱、放射伝熱の3つに分類することができるが、これらに関する次の記述のうち、最も誤っているものを選べ。

① 熱伝導では、熱の移動量は、温度差、表面積と時間に比例して、板厚に反比例する。

② 伝熱する熱量を単位面積、単位時間あたりの伝熱量で表したものを熱流束という。

③ 熱伝導率は、物質により固有の物性値となる。

④ 熱伝達率の値は、温度境界層の厚さにより左右されるが、物体の形状と温度差が決まれば物性値として固有の値となる。

⑤ 黒体からの熱放射エネルギーの量は、その絶対温度の4乗に比例する。

18. 熱伝導

問題73 幅2 m、高さ2 m、厚さ30 mmのコンクリート壁において、片面の表面温度が32℃、もう一方の面の表面温度が4℃で一定となっている。このとき、壁を通過する単位時間あたりの熱量として、最も近い値はどれか。ただし、コンクリート壁の熱伝導率を1.8 W／(m・K) とする。

[令和2年度　Ⅲ－27]

① 6.7 kW　② 3.7 kW　③ 3.4 kW　④ 1.7 kW　⑤ 0.7 kW

出題の意図　熱伝導に関する知識を要求しています。

解説

熱伝導による熱の移動量は、温度差、表面積と時間に比例して、板厚に反比例します。

ここで、厚さが一定で面積が広い板があり、その両端の温度がT_1とT_2でそれぞれの表面上で一様である場合に、伝熱量Q［J］、両面の温度差$(T_1 - T_2)$［K］、表面積A［m²］、時間t［s］、板厚x［m］の関係を式で表すと次のようになります。

$$Q = \lambda \frac{T_1 - T_2}{x} At \quad [\text{J}]$$

ここで、熱量Q［J］を単位面積、単位時間あたりの伝熱量であるqで表しますと次式になります。このqのことを**熱流束**といい、単位は［W／m²］となります。

$$q = \frac{Q}{At} = -\lambda \frac{T_2 - T_1}{x} \quad [\text{W／m}^2]$$

板厚xの微小厚さdxでの伝熱を考えると、次式のように表されます。

$$q = -\lambda \frac{dT}{dx} \quad [\text{W／m}^2]$$

この関係式を熱伝導における**フーリエの法則**といいます。また、比例定数λは**熱伝導率**と呼ばれ、物質により固有の物性値です。単位は［W／(m・K)］となります。

熱伝導率の大きさは、金属＞非金属＞液体＞気体となっていて、真空になると熱伝導率は0になります。

熱伝導は、熱の伝わり方が時間とともに変化し、それによって温度分布が一定でない場合があります。これを非定常熱伝導といいます。これに対して、熱の伝わり方が常に一定で、温度分布も時間によって変わらない場合ですが、これを定常熱伝導といいます。

ここで参考までに、円管の場合について、図4.19に示すような中空円管の定常熱伝導を考えます。

内径 R_1 において温度が T_1、外径 R_2 において温度が T_2 として、r の正の方向に円管の単位長さ単位時間あたりに流れる伝熱量を q とすれば、次式のように表されます。

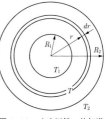

図4.19　中空円管の熱伝導

$$q = -\lambda 2\pi r \frac{dT}{dr} \quad [\mathrm{W/m}] \qquad \therefore \frac{dT}{dr} = -\frac{q}{2\pi\lambda}\frac{1}{r}$$

詳細は省略しますが、この式を解いて、境界条件の $r = R_1$ において $T = T_1$、$r = R_2$ において $T = T_2$ とすれば、次式で表されます。

$$q = 2\pi\lambda \frac{(T_1 - T_2)}{\ln\!\left(\dfrac{R_2}{R_1}\right)} \quad [\mathrm{W/m}]$$

円管の軸方向の長さ l [m] の単位時間あたりの熱流量 $\dot{Q}$ [W] は、次式で計算できます。

$$\dot{Q} = 2\pi\lambda l \frac{(T_1 - T_2)}{\ln\!\left(\dfrac{R_2}{R_1}\right)} \quad [\mathrm{W}]$$

■　解 き 方

解説に記載したとおり、両端の温度が T_1 と T_2 でそれぞれの表面上で一様である場合に、伝熱量 Q [J]、両面の温度差 $(T_1 - T_2)$ [K]、表面積 A [m²]、時間 t [s]、板厚 x [m] の関係を式で表すと次のようになります。

$$Q = \lambda \frac{T_1 - T_2}{x} A t \quad [\mathrm{J}]$$

よって、単位時間あたりの熱量 q は、以下のとおり計算できます。

$$q = \frac{Q}{t} = \lambda \frac{T_1 - T_2}{x} A \quad [\mathrm{W}] \quad = 1.8 \times \frac{(32-4)}{0.03} \times 2 \times 2 = 6720 \quad [\mathrm{W}] \; \fallingdotseq 6.7 \; [\mathrm{kW}]$$

‖解答①‖

練習問題73　大きさが 1 m × 1 m × 1 m で成績係数（COP：Coefficient of Performance）が 2 の冷凍庫を考える。この冷凍庫が厚さ 5 cm、熱伝導率 0.05 W/（m・K）の断熱材で覆われている。冷凍庫の内壁面と断熱材の外表面の温度をそれぞれ－20 ℃、20 ℃で一定とするとき、年間の電力使用量に最も近い値はどれか。ただし、冷凍庫からの冷熱の散逸は6面すべてから均一に生じるものとする。　　　　　　　　　　　　　　　　　　　　　　[令和元年度　Ⅲ－27]

①　2.9 kWh　　②　175 kWh　　③　526 kWh

④　1050 kWh　　⑤　2100 kWh

19. 対流伝熱

問題74　内部からの発熱量を調節できる直径1.5 mmの金属線が温度15℃の水中に水平に設置されている。金属線の単位長さ当たりの発熱量を140 W/mとすると、金属線の表面温度が40℃で一定となった。このとき、金属線と水の間の熱伝達率として、最も近い値はどれか。　　［令和3年度　Ⅲ−27］

① 7.4×10² W/(m²·K)　　② 1.2×10³ W/(m²·K)

③ 2.4×10³ W/(m²·K)　　④ 3.7×10³ W/(m²·K)

⑤ 3.2×10⁶ W/(m²·K)

■出題の意図　対流伝熱に関する知識を要求しています。

解　説

固体壁が温度の異なる流体に接触しているとき、流体に流れを生じながら熱量が移動する現象を**対流伝熱**あるいは**熱伝達**といいます。

温度 T_1 の固体壁に接触して、温度 T_2 の流体が流れている場合を考えます。

固体に接する流体中の温度分布は、図4.20に示すように固体に接する比較的うすい層の中で物体表面の温度 T_1 から流体の温度 T_2 に変化します。この層を**温度境界層**といいます。

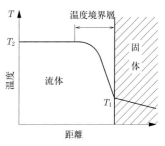

図4.20　温度境界層

伝熱量 Q [J] は、固体と流体の温度差 $(T_1 - T_2)$ [K]、固体の表面積 A [m²]、時間 t [s] として、その関係を式で表すと次のようになります。

$$Q = \alpha(T_1 - T_2)At \; [\text{J}]$$

また、単位時間あたりの熱流量 $\dot{Q}$ [W] は、次式のようになります。

$$\dot{Q} = \alpha(T_1 - T_2)A \; [\text{W}]$$

比例定数 α は**熱伝達率**と呼ばれ、単位は [W/(m²·K)] となります。この値が大きいほど熱が移動しやすくなります。

なお、単位面積あたりで考えれば、$q = \alpha(T_1 - T_2)$ [W/m²] になります。

熱伝達率の値は、温度境界層の厚さや温度分布の形に左右されますが、物体の形状、流体の速度や温度差などにより異なります。

したがってこの値は、熱伝導率の場合と異なり物質による定数ではなくなります。また、温度境界層が薄いほど熱が移動しやすい、すなわち熱伝達率が高いことが知られています。

対流による熱伝達率αは、相似則を使って次のような無次元数が関係しています。
なお、これらの無次元数の詳細については、問題76を参照してください。

　　ヌセルト数　　：$N_u = \dfrac{\alpha l}{\lambda}$　（lは物体の代表長さ、λは熱伝導率）

　　レイノルズ数：$R_e = \dfrac{Ul}{\nu}$　（Uは物体の代表速度、νは動粘性係数）

　　プラントル数：$P_r = \dfrac{\nu}{a}$　（aは流体の温度伝導率）

　　グラスホフ数：$G_r = \dfrac{g\beta l^3 \left(T_1 - T_2\right)}{\nu^2}$　（gは重力加速度、βは流体の体膨張係数）

これらの無次元数の関係は、以下のようになります。

　　自然対流の場合：　　$N_u = f(P_r、 G_r)$

　　強制対流の場合：　　$N_u = f(R_e、 P_r)$

ヌセルト数N_uは工業上で有効なので、さまざまなケースで理論や実験的に式が整理されています。N_uがわかれば、$\alpha = \dfrac{N_u \lambda}{l}$から熱伝達率を求めることができます。

■　**解 き 方**

解説で説明したとおり、対流伝熱による単位時間当たりの伝熱量Qは、金属線の表面温度をT_1、水の温度をT_2、金属線の表面積をA、熱伝達率をαとすれば、以下の式になります。

$$Q = \alpha(T_1 - T_2)A$$

$$\therefore \alpha = \frac{Q}{(T_1 - T_2)A} = \frac{140}{(40 - 15) \times \pi \times 1.5 \times 10^{-3} \times 1} = 1.19 \times 10^3 \ \ [\mathrm{W / (m^2 \cdot K)}]$$

よって、最も近い値は②となります。

|解答②|

練習問題74-1　内部より発熱する直径1.0 cmの固体球が空気中で静止した状態にある場合の自然対流を考える。周囲の空気温度が300 K、球表面温度が450 Kで、自然対流による平均熱伝達率が7.0 W/($\mathrm{m^2 \cdot K}$) のとき、自然対流により球表面から散逸する熱流量に最も近い値はどれか。　　　　［平成30年度　Ⅲ－29］

① 0.55 mW　　② 4.4 mW　　③ 330 mW　　④ 550 mW　　⑤ 1300 mW

練習問題74-2　115℃に加熱された鉛直壁が大気圧の水タンクに取り付けられている。水タンクの水温は100℃であり、壁面からは沸騰が生じている。壁面面積が100×100 mm^{2}であるとき、壁面からの熱移動量に最も近い値はどれか。ただし、加熱面の115℃における熱伝達率は、10,000 W/($\mathrm{m^2 \cdot K}$) とする。

［平成28年度　Ⅲ－28］

① 1,000 W　　② 1,500 W　　③ 10,000 W　　④ 15,000 W　　⑤ 150,000 W

20. ふく射伝熱

問題75 室温20℃の大きな部屋で、表面温度427℃、放射率0.7の平板を20℃の空気により強制的に冷却している。平板表面での対流熱伝達率を20 W/(m²・K) とするとき、平板から放熱される熱流束として、最も近い値はどれか。ただし、平板の裏面と側面は断熱されているものとする。また、ステファン・ボルツマン定数は5.67×10^{-8} W/(m²・K⁴) である。

[令和2年度　Ⅲ−29]

① 1 kW/m²　② 9 kW/m²　③ 17 kW/m²

④ 21 kW/m²　⑤ 30 kW/m²

出題の意図　ふく射伝熱に関する知識を要求しています。

解　説

　あらゆる物体はその温度が絶対零度でない限り、その温度に応じたエネルギーを電磁波として放射しています。この現象を**熱放射**といいます。この物体から放出された電磁波が、空間を伝わり他の物体に到達すると、電磁波を吸収した物体が再び熱エネルギーに変換されることによって熱が移動します。これを**放射伝熱**あるいは**ふく射伝熱**といいます。

　入射するすべての放射エネルギーを完全に吸収し、反射や透過を許さない仮想の理想的な物質を**黒体**あるいは**黒体面**といいます。また、黒体から放射される電磁波を黒体放射といい、最も多くの放射エネルギーを射出しています。

　絶対温度Tにおける黒体からの波長λの**放射エネルギー**E_λは、以下の式で表されます。これを**プランクの法則**といいます。また、放射エネルギーE_λは、単位面積、単位時間、単位波長幅（ここではλ）あたりの放射エネルギー量ということで、**単色射出能**といいます。

$$E_\lambda = \frac{C_1}{\lambda^5 \left(e^{\frac{C_2}{\lambda T}} - 1 \right)} \quad [\text{W}/(\text{m}^2 \cdot \mu\text{m})]$$

　定数は、$C_1 = 3.742 \times 10^8$ [(W・mm⁴)/m²]、$C_2 = 1.439 \times 10^4$ [mm・K] となります。

　また、黒体から放射されるエネルギーの総量は、単色射出能を全波長の領域で積分すれば求めることができますので、次式のようになります。

$$E = \int_0^\infty E_\lambda d\lambda = \sigma T^4 \quad [\text{W}/\text{m}^2] \qquad ここで、\sigma = 5.67 \times 10^{-8} \ [\text{W}/(\text{m}^2 \cdot \text{K}^4)]$$

　黒体から放射されるエネルギーの量は、その絶対温度の4乗に比例することが示されています。この関係式を**ステファン・ボルツマンの法則**といいます。また、比例定数σを**ステファン・ボルツマン定数**といいます。

　この法則は、低温の物体では放射エネルギーの放出は小さく、物体の温度の上昇とともに急激に放射エネルギーの量が増加することを示しています。

現実の物質では、放射エネルギーの量は黒体よりも少なくなります。その割合のことを**放射率**εといいます。式で示すと次のように表されます。

$$\varepsilon = \frac{E_a}{E}\quad(E_a\text{は現実の物質の放射エネルギー、}E\text{は黒体の放射エネルギー})$$

また、この関係が成り立つ物体を**灰色体**あるいは**灰色面**といい、放射率が波長に対して近似的に一定であると仮定して、放射率が波長に依存しないとした物体です。

一方、物体表面に電磁波があたると、その一部は吸収されますが他は反射したり透過したりします。吸収されるエネルギーの全入射エネルギーに対する割合を**吸収率**といいます。

物体が周囲の環境と同じ温度であり、熱平衡状態にある場合には、吸収する放射エネルギーと自ら発する放射エネルギーの量が等しくなっており、これは吸収率と放射率が同じ値であることを意味しています。この関係を、放射に関する**キルヒホッフの法則**といいます。

以上のことから、例えば温度T_1の高温物体が、温度T_2の低温雰囲気に放射する単位面積あたりのエネルギーは、次式で計算できます。

$$E_a = \varepsilon E = \varepsilon\sigma(T_1^{\,4} - T_2^{\,4})\ [\mathrm{W/m^2}]$$

■ 解 き 方

平板から放熱される熱量は、対流伝熱によるものと放射伝熱によるものの総和となります。

T_1を平板の表面温度、T_2を室温とすれば、対流伝熱による単位面積あたりの熱量qは、熱伝達率をαとして、次式に与えられた数値を代入すると計算できます。

$$q = \alpha(T_1 - T_2)\ [\mathrm{W/m^2}]$$
$$= 20\ [\mathrm{W/(m^2\cdot K)}] \times (427 - 20)\ [\mathrm{K}] = 8.14 \times 10^3\ [\mathrm{W/m^2}]$$

一方、ふく射による放熱の実際の熱量E_aは、平板から放出されるエネルギーと部屋から平板に入ってくるエネルギーの差になりますが、これは解説で説明したように放射率をεとして、ステファン・ボルツマン定数をσとすると次式となり、与えられた数値を代入すると計算できます。

$$E_a = \varepsilon\sigma\ (T_1^{\,4} - T_2^{\,4})\ [\mathrm{W/m^2}]$$
$$= 5.67 \times 10^{-8}\ [\mathrm{W/(m^2\cdot K^4)}] \times 0.7 \times ((273+427)^4 - (273+20)^4)\ [\mathrm{K^4}]$$
$$= 9.24 \times 10^3\ [\mathrm{W/m^2}]$$

よって、この平板から放熱される単位面積あたりの熱量Qは以下のようになります。

$$Q = q + E_a = 8.14 \times 10^3\ [\mathrm{W/m^2}] + 9.24 \times 10^3\ [\mathrm{W/m^2}] = 17.38 \times 10^3\ [\mathrm{W/m^2}]$$
$$= 17.38\ [\mathrm{kW/m^2}]$$

よって、選択肢の中から最も近い値は17 $[\mathrm{kW/m^2}]$ となります。

解答③

練習問題75　黒体面の屋根（3 m×5 m）に太陽エネルギー（1 kW/m²）が垂直に入射し、同時に屋根からふく射によりエネルギーが放射している場合を考える。屋根温度が70℃のとき、入射と放射の差として、屋根が受け取るエネルギー量に最も近い値はどれか。ただし、ステファンボルツマン定数を5.67×10^{-8} W/(m²・K⁴) とし、対流による放熱は無視できるものとする。　[平成29年度　Ⅲ－25]
① 0.2 [kW]　② 3.2 [kW]　③ 9.1 [kW]　④ 12.6 [kW]　⑤ 15.0 [kW]

21. 伝熱に関連する無次元数

問題76 次の記述の ☐ に入る語句の組合せとして、最も適切なものはどれか。 ［令和3年度 Ⅲ−28］

温度境界層厚さと速度境界層厚さの比は ア に依存する。

熱伝達率の無次元数は イ であり、強制対流の場合は一般に ア と ウ の関数で表される。

垂直に置かれた加熱板上の自然対流では局所 エ が約 10^9 以上の値になると乱流に遷移する。

	ア	イ	ウ	エ
①	プラントル数	ヌセルト数	レイノルズ数	レイリー数
②	ヌセルト数	プラントル数	レイリー数	レイノルズ数
③	プラントル数	ペクレ数	レイノルズ数	ヌセルト数
④	プラントル数	ヌセルト数	レイリー数	レイノルズ数
⑤	ヌセルト数	ペクレ数	プラントル数	レイリー数

■ 出題の意図　伝熱に関連する無次元数に関する知識を要求しています。

■ 解 説

熱伝達による伝熱量は、流体の運動に関係しています。流体の運動は、慣性力、粘性力、重力などの体積力のバランスで変化します。

無次元数は、これらの流体の運動に関連する各種の作用力の相対的な大きさの比を表すものです。式の習得に加えて、物理的な意味も覚えておいてください。

（1）動粘性係数

無次元数に用いられる係数で、粘性係数（粘度）μ を密度 ρ で割った値、すなわち $\nu = \dfrac{\mu}{\rho}$ です。

これを**動粘性係数** ν といい、**動粘度**とも呼ばれています。SI単位では $[\mathrm{m^2/s}]$ を用います。

（2）**温度伝導率**（または、熱拡散率）

これも無次元数に用いられる係数で、熱伝導率 k を密度 ρ と定圧比熱 c_p の積で割った値、すなわち $\alpha = \dfrac{k}{\rho c_p}$ です。物質の種類およびその温度と圧力により決まる定数です。この値が大きい物体ほど温度の変化が伝わりやすくなります。単位は $[\mathrm{m^2/s}]$ です。

（3）**ヌセルト数**（問題72ではヌッセルト数で出題されていますが、同じ意味です）

ヌセルト数 N_u は、熱伝達率を h、物体の代表寸法を l、熱伝導率を k とすれば、$N_u = \dfrac{hl}{k}$ で表されます。ヌセルト数は、流れが無い場合の熱伝導による伝熱量に対する、流れによる熱伝達量の比であり、ヌセルト数が大きいことは対流による伝熱量が熱伝導に比べて大きいことを示しています。

（4）レイノルズ数

レイノルズ数R_eは、代表速度をU、代表寸法をl、動粘性係数をνとすれば、$R_e = \dfrac{Ul}{\nu}$で表されます。レイノルズ数は粘性力に対する慣性力の比であり、レイノルズ数が大きいほど粘性の影響は小さくなります。

（5）プラントル数

プラントル数P_rは、動粘性係数をν、温度伝導率（あるいは温度拡散率）をαとすれば、$P_r = \dfrac{\nu}{\alpha}$で表されます。プラントル数は、温度伝導率に対する動粘性係数の比です。プラントル数は、流体の種類により異なり、空気などの気体の場合は約0.7、通常の液体（水では約7）では大きくなります。温度境界層と速度境界層が等しいとき$P_r = 1$となり、温度境界層が速度境界層に比べて薄い場合は$P_r > 1$となり、逆に厚い場合は$P_r < 1$となります。

（6）グラスホフ数

グラスホフ数G_rは、$G_r = \dfrac{g\beta l^3 \left(T_1 - T_2\right)}{\nu^2}$で表されます。

ここで、gは重力加速度、βは体膨張係数、lは代表寸法、νは動粘性係数です。グラスホフ数は、粘性力に対する浮力の比であり、自然対流の駆動力を表すパラメータです。一般に、慣性力に対する浮力の比である$\dfrac{G_r}{R_e^2}$が1より大きい場合は自然対流が支配的、1より小さい場合は強制対流が支配的となると判断されます。

■ 解き方

本項、「19. 対流伝熱」および第5章の流体工学「22. 流れの無次元数」の解説で説明した内容を参照にすれば、以下のように解けます。

温度境界層厚さと速度境界層厚さの比はプラントル数に依存する。熱伝達率の無次元数はヌセルト数であり、強制対流の場合は一般にプラントル数とレイノルズ数の関数で表される。垂直に置かれた加熱板上の自然対流では局所レイリー数が約10^9以上の値になると乱流に遷移する。

よって、ア：プラントル数、イ：ヌセルト数、ウ：レイノルズ数、エ：レイリー数となり、この組合せは①となります。

解答①

練習問題76　密度ρ、定圧比熱c_p、熱伝導率k、粘性係数μの流体が、代表長さLの物体の周りを、代表速度Uで流れている。また、壁温と主流との代表温度差はΔT、熱伝達率はhである。このとき、この流体の（ア）動粘性係数、（イ）温度伝導率、（ウ）プラントル数、（エ）レイノルズ数、（オ）ヌセルト数の組合せとして正しいものはどれか。　　　　　　　　　　　［平成25年度　Ⅲ－23］

	ア	イ	ウ	エ	オ		ア	イ	ウ	エ	オ
①	$\dfrac{\rho}{\mu}$	$\dfrac{k}{\rho}$	$\dfrac{\mu}{k}$	$\dfrac{UL}{\mu}$	$\dfrac{k}{hL}$	②	$\dfrac{\mu}{\rho}$	$\dfrac{k}{\rho c_p}$	$\dfrac{\mu c_p}{k}$	$\dfrac{\rho UL}{\mu}$	$\dfrac{hL}{k}$
③	$\dfrac{\mu}{\rho}$	$\dfrac{k}{\rho c_p}$	$\dfrac{k}{\mu c_p}$	$\dfrac{UL}{\mu}$	$\dfrac{hL}{k}$	④	$\dfrac{\rho}{\mu}$	$\dfrac{k}{\rho}$	$\dfrac{k}{\mu c_p}$	$\dfrac{\rho UL}{\mu}$	$\dfrac{k}{hL}$
⑤	$\dfrac{\mu}{\rho c_p}$	$\dfrac{\rho c_p}{k}$	$\dfrac{\mu c_p}{k}$	$\dfrac{UL}{\mu}$	$\dfrac{k}{\rho c_p h}$						

22. 熱通過と熱抵抗

問題77 熱伝導率 k、厚さ d の平板の片面が温度 T_1 の流体と接し、もう一方の片面が温度 T_2 $(<T_1)$ の流体と接している。平板の高温側の熱伝達率を h_1、低温側の熱伝達率を h_2 とし、それぞれ一定とする。平板内の熱伝導と低温側の熱伝達が高温側の熱伝達に比べて十分大きいとき、熱通過率として、最も適切なものはどれか。 [令和3年度 Ⅲ−25]

① $1/h_2 + d/k$ ② $h_2 + k/d$ ③ k/d ④ $1/h_1$ ⑤ h_1

出題の意図 熱通過と熱通過率に関する知識を要求しています。

解 説

前項まででも述べましたが、熱エネルギーの移動には、熱伝導、対流伝熱、放射伝熱の3つの形態がありますが、実際の伝熱現象ではこれらが単一で生じるよりも、これらが組み合わされて生じることが多くあります。

この問題では、熱伝導と対流伝熱による熱通過に関する設問となっています。

また、過去の問題で熱抵抗の設問がありましたので、これらについて説明します。

（1）熱通過

図4.21に示すように流体ⓐから隔板ⓑの壁を通して別の流体ⓒまで熱エネルギーが移動する場合では、固体内の熱伝導と流体内の対流伝熱が生じていることになります。このように固体壁を挟んで、高温流体から低温流体へ熱移動が生じる現象のことを**熱通過**といいます。

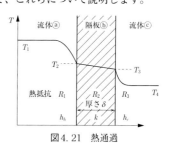

図4.21 熱通過

（2）熱抵抗

熱エネルギーの流れにも必ず何らかの抵抗があります。この抵抗を**熱抵抗** R [K/W] といい、単位時間あたりの伝熱量 q [W] と温度差 ΔT [K] の間には、$q = \dfrac{\Delta T}{R}$ の関係式があります。

この図の場合に、単位面積、単位時間あたりの伝熱量を q として、熱抵抗をそれぞれ $R_1 R_2 R_3$ とすれば以下のように表されます。

$$R_1 q = T_1 - T_2 \qquad R_2 q = T_2 - T_3 \qquad R_3 q = T_3 - T_4$$

両辺を加えて整理すると次式のようになります。

$$q\left(R_1 + R_2 + R_3\right) = T_1 - T_4 \qquad \therefore q = \frac{T_1 - T_4}{R} \qquad ここで、R = R_1 + R_2 + R_3$$

一方、熱抵抗は、伝熱面積をA、流体ⓐ（高温側）の隔板表面における熱伝達率をh_h、流体ⓒ（低温側）の隔板表面における熱伝達率をh_c、隔板の熱伝導率をk、隔板の厚さをδとすれば、以下のようになります。

流体ⓐの対流熱伝達の場合は、　$q = h_h\left(T_1 - T_2\right)A$　　　　$\therefore R_1 = \dfrac{1}{h_h A}$

隔板ⓑの熱伝導の場合は、　$q = k\left(T_2 - T_3\right)\dfrac{A}{\delta}$　　　　$\therefore R_2 = \dfrac{\delta}{kA}$

同様に、流体ⓒの対流熱伝達の場合は、　$q = h_c\left(T_3 - T_4\right)A$　　　　$\therefore R_3 = \dfrac{1}{h_c A}$

以上の式から、図4.21における熱抵抗は以下の式になります。

$$R = R_1 + R_2 + R_3 = \dfrac{1}{h_h A} + \dfrac{\delta}{kA} + \dfrac{1}{h_c A}$$

なお、一般的には単位面積あたりの熱抵抗で表しますが、その場合には上の式は次のようになります。

$$R = \dfrac{1}{h_h} + \dfrac{\delta}{k} + \dfrac{1}{h_c}$$

（3）熱通過率

上記の（2）項で求めた単位面積あたりの熱抵抗の逆数をKとすれば、次式のように表すことができます。

$$q = K\left(T_1 - T_4\right)　　　\therefore K = \dfrac{1}{R} = \dfrac{1}{\dfrac{1}{h_h} + \dfrac{\delta}{k} + \dfrac{1}{h_c}}$$

この比例定数Kは、**熱通過率**あるいは**総括伝熱係数**と呼ばれています。**熱通過係数**ということもあります。単位は［W／(m^2·K)］となります。この値が大きいほど熱が移動しやすくなります。

■　解き方

解説で説明したとおり熱通過率Kは、次式のように表すことができます。

$$K = \dfrac{1}{R} = \dfrac{1}{\dfrac{1}{h_1} + \dfrac{d}{k} + \dfrac{1}{h_2}}$$

ここで、kとh_2がh_1に比べて十分に大きいことから、$\dfrac{d}{k} \approx 0$　　$\dfrac{1}{h_2} \approx 0$とみなされることから、$K \approx h_1$と近似できます。

┃解答⑤┃

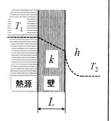

練習問題77-1　右図に示すように、一定温度 T_1 の熱源の表面に壁が設置されており、その壁の表面が温度 T_2 の外気にさらされている。壁の厚さを L、熱伝導率を k、壁表面での熱伝達率を h とするとき、定常状態において熱源から外気に伝わる熱流束として、最も適切なものはどれか。

[令和元年度　Ⅲ-26]

① $\dfrac{kh}{hL+k}(T_1-T_2)$　　② $\dfrac{kh}{hL+2k}(T_1-T_2)$　　③ $\dfrac{hL+k}{L}(T_1-T_2)$

④ $\dfrac{2hL+k}{L}(T_1-T_2)$　　⑤ $\dfrac{hL+2k}{L}(T_1-T_2)$

練習問題77-2　床面と屋根が一辺 6 m の正方形で、四面の壁の高さが 3 m の家を考える。家の中には電気ヒーターが設置されており、外気温が 0 ℃のときでも室内の気温は 25 ℃に保たれている。このとき、電気ヒーターの消費電力として、最も近い値はどれか。ただし、壁と屋根は厚さ 10 cm、熱伝導率 2.3 W／(m・K) のコンクリートでできているとし、室外と室内の対流熱伝達率をそれぞれ 25 W／(m²・K)、10 W／(m²・K) とする。また、床は断熱されているとする。

[令和元年度（再試験）　Ⅲ-28]

①　25 kW　　②　15 kW　　③　7.4 kW　　④　4.7 kW　　⑤　0.50 kW

23. 熱交換器

問題78 　向流型熱交換器において、高温側流体の入口温度と出口温度がそれぞれ100℃、75℃、低温側流体の入口温度と出口温度がそれぞれ15℃、55℃となっている。このとき、高温側流体と低温側流体の対数平均温度差として、最も近い値はどれか。ただし、必要に応じて、log2 = 0.693、log3 = 1.10、log5 = 1.61（logは自然対数を表す）を用いよ。　　　［令和2年度　Ⅲ－28］

① 52 K　　② 45 K　　③ 40 K　　④ 33 K　　⑤ 29 K

■ **出題の意図** 　　熱交換器に関する知識を要求しています。

解　説

実際に2つの流体間で熱通過により熱エネルギーを移動させる例としては、プラントなどに多く採用されている**熱交換器**があります。

熱交換器には図4.22に示すように、2つの流体が平行に流れる並流型と、2つの流体が反対方向に流れる向流型があります。

並流型あるいは向流型の熱交換器で、熱通過率（総括伝熱係数あるいは熱通過係数）Kがわかっている場合には、熱交換器の単位時間あたりの交換熱量 $\dot{Q}$ [W]、あるいは必要な伝熱面積 A [m²] は、次式から算出できます。熱通過率の詳細については、前項の問題の解説を参照してください。

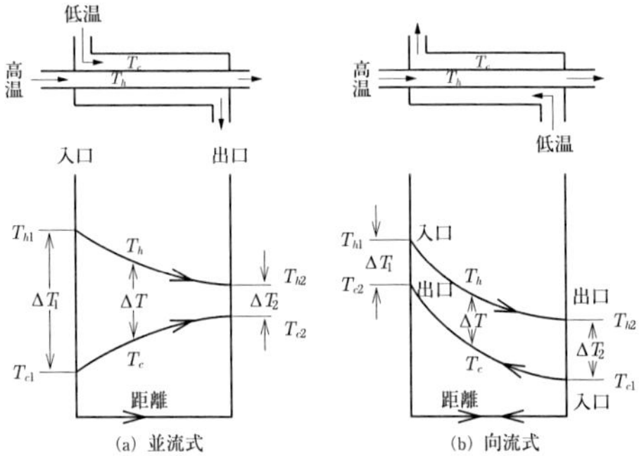

図4.22　熱交換器の温度分布

$$\dot{Q} = K\Delta T_m A \ [\text{W}]$$

ここで、平均温度差を表すΔT_mのことを**対数平均温度差**といい、2つの流体の温度により以下の式で表されます。

熱交換器では、高温流体と低温流体の温度差$T_h - T_c$は一定ではなく場所によって異なりますので、この温度差の適切な平均値を用いるためにΔT_mが用いられます。

$$\Delta T_m = \frac{\Delta T_1 - \Delta T_2}{\ln \dfrac{\Delta T_1}{\Delta T_2}} \ [\text{K}]$$

並流型の場合：　$\Delta T_1 = T_{h1} - T_{c1}$、　$\Delta T_2 = T_{h2} - T_{c2}$

向流型の場合：　$\Delta T_1 = T_{h1} - T_{c2}$、　$\Delta T_2 = T_{h2} - T_{c1}$

一般的には、向流型の方が並流型よりも対数平均温度差ΔT_mが大きくなるので、同じ熱量を伝えるには伝熱面積が小さくてすみます。

■ 解 き 方

解説で説明したとおり、対数平均温度差は以下の式で表されます。

$$\Delta T_m = \frac{\Delta T_1 - \Delta T_2}{\ln \dfrac{\Delta T_1}{\Delta T_2}} \ [\mathrm{K}]$$

向流型の場合：$\Delta T_1 = T_{h1} - T_{c2}$、$\Delta T_2 = T_{h2} - T_{c1}$ となります。

この式に数値を代入すれば、以下のとおり計算できます。

$$\Delta T_1 = 100 - 55 = 45 \ [\mathrm{K}] \qquad \Delta T_2 = 75 - 15 = 60 \ [\mathrm{K}]$$

$$\Delta T_m = \frac{\Delta T_1 - \Delta T_2}{\log \dfrac{\Delta T_1}{\Delta T_2}} = \frac{45 - 60}{\log \dfrac{45}{60}} = \frac{-15}{\log \dfrac{3}{4}} = \frac{-15}{\log 3 - 2\log 2} = \frac{-15}{1.10 - 2 \times 0.693} = 52.45 \ [\mathrm{K}]$$

よって、最も近い値は①となります。

解答①

練習問題78 定常状態で用いられている熱交換器に関する次の（ア）〜（オ）の記述のうち、正しいものの組合せとして、最も適切なものはどれか。

[平成30年度　Ⅲ－25]

（ア）向流型熱交換器において、低温側流体の温度は高温側流体の温度の出口温度を超えることがある。

（イ）熱交換器内にある隔板の熱通過率に対し、隔板の厚さと密度の両方が影響する。

（ウ）対数平均温度差は、高温側流体の入口温度と低温側流体の出口温度が与えられれば求められる。

（エ）並流型熱交換器において、高温側流体の温度と低温側流体の温度の差は入口において最大となる。

（オ）向流型熱交換器における熱交換量は、熱通過率と対数平均温度差が与えられれば求められる。

① （ア）と（イ）　　② （ウ）と（エ）　　③ （ウ）と（オ）

④ （ア）と（エ）　　⑤ （イ）と（オ）

第5章

流体工学の問題

1. 流体の性質—密度、比重量、粘性、流線と流脈線 ——

問題79　右図に示すように、水平な床の上に厚さ0.5 mmの水膜がある。その上に重さの無視できる0.5 m×0.5 mの平板を浮かべ、水平方向に0.4 m/sの速さで動かす。

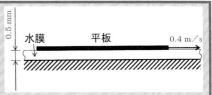

このとき、平板を動かすのに必要な動力として、最も近い値はどれか。ただし、水の粘度は1.0×10^{-3} Pa·sであり、水膜内の流れは層流として、端部及び付加質量の影響は無視してよい。　　　　　　[令和2年度　Ⅲ—31]

① 0.02 W　　② 0.08 W　　③ 0.2 W　　④ 0.8 W　　⑤ 8 W

◼ **出題の意図**　　流体のせん断応力に関する知識を要求しています。

■ 解説

(1) 密度と比重量

　物体は質量と体積を有しています。同じ質量でも水と金属では体積は異なります。物体の単位体積あたりの質量を**密度**といいます。ある物質について、体積がV [m³] の質量がM [kg] であるとき、その物質の密度ρは次式で表されます。

$$\rho = \frac{M}{V} = \frac{質量}{体積}$$

　密度の単位は [kg/m³] です。密度は状態量であり、物質の種類、温度および圧力によって定まる値です。一方、**比重量**とは、その物質の単位体積あたりの重量をいいます。重量（重さ）とは重力の大きさであり、質量Mに重力加速度gをかけたものです。重量をGとすると、比重量γは次式となります。

$$\gamma = \frac{G}{V} = \frac{重量}{体積}$$

　ここで、重量$G = Mg$の関係から$\gamma = \rho g$が得られます。比重量の単位は、工学単位系では [kgf/m³]、SI単位系では [N/m³] を用います。

(2) 粘度と動粘度

　流体を変形させるときには、変形速度に応じた力が必要となりますが、力を取り除いても元には戻りません。この性質を**粘性**といいます。**粘度**は粘性の大きさを表す物性値であり、**粘性係数**とも呼ばれています。間隔hの平行な2枚の平板の間が流体で満たされていて、片方の板が静止、もう一方の板が速度Uで平行に移動している場合を考えると、流体の速度分布は直線的となり、平板に加わる力をF、平板の面積をAとすれば、単位面積あたりに加わる**せん断応力**τは次式で表されます。

$$\tau = \frac{F}{A} = \mu \frac{U}{h}$$

　ここで、μを粘度（粘性係数）といい、流体の種類、温度、圧力によって定まる物性値です。単位はSI単位で [Pa·s] を用いますが、[cP]（センチポアズ）も慣例的に用

いられます。1 Pa・s ＝ 1000 cP です。速度分布が直線的でない場合は、せん断応力は速度勾配 $\dfrac{du}{dy}$ （y は流れに垂直方向の座標、速度勾配はずり速度またはせん断速度ともいいます）を用いて、次式で表します。

$$\tau = \mu \frac{du}{dy}$$

この式で表されるように、流体に加わるせん断力が速度勾配に比例する関係は、**ニュートンの粘性の法則**と呼ばれています。粘度 μ を密度 ρ で割った値、すなわち $\nu = \dfrac{\mu}{\rho}$ を**動粘度** ν といいます。動粘度は**動粘性係数**とも呼ばれており、単位は SI 単位で $[\mathrm{m^2/s}]$ を用いますが、$[\mathrm{cSt}]$（センチストークス）も慣例的に用いられます。$1\ \mathrm{m^2/s} = 10^6\ \mathrm{cSt}$ です。

（3） 流線と流跡線

流線とは、流れ場の中に引いた曲線で、その各点における接線が速度ベクトルの向きに一致する線です。流線上の微小変化量のデカルト座標における 3 方向成分を (dx, dy, dz)、速度ベクトルを (u, v, w) とすると、微小要素の向きと速度の向きが一致するため、流線の方程式は次式で表されます。

$$\frac{dx}{u} = \frac{dy}{v} = \frac{dz}{w}$$

流体粒子は、定常流れにおいては流線に沿って運動します。しかしながら、非定常流れでは、速度ベクトルは時々刻々変化するため流線も変化し、そのため流体粒子は必ずしも流線に沿って運動するとは限りません。この流体粒子の動きを表したものを**流跡線**（または**流れの道すじ**）といいます。川の表面に木の葉を浮かべた場合、木の葉の動きの跡が流跡線になります。

流れの中に、インクまたは煙を入れて流れを可視化した場合、流れの様子をインクまたは煙の跡で把握することができます。このインクまたは煙の跡を、**色つき流線**（または**流脈線**）と呼びます。非定常流れでは、色つき流線は、必ずしも流線または流跡線と一致しません。

■ **解 き 方**

せん断力 τ は $\tau = \dfrac{\mu U}{h}$ （μ：粘性係数、U：流速、h：液膜の厚さ）で表され、これに面積 A を乗じることにより平板に加わる力 F は次のように求まります。

$$F = \frac{\mu U}{h} A = \frac{10 \times 10^{-3} \times 0.4}{0.5 \times 10^{-3}} \times 0.5 \times 0.5 = 0.2\ [\mathrm{N}]$$

動力 W（単位時間あたりの仕事量）は、これに流速 U を乗じることにより、次のように求まります。

$$W = 0.2 \times 0.4 = 0.08\ [\mathrm{W}]$$

$\blacksquare$ 解答②$\blacksquare$

練習問題79 かき混ぜた水の表面にアルミ粉末を一様に撒いて、長時間露出により水面を撮影した。この静止画像から得られる流れ場の情報として、最も近いものはどれか。 ［令和2年度 Ⅲ−34］
① 流線　② 流脈線　③ 渦管　④ 速度ポテンシャル　⑤ 流跡線

2. 流体の性質—層流と乱流

> **問題80**　次の記述の、 □□□□ に入る語句の組合せとして、最も適切なものはどれか。
> ［平成28年度　Ⅲ－35］
>
> 　 ア は時間的・空間的に変動する流れである。 ア では イ の効果により ウ やエネルギーの混合速度が大きい。 イ に関するこのような現象を エ と呼ぶ。
>
> | | ア | イ | ウ | エ |
> |---|---|---|---|---|
> | ① | 非定常流 | 乱れ | 境界層 | 非定常拡散 |
> | ② | 非定常流 | 時間変動 | 境界層 | 非定常対流 |
> | ③ | 乱流 | 乱れ | 境界層 | 渦拡散 |
> | ④ | 乱流 | 時間変動 | 運動量 | 渦対流 |
> | ⑤ | 乱流 | 乱れ | 運動量 | 渦拡散 |

■ 出題の意図　乱流に関する知識を要求しています。

解　説

　層流と乱流について、以下に説明します。

　流体が、流線（速度ベクトルの包絡線）上を規則正しく運動している流れを**層流**といい、**レイノルズ数**（流速×代表長さ／動粘度）は小さくなります。これに対して、レイノルズ数が大きくなると、流体の運動に不規則性が生じます。この状態を**乱流**といいます。円管内の流れでは、レイノルズ数 $R_e = \dfrac{UD}{\nu}$ （Uは平均流速、Dは配管内径、nは動粘度）が2,300以下のときに層流となります。これに対し、R_eが4,000を超えると、流れは乱流となります。その中間の領域、すなわち2,300＜R_e＜4,000では、層流と乱流とが混在した不安定な状態となり、**遷移域**と呼ばれています。層流から乱流へと遷移し始めるレイノルズ数（円管内の流れの場合は$R_e = 2,300$）を**臨界レイノルズ数**といいます。層流においては、流れの中央に着色液を流した場合、着色液は拡散せずにほぼ1本の線で下流へと流れていきます（図5.1（a）参照）。

　乱流においては、流れの中央に流した着色液は、配管内全体へと広がっていきます（図5.1（b）参照）。

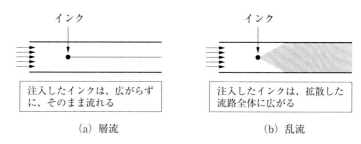

図5.1 層流と乱流

乱流では、ミクロ的にみるとランダムな速度の変動（乱れ）があり、流れは時間的・空間的に変化します。そのため、運動量の移送において乱れに起因した影響が生じ、流れを均一化する作用を持ちます。この乱れによる影響は、応力の発生として捉えることができ、これを**レイノルズ応力**と呼びます。また、この乱れの影響により、層流に比べて物質移動が促進され、その結果、運動量やエネルギーの混合速度が大きくなります。そのため、物質濃度拡散や温度拡散が大きくなります。この現象を、**渦拡散**または**乱流拡散**と呼びます。上述の着色液が配管内全体へと広がっていく現象も、この物質濃度拡散が促進された影響によるものです。

■ 解 き 方

乱流（ア）は時間的・空間的に変動する流れです。乱流では乱れ（イ）の効果により運動量（ウ）やエネルギーの混合速度が大きくなります。乱れに関するこのような現象を渦拡散（エ）と呼びます。よって正しい語句の組合せは⑤です。

解答⑤

練習問題80 層流および乱流に関係する記述として、誤っているものを次の中から選べ。

① 同じ配管径内の流れに対し、流速と密度が同じ2種類の流体を想定した場合、層流から乱流に遷移する流速は変わらない。

② 乱流では、乱れの効果により、温度拡散が大きくなる。

③ 層流の流れにインクをたらすと、広がらずにそのまま流れる。

④ 乱流では、乱れの効果により、みかけの流体応力が大きくなる。

⑤ 流速を上げていくと、層流から乱流に遷移する。

3．流体の性質―渦、渦度と循環

問題81　右図に示すように、境界Sに平行な
2次元流れを考える。境界Sの下部では速度v_1、
その上部では速度v_2でそれぞれ一様であり、
境界Sにおいて速度が不連続に変化するものと
する。このとき、図中の点線で囲まれた幅ds、
高さdlの領域Cの循環として、適切なものは
どれか。　　　　　　　　　［令和3年度　Ⅲ－30］

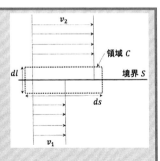

① 　$v_2 - v_1$　　　② 　$\dfrac{1}{2}(v_1 + v_2)$　　　③ 　$(v_2 - v_1)\,ds$

④ 　$(v_2 - v_1)\,dl$　　　⑤ 　$(v_2 - v_1)\,ds\,dl$

■ 出題の意図　　渦と循環に関する知識を要求しています。

解　説

（1）渦

　流体がある点のまわりを回転して流れる現象を**渦**といいます。代表的な渦のパターン
として自由渦と強制渦とがあります。また、この2種類の渦の組合せとして、ランキン
の組合せ渦があります。

（2）自由渦

　自由渦は、回転方向の速度Vが、回転中心からの距離に反比例する渦であり、$V \propto \dfrac{1}{r}$
の関係が成り立ちます。外部からエネルギーの供給が無いときに発生し、浴槽や流しの
栓を抜いたときの流れは、近似的に自由渦とみなすことができます。自由渦においては、
流体要素の回転成分は0になります（渦度＝0）。例えば、木の葉が川の流れの自由渦に
乗って動いた場合、回転せずに向きを変えずに流れていきます。

（3）強制渦

　強制渦は、回転方向の速度Vが、回転中心からの距離に比例する渦であり、$V \propto r$の
関係が成り立ちます。外部からのエネルギーが供給されたときに発生します。例えば、
容器に水を入れ、容器を回転させたときに生じる流れが強制渦であり、流体の一部分に
着目すると、形を変えずに回転することになります。自由渦は回転中心で速度が無限大
となるため、完全な自由渦は存在しません。実際に見られる多くの渦は、回転中心付近
で強制渦、その外側で自由渦となる**ランキンの組合せ渦**となります。この自由渦と強制
渦との境界の半径をr_cで表すと、$V \propto r$ at $r < r_c$、$V \propto \dfrac{1}{r}$ at $r > r_c$となります。台風、竜

巻、渦潮などはランキンの組合せ渦の例です。

（4）渦度と循環

渦度とは、速度 v の回転（rot）で定義され、流体の微小部分の回転速度ベクトルの2倍に等しいベクトルです。デカルト座標系（xyz 座標系）では、渦度 ω は、次のように表されます（u, v, w は、x, y, z 方向の流速）。

$$\omega = \mathrm{rot}\,v = \left(\frac{\partial w}{\partial y} - \frac{\partial v}{\partial z}, \frac{\partial u}{\partial z} - \frac{\partial w}{\partial x}, \frac{\partial v}{\partial x} - \frac{\partial u}{\partial y} \right)$$

xy 座標系の2次元流れでは、渦度は $\dfrac{\partial v}{\partial x} - \dfrac{\partial u}{\partial y}$ となります。

流れ場の中に任意の閉曲線 C をとり、速度ベクトル v と、線要素ベクトル dr の閉曲線 C に沿った一周線積分 Γ を循環と呼びます。

$$\Gamma = \oint_C v \cdot dr = \oint_C (udx + vdy + wdz)$$

積分方向については、反時計方向回りに積分した場合を正とします。

■ 解 き 方

図の右方向を x、上方向を y、x 方向の速度を u、y 方向の速度を v とします。領域 C に対する循環は、以下のように求まります。

$$\Gamma = \oint_C (udx + vdy) = v_1 ds - v_2 ds = (v_1 - v_2)ds, \quad \left| \Gamma \right| = (v_2 - v_1)ds$$

解答③

練習問題81-1 xy 平面上の2次元流れにおいて、速度ベクトルの x 方向成分 u、y 方向成分 v がそれぞれ、

$$u = A(x + y), \quad v = A(x - y)$$

と表されているとき、xy 平面に直交する方向の渦度として、最も適切なものはどれか。ただし、A は定数とする。　　　　　　　　　　　　［令和2年度　Ⅲ－32］

① A　　② $2A$　　③ $-A$　　④ $-2A$　　⑤ 0

練習問題81-2 xy 平面上の二次元非圧縮性流れにおいて、速度ベクトル U の x 方向成分 u、y 方向成分 v がそれぞれ、

$$u = ax + by, \quad v = cx + dy$$

と表されているとき、渦度がゼロとなるための条件として、最も適切なものはどれか。ただし、a, b, c, d はすべて実数の定数とする。

［令和元年度（再試験）　Ⅲ－33］

① $b = c$　　② $b + c = 0$　　③ $ad - bc = 0$　　④ $a = d$　　⑤ $a + d = 0$

4. 静止流体の力学—圧力

問題82　下図に示すようなつり合い状態を考える。図中の寸法は［mm］で記載してある。圧力 p_A と圧力 p_B の差、$\Delta p = p_A - p_B$ に最も近い値はどれか。ただし、グリセリン、ベンジン、水銀の密度は、各々、$\rho_A = 1.26 \times 10^3$［kg/m³］、$\rho_B = 7.16 \times 10^2$［kg/m³］、$\rho_S = 1.35 \times 10^4$［kg/m³］とする。また重力加速度は、9.8［m/s²］とする。　［平成29年度　Ⅲ-30］

① -2.57×10^3［Pa］

② -2.52×10^4［Pa］

③ 2.52×10^4［Pa］

④ 3.75×10^4［Pa］

⑤ -3.75×10^4［Pa］

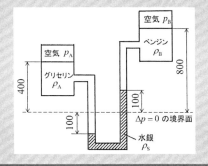

出題の意図　流体の圧力に関する知識を要求しています。

解 説

（1）静止流体中の圧力

　流体が静止している場合、流体中の任意の面に働く力は面に垂直方向の力のみとなり、せん断応力は加わりません。この垂直力を力が加わる面積で割ったものを**圧力**といいます。

　圧力の特徴として、流体中のすべての面について同じ圧力が働く、すなわち流体中の圧力は方向によらず同一となります。この圧力の性質を**パスカル**の**原理**といいます。圧力の表し方として、**絶対圧**とゲージ圧の2種類があります。絶対圧は真空状態を0として表したものであり、ゲージ圧は**大気圧**を0として基準にしたものです。絶対圧を表す場合には、圧力の単位の後ろにa、A、absなどの表記を加え（例えばPaA）、ゲージ圧を表す場合には、圧力の単位の後ろにg、G、gageなどの表記を加えます（例えばPaG）。圧力の単位は、SI単位系ではPa（＝N/m²）が用いられます。また、bar（＝ 10^5 Pa）、kgf/cm²などの単位系もよく用いられます。大気圧は、1.013×10^5 PaA = 1.013 barA = 1.033 kgf/cm²Aです。**マノメータ**は、配管や容器などの内部の圧力を測定するのに使用されます。図5.2に示すように、マノメータを圧力を測定する部位に接続して、液面の高さを読むことにより圧力を求めます。この図に示す例では、途中に**U字管**を設けて、

測定部位を流れる流体より密度の高い液体をU字
管部に入れています。U字管を用いることにより、
内部の液体が測定部位へ流れ込むことが防止でき
ます。

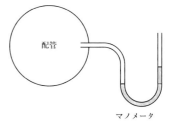

配管

マノメータ

図5.2　マノメータ

(2) 壁面に働く静止流体力

　壁面には、圧力により壁面に対して垂直方向に
力が加わり、その力は圧力×面積となります。一
般に、圧力は場所の関数として表されます。したがって、壁面に加わる力の総和は、次
式に示すように面に垂直な方向の圧力を面積分して求めることができます。

$$\mathbf{F} = \int P \mathbf{n} dA$$

　ここで、$\mathbf{F}$は壁面に加わる力、Pは圧力、$\mathbf{n}$は壁面に垂直な方向の単位ベクトル、dAは
面要素です。なお、$\mathbf{F}$は力の加わる方向を示すため、ベクトル表示としています。深さの
ある容器を考える場合、壁面に加わる圧力は水深が深くなるにつれて増加します。水面
の圧力が大気圧に等しくなり、水深の増加に伴い、その深さに相当する液体の重さぶん
の圧力が増加します。この圧力と水深との関係は$P = P_{atm} + \rho g h$で表されます。ここで、
Pは圧力、P_{atm}が大気圧、ρは流体密度、gは重力加速度、hは水深です。圧力をゲージ
圧で表示すれば$P_{atm} = 0$となるので、$P = P_{atm} + \rho g h$となります。静止流体中では、この
圧力の関係式を用いて、上述の圧力を壁面表面にわたって面積分することにより、壁面
に加わる力を求めることができます。

■ 解 き 方

　図の$\Delta p = 0$の境界面からの水銀の液面差を$\pm l$として、次式が成り立ちます。

$$p_A + \rho_A g(h_A + l) = p_B + \rho_B g(h_B - l) + \rho_S g(2l)$$

$\rho_A = 1.26 \times 10^3 \, \mathrm{kg/m^3}$、$\rho_B = 7.16 \times 10^2 \, \mathrm{kg/m^3}$、$\rho_S = 1.35 \times 10^4 \, \mathrm{kg/m^3}$、$g = 9.8 \, \mathrm{m/s^2}$、
$h_A = 0.4 \, \mathrm{m}$、$h_B = 0.8 \, \mathrm{m}$、$l = 0.1 \, \mathrm{m}$を代入して、$\Delta p = p_A - p_B$は、次のように求まります。

$$p_A - p_B = \rho_B g(h_B - l) + 2\rho_S g l - \rho_A g(h_A + l)$$
$$= 716 \times 9.8 \times 0.7 + 2 \times 13500 \times 9.8 \times 0.1 - 1260 \times 9.8 \times 0.5 = 2.52 \times 10^4 \, [\mathrm{Pa}]$$

解答③

練習問題82　　次ページ図に示すような傾斜管マノメータについて考える。傾斜
管は水平面に対して角度θ傾いており、各部の寸法は図に示すように与えられて
いる。ガスだめ A 部の流体の密度をρ_A、マノメータ部の流体の密度をρ、ガスだ
め B 部の流体の密度をρ_B、重力加速度をgとする。A 部の圧力p_Aと B 部の圧力p_B
の差、$p_A - p_B$として、最も適切なものはどれか。　　　[平成28年度　Ⅲ－30]

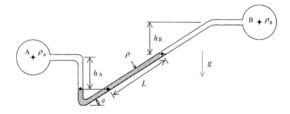

①　$p_A - p_B = \rho_B g h_B + \rho g L - \rho_A g h_A$

②　$p_A - p_B = \rho_B g h_B + \rho g L \cos\theta - \rho_A g h_A$

③　$p_A - p_B = \rho g L$

④　$p_A - p_B = \rho_B g h_B + \rho g L \sin\theta - \rho_A g h_A$

⑤　$p_A - p_B = \rho g L \sin\theta$

5. 静止流体の力学—浮力

問題83 水に浮いている物体を考える。水面から上に現れている部分の体積が、物体の全体積の何%であるか、最も近い値を次の中から選べ。ここで、水の密度 ρ_w を1000 kg/m³、物体の密度 ρ_m を830 kg/m³、重力加速度 g を9.8 m/s² とする。　　　　　　　　　　　　　　　　[平成24年度　Ⅳ−31]

① 0.17%　　② 8.10%　　③ 9.80%　　④ 17.0%　　⑤ 83.0%

□ 出題の意図 浮力に関する知識を要求しています。

解 説

図5.3に示すように、液体中に置かれた物体に加わる力を考えます。

壁面に働く横方向の力については、図中の左方向と右方向とで等しくなりバランスするので0となります。壁面に働く縦方向の力は、上面に加わる力と下面に加わる力との差より求まり、次式で表されます。

$$F = \rho g h_1 A - \rho g h_2 A = -\rho g (h_2 - h_1) A = -\rho g V$$

ここで、力 F の加わる方向は下向きとしています。したがって、物体を排除する液体の重さに等しい力が、物体に対して上向きに働くことになります。これを**アルキメデスの原理**と呼び、この上向きの力を**浮力**といいます。一方、物体には重力による**体積力** $\rho_B g V$ が下向きに加わっているので、物体に加わる力の総和は次式となります。

$$F = -\rho g V + \rho_B g V = (\rho_B - \rho) g V$$

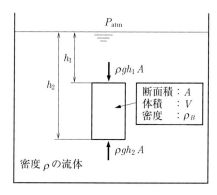

図5.3　液体中の物体に加わる浮力

この式より、流体中に置かれた物体の密度が液体の密度より大きいときには下向きの力が、物体の密度が液体の密度より小さいときには上向きの力が働くことがわかります。

したがって、水より密度の小さい物体は水に浮くことになり、水より密度の大きい物体は水に沈むことになります。物体の内部に空洞を設けることにより、物体の重量を浮力 ρgV より軽くすれば、物体は流体中に浮くことができます。船や気球などは、この浮力を利用して、水上や大気中で浮くことができます。

■ **解 き 方**

物体の全体積 V の x% が水面から上に現れているものとします。水没した部分の物体に加わる浮力は、水の密度を ρ、氷の密度を ρ_B、重力加速度を g として、次式で表せます。

$$F = (\rho - \rho_B)gV(1 - x)$$

この浮力が、水面から上に現れている物体の重量 $\rho_B gVx$ に釣り合うので、次式が成り立ちます。

$$(\rho - \rho_B)gV(1 - x) = \rho_B gVx \qquad \therefore x = \frac{\rho - \rho_B}{\rho}$$

与えられた数値、$\rho = 1000 \text{ kg/m}^3$、$\rho_B = 830 \text{ kg/m}^3$ を代入することにより、水面から上に現れている体積の割合 x は以下のように計算できます。

$$x = \frac{\rho - \rho_B}{\rho} = \frac{1000 - 830}{1000} = 0.17 = 17 \text{ %}$$

解答④

練習問題83　淡水湖に氷の塊がいくつか浮かんでいる。質量72 kgの人が乗っても氷が水没しないですむ氷の体積の最小値として最も適切な値を次の中から選べ。氷と真水の密度は920 kg/m³、1,000 kg/m³、重力加速度は9.8 m/s²とする。

[平成22年度　Ⅳ−31]

① 9.2×10^{-2} m³　② 0.90 m³　③ 1.3 m³　④ 8.8 m³　⑤ 10 m³

6. 理想流体の1次元流れ

> **問題84** 入口から大気圧の空気を吸い込んで、管内径が100 mmの出口管から圧縮空気を送り出しているコンプレッサーを考える。入口では、密度1.2 kg/m³の空気が毎分600リットルで吸い込まれている。出口での空気の密度は4.8 kg/m³となっている。流れは定常とする。出口管内の空気の平均流速として最も近い値はどれか。　　　　　　　[平成30年度　Ⅲ−31]
>
> ① 19 m/s　② 320 m/s　③ 0.27 m/s　④ 3.1 m/s　⑤ 0.32 m/s

出題の意図 連続の式に関する知識を要求しています。

解　説

(1) 1次元定常流れの連続の式

粘性および圧縮性のない流体を**理想流体**といいます。理想流体は、実在する流体と矛盾する点もありますが、取り扱いが簡単であり流れの基本的性質を調べる上で有用である点が多いのが特徴です。流体が、ある閉曲線で囲まれた領域内に沿って流れるとき、1次元の流れとして考えることができます。この流路内の流量Qが一定であれば、定常流れとなり、理想流体を考えると、質量保存の関係から、流路面積をA、流速をUとして、次の**連続の式**（**質量保存の式**）が成り立ちます。

$$Q = AU = 一定$$

一定流体の密度が圧力により変化する圧縮性を考慮する場合、質量流量Wは一定となり、流体の密度をρとして、次の連続の式が成り立ちます。

$$W = \rho AU = 一定$$

(2) ベルヌーイの式

流体の単位質量あたりのエネルギーは、内部エネルギーu、運動エネルギー$\dfrac{U^2}{2}$、および位置エネルギーgz（gは重力加速度、zは高さ）の和で表すことができます。流路内の地点1（面積A_1、流速U_1、密度ρ_1、高さz_1）から、地点2（面積A_2、流速U_2、密度ρ_2、高さz_2）への**非粘性流体**の流れを考えます。この際、外部からの熱および仕事の授受を考えなければ、圧力による仕事が流体に加わり、その結果、流体の保有するエネルギーが変化すると考えることができます。この場合、圧力による単位時間あたりの仕事量W_pは、次式で表すことができます。

$$W_p = P_1 A_1 U_1 - P_2 A_2 U_2$$

ここで、PAが流体に加わる力であり、Uは流速です。この仕事量とエネルギー変化量がバランスすることになるので、エネルギーの式は次式で表されます。

$$\dot{m}\left[\left(u_1 + \frac{U_1^2}{2} + gz_1\right) - \left(u_2 + \frac{U_2^2}{2} + gz_2\right)\right] + \left(P_1 A_1 U_1 - P_2 A_2 U_2\right) = 0$$

ここで、$\dot{m}$ は流路内を流れる質量流量で、$\dot{m} = \rho_1 A_1 U_1 = \rho_2 A_2 U_2$ の関係式が成り立ちます。この関係を用いて、エネルギーの式を整理すると次式が得られます。

$$\frac{P_1}{\rho_1} + u_1 + \frac{U_1^2}{2} + gz_1 = \frac{P_2}{\rho_2} + u_2 + \frac{U_2^2}{2} + gz_2$$

　理想流体の場合は、非圧縮で密度が一定であり、非粘性であるため、摩擦による熱の授受も考慮しないので、内部エネルギー u が一定となるので、次の**ベルヌーイの式**が成り立ちます。

$$P_1 + \frac{\rho U_1^2}{2} + \rho gz_1 = P_2 + \frac{\rho U_2^2}{2} + \rho gz_2$$

z が等しい場合、$P + \dfrac{\rho U^2}{2}$ が一定となり、流速 U が上昇すると圧力が低下することがわかります。このベルヌーイの式により、流速 U および高さ z が変化した場合の圧力の変化を求めることができます。

■ 解 き 方

　出口管内の平均流速を V とすると、入口と出口とでの質量流量が等しくなるので、次の関係が成り立ちます。

$$1.2\ [\mathrm{kg/m^3}] \times (600 \times \frac{0.001}{60})\,[\mathrm{m^3/s}] = 4.8\ [\mathrm{kg/m^3}] \times \frac{\pi \times 0.1^2}{4}\ [\mathrm{m^2}] \times V\ [\mathrm{m/s}]$$

この式から、V は次のように求まります。

$$V = \frac{1.2 \times 600 \times 0.001 \times 4}{60 \times 4.8 \times \pi \times 0.1^2} = 0.318 \cong 0.32\ [\mathrm{m/s}]$$

┃解答⑤

練習問題84　鉛直下向きに重力が作用する縮小管がある。管内を上向きに水が流れているとき、図中の断面①と断面②の圧力差 Δp を与える式として、最も適切なものはどれか。ただし、断面①、②の面積はそれぞれ A、$A/2$ であり、水の密度は ρ、体積流量は Q、高さの差は h、重力加速度は g とし、圧力損失は無視できるとしてよい。

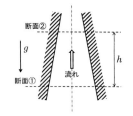

［平成29年度　Ⅲ－31］

①　ρgh

②　$\rho gh + \dfrac{3\rho Q^2}{2A^2}$

③　$\rho gh - \dfrac{3\rho Q^2}{2A^2}$

④　$\rho gh + \dfrac{\rho Q}{2A}$

⑤　$\rho gh - \dfrac{\rho Q}{2A}$

7. 静圧、動圧、全圧

問題85 　水平に設置された円管内に流体が流れており、流れ方向の位置A からBの区間において、断面積が S_A から S_B へと緩やかに減少している。2点 A、B間の圧力差を水銀柱で測ったところ、水銀柱の高さの差は H であった。 重力加速度を g、流体の密度を ρ_F、水銀の密度を ρ_M とし、水銀の密度は流体 の密度に対して十分に大きいと仮定してよい。位置Aにおける円管内断面 平均速度として、最も適切なものはどれか。ただし、粘性の影響は無視して よい。 ［令和3年度　Ⅲ－35］

① $\dfrac{S_B}{\sqrt{S_A^2 - S_B^2}}\sqrt{\dfrac{2\rho_M gH}{\rho_F}}$ 　② $\dfrac{S_B}{\sqrt{S_A^2 - S_B^2}}\sqrt{\dfrac{\rho_M gH}{\rho_F}}$ 　③ $\dfrac{S_B}{\sqrt{S_A^2 - S_B^2}}\sqrt{2gH}$

④ $\dfrac{S_B}{\sqrt{S_B^2 - S_A^2}}\sqrt{\dfrac{2\rho_M gH}{\rho_F}}$ 　⑤ $\dfrac{S_B}{S_A - S_B}\dfrac{2\rho_M gH}{\rho_F}$

■ 出題の意図 　静圧、動圧および全圧に関する知識を要求しています。

解　説

(1) 静圧、動圧、全圧、よどみ圧

　ベルヌーイの式において、高さ z が一定の場合、$P + \dfrac{\rho U_0^2}{2}$ が一定となります（P は圧力、ρ は密度、U は流速）。このとき、$P + \dfrac{\rho U_0^2}{2}$ を**全圧**、P を**静圧**、$\dfrac{\rho U_0^2}{2}$ を**動圧**と呼びます。 図5.4に示すように、圧力 P_0、流速 U_0 の流れの中に物体が置かれた場合、よどみ点にお いて流速が0となり、ベルヌーイの式から圧力は $P_0 + \dfrac{\rho U_0^2}{2}$ となります。この流速0とな る地点をよどみ点、よどみ点での圧力を**よどみ圧**（または**よどみ点圧力**）といいます。

(2) ピトー管、オリフィス流量計、ベンチュリー流量計

　このよどみ圧の原理を利用して、流路内の流速を求めるものとして**ピトー管**があります。 ピトー管は、図5.5に示すように、流れ方向と、流れ直角方向の2方向の圧力検出口が

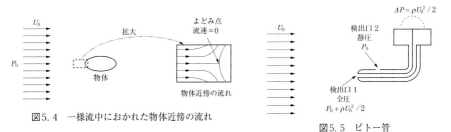

図5.4　一様流中におかれた物体近傍の流れ

図5.5　ピトー管

あり、2個の検出口の圧力差から流速を求めます。すなわち、検出口1では速度が0となるので、圧力が$P_0 + \dfrac{\rho U_0^2}{2}$となり、検出口2では圧力が$P_0$となるので、検出口間の差圧が$\Delta P = \dfrac{\rho U_0^2}{2}$となり、$U_0 = \sqrt{\dfrac{2\Delta P}{\rho}}$となります。

オリフィス流量計、ベンチュリー流量計も、ベルヌーイの式を利用した流量計です。流路内にオリフィスあるいはベンチュリーなどの絞りを設けると、絞り部では流速が上昇して圧力が低下します。この圧力の変化を測定し、絞り面積から流路内と絞り部での流速比が決まるので、この関係を用いてベルヌーイの式から流速を求め、求めた流速に面積を乗じて流量を得ます。

■ 解き方

位置AおよびBにおいて、ベルヌーイの式を適用すると、以下の関係式が成り立ちます。

$$P_A + \frac{1}{2}\rho_F V_A^2 = P_B + \frac{1}{2}\rho_F V_B^2$$

ここで、P_AおよびP_Bは、位置AおよびBにおける圧力、V_AおよびV_Bは、位置AおよびBにおける円管内断面平均流速です。断面積S_BがS_Aより小さく、そのためV_BはV_Aより大きくなり、その結果として圧力P_AはP_Bより高くなります。水頭圧のバランスより、次式が成り立ちます。

$$P_A + \rho_F g H = P_B + \rho_M g H$$

また、流量バランスの関係より、次式が成り立ちます。

$$\rho_F S_A V_A = \rho_F S_B V_B \quad \rightarrow \quad S_A V_A = S_B V_B$$

これらの関係式を用いて、また$\rho_M \gg \rho_F$の関係を用いて、以下のようにV_Bが求まります。

$$P_A - P_B = \frac{1}{2}\rho_F\left(V_B^2 - V_A^2\right) = \frac{1}{2}\rho_F\left(\frac{S_A^2}{S_B^2} - 1\right)V_A^2 = \left(\rho_M - \rho_F\right)gH$$

$$V_A^2 = 2\frac{\rho_M - \rho_F}{\rho_F}\frac{S_B^2}{S_A^2 - S_B^2}gH$$

$$V_A = \frac{S_B}{\sqrt{S_A^2 - S_B^2}}\sqrt{2\frac{\rho_M - \rho_F}{\rho_F}gH} \cong \frac{S_B}{\sqrt{S_A^2 - S_B^2}}\sqrt{\frac{2\rho_M g H}{\rho_F}}$$

解答①

練習問題85　高度4000 mの上空を時速950 kmで飛行する航空機の先端部（よどみ点）における圧力上昇として、最も近い値はどれか。ここで、温度0℃、気圧1013 hPaでの空気の密度は1.29 kg/m³とし、高度4000 m上空の空気の温度は4℃、気圧は632 hPaとする。　　　　　　　　　　[令和2年度　Ⅲ－33]

①　36 hPa　　②　54 hPa　　③　270 hPa　　④　450 hPa　　⑤　3600 hPa

8. 容器からの流出

問題86 静止した床に置かれた大きな容器に水が満たされ、水面から深さ h の側壁に小さな穴が空いている。このとき、側壁の穴から定常的に流れ出る水の流速として、最も適切なものはどれか。ただし、水の密度を ρ、重力加速度を g とし、粘性の影響は無視する。　　［令和元年度（再試験）　Ⅲ－29］

① $2\sqrt{gh}$ 　② $\sqrt{2gh}$ 　③ 0 　④ $\sqrt{gh}$ 　⑤ $\sqrt{gh/2}$

■ 出題の意図 トリチェリの定理（ベルヌーイの式）に関する知識を要求しています。

解 説

(1) トリチェリの定理

　ベルヌーイの式の応用例として、容器の中に液体を入れ、放出口から液体を放出させる問題があります。放出口の高さを 0、容器内の液面の高さを h、液体の密度を ρ、放出口からの流出流速を U、容器内の下降流速を U_1、重力加速度を g とします。容器内の液面と、放出部に対して、ベルヌーイの式を適用すると、次の関係が成り立ちます。

$$P_a + \frac{\rho U_1^2}{2} + \rho g h = P_a + \frac{\rho U^2}{2} + \rho g 0$$

　ここで、容器内の液面上にも、放出部にも大気圧 P_a が加わっていると考えます。放出口が容器の断面積に対して十分小さく $U_1 \ll U$ である場合には、$U_1^2 \approx 0$ とみなせ、この式を放出流速 h について解くと、次式が得られます。これを**トリチェリの定理**といいます。

$$U = \sqrt{2gh}$$

(2) 容器からの流出

　容器の断面積を A、放出口の有効面積を A_o、微小時間 Δt あたりの液面変化量を Δh とします。容器内の液体の体積変化が、放出口から流出量に等しくなる関係から、次式が成り立ちます。

$$-A\Delta h = A_o U \Delta t$$

　この式に、$U = \sqrt{2gh}$ を代入すると、次式が得られます。

$$-A\,dh = A_o \sqrt{2gh}\,dt 、 \qquad -\frac{dh}{\sqrt{h}} = \frac{A_o}{A}\sqrt{2g}\,dt$$

　容器の断面積 A が一定であるとし、時刻 0 で $h = h_0$、時刻 T で $h = h_1$ であるとして、この式を積分すると、次式が得られます。

$$-\left[2\sqrt{h}\right]_{h_0}^{h_1} = \frac{A_o}{A}\sqrt{2g}\,T 、 \qquad T = \sqrt{\frac{2}{g}}\frac{A}{A_o}\left(\sqrt{h_0} - \sqrt{h_1}\right)$$

$h_0 = h$、$h_1 = 0$ を代入すると、高さ h の液面の液体の全量が流出するまでの時間が、次のように求まります。

$$T = \sqrt{\frac{2h}{g}} \frac{A}{A_o}$$

なお、放出口の有効面積 A_o は、一般的には実面積に縮流係数を乗じることにより表します。

解き方

トリチェリの定理より、流速は $\sqrt{2gh}$ となります。

解答②

練習問題86　図に示すような断面積 A が一定の円筒容器に、高さ H まで水が満たされている。底に断面積 a の小孔（ノズル）があり、ここから水が流出するとき、水位が H から $H/2$ までに低下する時間 T_1 と $H/2$ から0になる時間 T_0 の比を T_0/T_1 で示すとき、次の中から正しいものを選べ。ただし、流体の小孔流出時の速度損失や縮流の影響は無視できるものとする。また、円筒容器の断面積は小孔のそれと比較して十分に大きいので、液面が微小時間に降下する速度は小さく、小孔からの流出速度に対して無視できるものとする。　[平成17年度　Ⅳ-20]

① $1/2^{1/2}$

② $1/(2^{1/2+1})$

③ 1

④ $2^{1/2}$

⑤ $1+2^{1/2}$

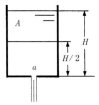

---

9. 運動量の法則—流れによる受ける力—1

問題87 右図に示すように、密度ρの流体が流速V、断面積Aの噴流となって、曲面状の壁に衝突して2方向に均等に分かれている。噴流の流出方向は曲面に沿っている。重力と粘性の影響を無視するとき、噴流が壁に及ぼす力の大きさを表す式として、最も適切なものはどれか。　[令和元年度　Ⅲ−33]

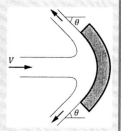

①　$\rho V^2 A(1 + \cos\theta)$　　②　$\rho V^2 A\left(1 + \dfrac{\cos\theta}{2}\right)$　　③　$\rho V^2 A(1 - \cos\theta)$

④　$\rho V^2 A\left(1 + \dfrac{\sin\theta}{2}\right)$　　⑤　$\rho V^2 A(1 + \sin\theta)$

■ **出題の意図**　運動量の法則に関する知識を要求しています。

解説

（1）運動量の法則

物体が力を受け流速が変化する場合を考えます。その際、**ニュートンの運動の第2法則**（**運動量の法則**）より、運動量の単位時間あたりの変化は物体に作用する外力に等しくなります。この関係式を**運動量方程式**といい、次式で表されます。

$$\frac{d}{dt}(mv) = F$$

ここで、mは物体の質量、vは物体の速度、Fは物体に作用する力です。運動量方程式を流体に適用すると、次式となります。

$$\Delta(\rho Q u) = F$$

ここで、ρは流体の密度、Qは体積流量、uは流速です。この流体の運動量方程式の特徴は、考える領域の境界（検査面）を通過して出入りする流体の運動量と作用する力だけを考えればよく、内部の詳細の流れの状態は考慮しなくてよいことです。

（2）噴流から受ける力

例えば、図5.6に示すように噴流が板にあたる場合を考えると、流れ方向（壁に垂直な方向）の運動量が$\rho Q u$から0となるので、Aを噴流の面積、uを噴流の流速として、板が受ける力Fは次式で表されます。

$$F = \rho Q u = \rho A u^2$$

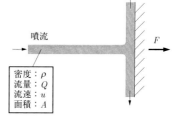

図5.6　噴流から受ける力

■ 解き方

流速が V から $-V\cos\theta$ に変化し、質量流量は ρAV で表せるので、運動量の法則より、噴流が壁面に及ぼす力は、次のように表せます。

$$F = \rho A V \left[V - (-V \cos\theta) \right] = \rho V^2 A (1 + \cos\theta)$$

| 解答① |

練習問題87-1　右図に示すように、断面積 A の曲り管が一体化した剛体棒を介して点Xで固定支持されている。曲り管の中には密度 ρ、平均流速 V の液体が流れ、定常状態となっている。このとき、点Xに作用するトルク T_X を

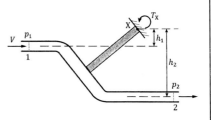

表す式として最も適切なものはどれか。ただし、断面1と断面2におけるゲージ圧をそれぞれ p_1、p_2（$p_1 > p_2$）とし、断面1と断面2における中心軸と点Xの距離をそれぞれ h_1、h_2 とする。また、断面1と断面2にトルクは作用しないものとし、重力の影響は無視してよい。　　　　　　　[令和元年度　Ⅲ－34]

①　$(p_2 h_2 - p_1 h_1) A$　　②　$(p_2 h_2 - p_1 h_1) A + \rho V^2 A (h_2 - h_1)$　　③　$\rho V^2 A (h_2 - h_1)$

④　$(p_2 h_2 - p_1 h_1) A - \rho V^2 A (h_2 - h_1)$　　⑤　$(p_2 h_2 + p_1 h_1) A - \rho V^2 A (h_2 + h_1)$

練習問題87-2　右図に示すような2本のノズルを持つスプリンクラーの中心に、流量 Q の水が供給されている。中心からノズル先端までの長さを R、ノズルの断面積を A、ノズルの噴出方向が半径方向となす角を θ とする。スプリンクラーに

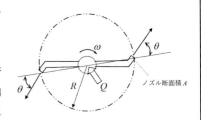

ノズル断面積 A

は、トルクは働かず、一定の角速度で回転しているとする。このとき、スプリンクラーの角速度 ω を与える式として、最も適切なものはどれか。

[平成29年度　Ⅲ－34]

①　$\omega = \dfrac{Q}{RA} \sin\theta \cos\theta$　　②　$\omega = \dfrac{Q}{RA} \sin\theta$　　③　$\omega = \dfrac{Q}{2RA} \cos\theta$

④　$\omega = \dfrac{Q}{2RA} \sin\theta$　　⑤　$\omega = \dfrac{Q}{RA} \cos\theta$

10. 運動量の法則─流れによる受ける力─2

問題88 右図に示すように、90°曲がった円管の中を密度ρの流体が流れている。円管の断面積をA、流体の平均流速をVとするとき、円管が流体から受ける力の大きさとして、最も適切なものはどれか。ただし、流れは非圧縮性流体の定常流れであり、圧力損失、重力の影響は無視してよい。

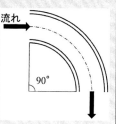

流れ

90°

［令和元年度（再試験）　Ⅲ－32］

① $\rho V^2 A$　② $\sqrt{2}\rho V^2 A$　③ $2\rho V^2 A$　④ 0　⑤ $\rho V^2 A / \sqrt{2}$

出題の意図　運動量の法則に関する知識を要求しています。

解説

（1）配管が流れにより受ける力

図5.7に示すような配管の曲がり部（角度90°）では、x方向の運動量がρQuから0となり、y方向の運動量は0からρQuに増えます。したがって、この運動量の変化に加えて圧力×面積PAによる力を加えて、配管曲がり部では図中に示すように$F = PA + \rho Qu = PA + \rho Au^2$の力が$x$方向および$y$方向に加わり、合成荷重として$\sqrt{2}\,(PA + \rho Au^2)$が曲がり部に加わります。図5.8に示すように、曲がり部の角度をθとすると、合成荷重Fは次のように求まります。

$$F = \left(PA + \rho A U^2\right)\sqrt{\sin\theta^2 + \left(1 - \cos\theta\right)^2} = \left(PA + \rho A U^2\right)\sqrt{2\left(1 - \cos\theta\right)}$$

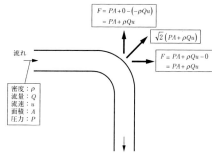

$F = PA + 0 - (-\rho Qu)$
$= PA + \rho Qu$

$\sqrt{2}\,(PA + \rho Qu)$

$F = PA + \rho Qu - 0$
$= PA + \rho Qu$

流れ

密度：ρ
流量：Q
流速：u
面積：A
圧力：P

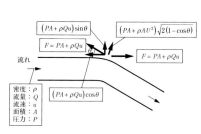

$(PA + \rho Qu)\sin\theta$

$(PA + \rho A U^2)\sqrt{2(1 - \cos\theta)}$

$F = PA + \rho Qu$

$F = PA + \rho Qu$

流れ

密度：ρ
流量：Q
流速：u
面積：A
圧力：P

$(PA + \rho Qu)\cos\theta$

図5.7　曲がり部（角度90°）に加わる力　　　図5.8　曲がり部（角度θ）に加わる力

（2）大気放出の場合

図5.9に示すように配管から大気への放出部において、放出する流れ方向の力を考えると、放出部上流側の曲がり部には $F = PA + \rho Qu = PA + \rho Au^2$ が加わるのに対して、放出部では配管は力を受けません。通常は、出口で動圧分が損失するので、配管内の摩擦損失を無視すると、圧力 P は大気圧に等しくなります。配管外部か

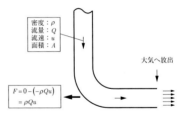

密度：ρ
流量：Q
流速：u
面積：A

大気へ放出

$F = 0 - (-\rho Qu)$
$= \rho Qu$

図5.9　大気放出部に加わる力

らも大気圧により PA が加わるので、この項は相殺され、$F = \rho Qu = \rho Au^2$ が噴出し反力として放出部に加わることになります。消防用のホースに加わる反力も、この噴出した流体の運動量変化によるものです。圧縮性流体を放出し、出口流速が音速に等しくチョーキング（閉そく）している場合は、圧力 P は大気圧より高くなるので、圧力による力 PA の影響を考慮して反力を求める必要があります。

■ 解き方

本曲がり管には、流れ方向が図の右側から下側に変化することに伴う運動量変化により、右方向および上方向に、それぞれ $\rho V^2 A$ の力が加わります。この右方向および上方向の力の合力は、$\sqrt{2}\rho V^2 A$ となり、図の右斜め上方向に加わることになります。

‖ 解答② ‖

練習問題88-1　下図に示すように、流速 U、断面積 A の噴流が、固定曲面に沿って速さを変えることなく流れ、その方向が θ だけ上方に曲げられたとする。噴流が固定曲面に及ぼす力の大きさを表す式として、最も適切なものはどれか。ただし、液体の密度は ρ、大気圧は p_0 とする。また、重力の影響は無視して良い。

[平成29年度　Ⅲ-33]

① $\left(p_0 + \dfrac{1}{2}\rho U^2\right)A$

② $\dfrac{1}{2}\rho A U^2$

③ $\rho A U^2$

④ $\rho A U^2 \sin\theta$

⑤ $\rho A U^2 \sqrt{2(1-\cos\theta)}$

U, A　θ

U, A

練習問題88-2 右図に示すように、流入部Aから一様な速度分布 U_A を持つ流体が流れ込み、急拡大管で広がった後、十分下流の流出部Bより一様な速度分布 U_B で流れ出る2次元流を考える。流体の密度を ρ とし、壁面に作用する粘性応力の影響は無視して良い。このとき、流入部の圧力 p_A と流出部の圧力 p_B の差 $(p_A - p_B)$ として、最も適切なものはどれか。

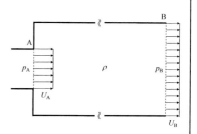

［平成30年度　Ⅲ－33］

① $-\rho U_B (U_A - U_B)$

② $\rho U_B (U_A - U_B)$

③ $-\rho (U_A^2 - U_B^2)$

④ $\rho (U_A^2 - U_B^2)$

⑤ $\dfrac{1}{2} \rho (U_A^2 - U_B^2)$

11. 管内の流れ—1

円管内の完全に発達した流れを考える。流体はニュートン流体とし、断面平均流速、管の直径により定義されるレイノルズ数を Re とする。また、管内の壁面は流体力学的に十分になめらかであるとする。この流れを説明する次の記述のうち、最も不適切なものはどれか。　　［令和3年度　Ⅲ－31］

①　流れが層流のとき、管摩擦係数は $64/Re$ となる。

②　通常、レイノルズ数が2300程度を越えると、流れは層流から乱流に遷移する。

③　同じレイノルズ数において、流れが層流から乱流へ遷移すると管摩擦係数は大きくなる。

④　乱流域では、レイノルズ数の増加とともに管摩擦係数は大きくなる。

⑤　乱流域では、流れに不規則な渦運動が励起され、流体の混合が促進される。

出題の意図　配管の管摩擦係数に関する知識を要求しています。

解　説

(1) 配管圧力損失

配管内を流体が流れると、管壁面で働くせん断力によりエネルギーが損失します。この損失を ΔP とすると（区間1から区間2の損失）、非圧縮性流体の場合、ベルヌーイの式にエネルギー損失項を加えて、次式が成り立ちます。

$$P_1 + \frac{\rho U_1^2}{2} + \rho g z_1 = P_2 + \frac{\rho U_2^2}{2} + \rho g z_2 + \Delta P$$

ここで、P は圧力、ρ は流体密度、U は流速、g は重力加速度、z はエレベーションです。上式の両辺を ρg で割って**ヘッド（水頭）** h を導入することにより、次式が得られます。

$$h_1 + \frac{U_1^2}{2g} + z_1 = h_2 + \frac{U_2^2}{2g} + z_2 + \Delta h$$

ヘッドは、圧力をゲージ圧で表した場合、管内の圧力により流体を持ち上げられる高さを意味しています。損失水頭 Δh は、次式の**ダルシーの式**（ダルシー・ワイズバッハの**式**ともいう）で表されます。

$$\Delta h = \lambda \frac{l}{D} \frac{U^2}{2g}$$

ここで、λ が管摩擦係数、l が配管長さ、D が管内径です。管摩擦係数（管摩擦損失係数ともいう）は、一般に、「配管表面粗さ／管内径」とレイノルズ数の関数で表されます。

(2) 円管内の流れ

円管内の流れでは、円管内のレイノルズ数 $R_e = \dfrac{UD}{\nu}$ （ν は動粘性係数）が2,300以下のときは、流れは層流となり、管摩擦係数λはレイノルズ数R_eに反比例し、次式で表されます。

$$\lambda = \frac{64}{R_e}$$

配管入口の助走区間など、層流から乱流への遷移は、流れの乱れ

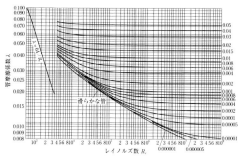

出典：日本機械学会編、技術資料「管路・ダクトの流体抵抗」（1979年）

図5.10　円管の管摩擦係数（ムーディ線図）

の状態により異なります。乱流になると、レイノルズ数R_eの増加に伴い管摩擦係数λは一定値へ近づきます。表面が粗い円管については、管摩擦係数はレイノルズ数に加えて「表面粗さ／管内径」の影響を受け、この影響を示す線図として**ムーディ線図**（図5.10）がよく用いられます。

■ 解き方

① 流れが層流のとき、管摩擦係数は$64 / Re$となるので、正しい記述です。

② 通常、レイノルズ数が2300程度を超えると、流れは層流から乱流に遷移するので、正しい記述です。

③ 同じレイノルズ数において、流れが層流から乱流に遷移すると管摩擦係数は大きくなるので、正しい記述です。

④ 乱流域では、レイノルズ数の増加ととも管摩擦係数は小さくなるので、誤った記述です。

⑤ 乱流域では、流れに不規則な渦運動が励起され、流体の混合が促進されるので、正しい記述です。

解答④

練習問題89　入口と出口の圧力差が一定に保たれている内径Dの円管内部の流れを考える。流量Qと円管内径D及び流体の粘性係数μの関係に関する次の記述のうち、最も適切なものはどれか。ただし、円管内の流れは十分発達した非圧縮定常流れとし、層流状態であるとする。　　　　［平成29年度　Ⅲ－35］

① Qは、Dの1乗に比例し、μに反比例する。

② Qは、Dの2乗に比例し、μに反比例する。

③ Qは、Dの4乗に比例し、μに反比例する。

④ Qは、Dの2乗に比例し、μの2乗に反比例する。

⑤ Qは、Dの2乗に比例し、μに依存しない。

12. 管内の流れ—2

問題90　下図のように、大気開放された大きなタンクから直円管により液体を吸い上げている。管内を定常に断面平均流速 U で液体がキャビテーションを生ずることなく流れているとき、液面から高さ H にあるＡ点でのゲージ圧を与える式として正しいものを次の中から選べ。ただし、管の内径は D、管下端からＡ点までの長さは L、管摩擦損失係数は λ、入口損失係数は ζ、重力加速度の大きさは g とし、L/D は十分に大きいとする。

［平成18年度　Ⅳ−24］

① $-\rho\left\{\dfrac{1}{2}U^2\left(1+\lambda\dfrac{L}{D}+\zeta\right)+gH\right\}$

② $-\rho\left\{\dfrac{1}{2}U^2\left(1+\lambda\dfrac{L}{D}+\zeta\right)\right\}$

③ $-\rho\left\{\dfrac{1}{2}U^2\left(1+\lambda+\zeta\right)\dfrac{L}{D}\right\}$

④ $-\rho\left\{\dfrac{1}{2}U^2\left(1+\lambda+\zeta\right)\dfrac{L}{D}+gH\right\}$

⑤ $-\rho\left\{\dfrac{1}{2}U^2\left(1+\lambda+\zeta\right)\dfrac{L}{D}\right\}+gH$

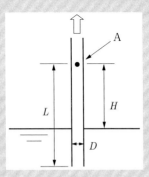

■ 出題の意図　配管内の圧力損失計算に関する知識を要求しています。

解　説

（1）継ぎ手、バルブなどの圧力損失

エルボ、ティー、レデューサなどの継ぎ手、管路の入口・出口、バルブなどの圧力損失 Δh（損失水頭）は、動圧 $\dfrac{\rho U^2}{2}$ に**損失係数** ζ を乗じ、密度 ρ と重力加速度 g で割って、次式で表されます。

$$\Delta h = \zeta\frac{U^2}{2g}$$

管路出口では、エッジの角の丸み（r）によらず、$\zeta=1$ となります。管路入口では、エッジの r により異なりますが、エッジに r が無い場合で損失係数は0.5となり、r の影響により損失係数は0.5より小さくなります。また、損失係数を用いる代わりに、継ぎ手、バルブなどの圧力損失（損失水頭）を相当長 l_E を用いて、次のように表す方法もよく用いられています。

$$\Delta h = \lambda\frac{l_E}{D}\frac{U^2}{2g}$$

(2) 配管内の圧力損失

配管の圧力損失ΔP（全圧の損失）は、直管部分（長さl）、曲がり部、フィッティング、バルブ、配管入口／出口などの損失（損失係数ζ）、およびエレベーション差（H）による水頭圧の変化の和で、次のように表すことができます。

$$\Delta P = -\rho\left\{\left(\lambda\frac{l}{D} + \sum\zeta\right)\frac{U^2}{2} + gH\right\}$$

ここで、ρは密度、Dは配管内径、$\sum\zeta$は損失係数の総和を示しています。なお、圧力（静圧）は、全圧から動圧を引いて求めることができます。

■ 解き方

管内の流れにより、A点の圧力は、大気圧（ゲージ圧0）より、直管部の摩擦損失$\rho\lambda\dfrac{L}{D}\dfrac{U^2}{2}$、管入口の損失$\rho\zeta\dfrac{U^2}{2}$、水頭圧$\rho gH$、および動圧$\rho\dfrac{U^2}{2}$のぶん、低下することになります。

したがって、A点のゲージ圧は次式で表されます（解説で説明した圧力損失に加えて、流速0の状態から流速Uに加速した動圧$\rho\dfrac{U^2}{2}$のぶん、圧力は低下します）。

$$-\rho\lambda\frac{L}{D}\frac{U^2}{2} - \rho\zeta\frac{U^2}{2} - \rho gH - \rho\frac{U^2}{2} = -\rho\left\{\frac{1}{2}U^2\left(1 + \lambda\frac{L}{D} + \zeta\right) + gH\right\}$$

解答①

練習問題90 内径Dの直円管の途中にサージタンクを設置する。このサージタンクにおける圧力損失を与える式を次の中から選べ。ただし、直円管を流れる非圧縮性流体の体積流量をQ、密度をρ、サージタンク出口の損失係数をζとし、サージタンクの容積は体積流量に対して十分大きいと仮定する。

[平成19年度　IV−19]

① $\dfrac{1}{2}\zeta\rho\left(\dfrac{Q}{\pi D^2}\right)^2$

② $\dfrac{1}{2}(1+\zeta)\rho\left(\dfrac{4Q}{\pi D^2}\right)^2$

③ $\dfrac{1}{2}(1-\zeta)\rho\left(\dfrac{4Q}{\pi D^2}\right)^2$

④ $\left(1+\dfrac{1}{2}\zeta\right)\rho\left(\dfrac{Q}{\pi D^2}\right)^2$

⑤ $\left(1-\dfrac{1}{2}\zeta\right)\rho\left(\dfrac{4Q}{\pi D^2}\right)^2$

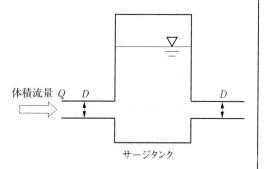

体積流量 Q　D　　　D

サージタンク

13. 物体まわりの流れ―抗力と揚力

問題91　静止した非圧縮流体中を速さ U で動く直径 d の球に働く抗力 D は、次の式で表される。

$$D = C_D \left(\frac{\pi}{4} d^2 \right) \left(\frac{1}{2} \rho U^2 \right)$$

　ただし、ρ、C_D はそれぞれ流体の密度、抗力係数を、π は円周率を表す。同一の流体中で、レイノルズ数を合わせて直径 $d/4$ の球を動かしたときの抗力を D' とするとき、抗力比 D'/D の値として、最も適切なものはどれか。

[令和3年度　Ⅲ-32]

① 1 / 256　　② 1 / 16　　③ 1 / 4　　④ 1　　⑤ 4

■ 出題の意図　物体の抗力に関する知識を要求しています。

解 説

抗力と揚力について、以下に説明します。

一様流の中に物体があるとき、物体は流体から力を受けます。この流体から受ける力のうち、流れ方向の力を**抗力**、流れと直交する方向の力を**揚力**と呼びます。

抗力 F_D と揚力 F_L は、次式で表されます。

$$F_D = C_D \frac{\rho U^2}{2} A$$

$$F_L = C_L \frac{\rho U^2}{2} A$$

ここで、U は一様流の流速と物体の流速との速度差、ρ は流体密度、A は物体の代表面積、C_D は**抗力係数**、C_L は**揚力係数**です。この式からもわかるように、抗力係数と揚力係数は、物体表面でよどみ圧（流速が0となった場合の圧力）により加わる力に対する抗力と揚力の比を示しています。抗力係数と揚力係数は、物体の形状とレイノルズ数の関数です。抗力係数は、図5.11（a）に示すように流線形では流れが物体表面に沿って流れて物体後方で圧力が回復するため小さくなります。

一方、図5.11（b）に示すように、円柱、球、角柱などでは、物体後方で流れがはく離して圧力が低い領域が生じるため、抗力は大きくなります。羽根のような形状の場合、羽根の曲率の影響によって羽根の両側で圧力が異なり、その圧力差により揚力が生じます。飛行機の翼、ターボポンプ・圧縮機・スクリューの羽根などは、この原理に基づい

ています。

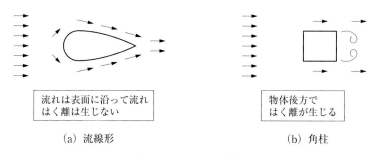

流れは表面に沿って流れはく離は生じない	物体後方ではく離が生じる

(a) 流線形   (b) 角柱

図5.11 物体まわりの流れ

■ 解 き 方

同じレイノルズ数 $\dfrac{Ud}{\nu}$ （νは動粘性係数）とするためには、直径を $\dfrac{d}{4}$ にすると、速度は $4U$ とする必要があります。この条件のもとで、抗力比 D'/D は次のように求まります。

$$D'/D = \frac{C_D \left(\dfrac{\pi}{4}\left(\dfrac{d}{4}\right)^2\right)\left(\dfrac{1}{2}\rho\left(4U\right)^2\right)}{C_D \left(\dfrac{\pi}{4}d^2\right)\left(\dfrac{1}{2}\rho U^2\right)} = 1$$

解答④

練習問題91   圧力101 kPa、温度20℃の静止した空気中を、直径30 mmの球が速度 $U = 160$ ［km/h］で飛んでいる。この球に働く抗力 D として、最も近い値はどれか。ただし、球の抗力係数は $C_D = \dfrac{D}{0.5\rho U^2 S} = 0.4$ で、ρ は空気の密度で1.204 kg/m^3、Sは球の投影面積である。   ［令和2年度 Ⅲ－35］

① 340 kN   ② 340 N   ③ 45 N   ④ 0.34 N   ⑤ 0.17 N

14. 円柱まわりの流れとカルマン渦

> **問題92**　流速10 m/sの一様流中に直径2 cmの円柱が流れに直交して置か
> れている。ストローハル数が0.2の場合、円柱の背後に生じるカルマン渦の
> 放出周波数として、最も近い値はどれか。　　　　　　［令和3年度　Ⅲ-33］
> ① 0.2 Hz　　② 1 Hz　　③ 40 Hz　　④ 100 Hz　　⑤ 500 Hz

■ 出題の意図　カルマン渦に関する知識を要求しています。

解　説

円柱まわりの流れの様相は、**レイノルズ数** $R_e = \dfrac{Ud}{\nu}$（Uは一様流の流速、dは円柱直径、νは流体の動粘性係数）により大きく異なります。図5.12に示すように、R_eが6以下と低い場合、円柱後方ではく離が生じずに、流体は円柱に沿って流れます。R_eが上昇すると（$6 < R_e < 40$）、円柱後方ではく離が生じて、はく離した流れは円柱後方で2つの対称な渦（双子渦）を生じます。さらに、R_eが上昇すると（$R_e > 40$）、円柱後方で交互に渦がはく離する状態となります。はく離した渦は円柱後方へ流れていき、一定間隔を有する千鳥状の列を形成します。この渦の発生を**カルマン渦**と呼び、後方で生じる渦列を**カルマンの渦列**と呼びます。渦の発生周波数fと、円柱の直径d、一様流の流速Uから、次式で表される無次元数である**ストローハル数** S_tが定義されます。

$$S_t = \frac{fd}{U}$$

ストローハル数S_tは、一般にレイノルズ数R_eの関数ですが、$5 \times 10^2 < R_e < 2 \times 10^5$の範囲では、ほぼ0.2で一定となります。

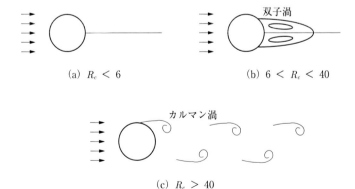

(a) $R_e < 6$　　　　　　　(b) $6 < R_e < 40$

(c) $R_e > 40$

図5.12　円柱まわりの流れ（流れのパターンの変化）

円柱の固有振動数がカルマン渦の発生周波数に近くなると、円柱が流れ直角方向に振動します。この場合、円柱の振動に同期して渦が発生するので、図5.13に示すようにカルマン渦の発生周波数が円柱の固有振動数に引き込まれる現象が起きます。これを**ロックイン現象**（または**ロックオン現象**）と呼びます。また、円柱の固有振動数がカルマン渦の発生周波数の約2倍で、円柱の構造減衰が小さい場合、あるいは流体の密度が液のように大きい場合、円柱の流れ方向の振動に同期して円柱後方で対称な渦が発生する場合があります。この対称な渦による円柱の振動を**インライン振動**と呼びます。

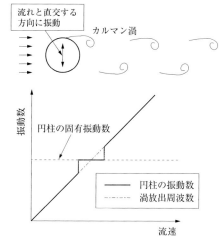

図5.13　円柱まわりの流れのロックイン現象

解き方

カルマン渦の放出周波数は、ストローハル数を S_t、流速を U、円柱の径を D として、$S_t \dfrac{U}{D}$ で表せます。したがって、本円柱の背後に生じるカルマン渦の放出周波数 f_c は、次のように求まります。

$$f_c = 0.2 \frac{U}{D} = \frac{0.2 \times 10 \,[\text{m/s}]}{0.02 \,[\text{m}]} = 100 \,[\text{Hz}]$$

解答④

練習問題92　円柱の背後で発生する渦および渦に起因した円柱の振動に関する次の記述のうち、内容に誤りがあるものを選べ。

① レイノルズ数が40より低いときは双子渦が発生する。

② レイノルズ数が40より高いときはカルマン渦が発生する。

③ レイノルズ数が500以上200,000以下の範囲では、カルマン渦発生に関するストローハル数はほぼ一定となる。

④ カルマン渦の周波数と円柱の固有振動数が近くなると、円柱が振動し、その振動数はカルマン渦の発生周波数と一致し、流速の増加とともに上昇する。

⑤ 渦により円柱が流れ方向に振動する現象をインライン振動という。

15. 境界層

> **問題93**　長さ 1.0 m の平板が流速 3.0 m/s の一様流中に流れと平行に置かれ
> ている。臨界レイノルズ数を 1.0×10^6 と仮定するとき、境界層の遷移位置
> （平板先端からの距離）として、最も近い値はどれか。ただし、流体の動粘性
> 係数を 9.0×10^{-7} m²/s とする。　　　　　　［令和元年度（再試験）　Ⅲ－35］
> ①　0.050 m　　②　0.10 m　　③　0.30 m　　④　0.75 m　　⑤　1.0 m

■ **出題の意図**　　境界層に関する知識を要求しています。

解　説

　一様流の中に置かれた物体の表面では、粘性の効果により流速は0となります。物体
表面から離れるにしたがって流速は増加し、物体表面の粘性の影響を受けなくなれば理
想流体としての取り扱いが可能となります。このように、物体の表面近くで粘性の影響
を受ける流体の層を**境界層**と呼び、境界層の外側の粘性の影響を無視できる流れを**主流**
あるいは**自由流**と呼びます（図5.14参照）。

　境界層の中において、流れの下流に行くほど圧力が高くなるような勾配が形成される
と、境界層内では減速され逆流が生じる場合があります。逆流が生じると、境界層が物
体からはがれたように見えることから、この現象を**境界層はく離**と呼びます。図5.15に
示すように円柱まわりの流れの円柱後方側では、この境界層はく離が生じます。

図5.14　境界層（平板上）　　　　　　　　図5.15　円柱後方の境界層はく離

　境界層の内部の流速が低い場合、境界層内部の流れは層流となります。これを**層流境
界層**といいます。これに対し、境界層の内部のレイノルズ数が高くなると境界層内の流
れが乱流となります。この流れが乱流となった状態の境界層を**乱流境界層**といいます。
レイノルズ数が上がり層流境界層から乱流境界層へ変化することを**遷移**といいます。乱
流境界層では、境界層内の流れが平均化されるのではく離が生じにくくなります。飛行
機の翼に設置するヴォルテックスジェネレータは、この原理を応用し、乱流境界層を形
成させて、はく離による失速を防止するものです。ゴルフボール表面の凹凸も、乱流境
界層へと遷移させてはく離の位置を後方へ移動させ抗力を低減するためのものです。

　境界層内において、壁面では流速は0であり、壁面の極近傍では粘性が支配し、流速

が壁面からの距離に比例して増加する**粘性底層**があります。その外側では、**レイノルズ応力**（乱れにより、運動量移送が促進され、平均速度を均一化するように働き、乱れにより応力が発生したととらえることができる）が作用し、流速分布は**対数則**（対数速度則または対数分布則ともいう）を用いて表すことができます。

物体表面からの境界層の厚さを**境界層厚さ**といいます。一様流の流速の99%になるところまでを境界層と定義して境界層厚さを決めることが慣例となっています。ただし、境界層内の速度分布によっては、この定義では意味がない場合もあり、代表的な厚さとして、**排除厚さ**（流速が遅くなったぶんだけ境界層がせり出したと考える）、**運動量厚さ**（せん断応力によってエネルギーが失われている部分全てを含める）などがあります。

排除厚さは、壁面からの距離を y、流速を u、一様流の流速を U_∞ として、次式により表せます。

$$\int_0^\infty \left(1 - \frac{u}{U_\infty}\right) dy$$

運動量厚さは、次式により表せます。

$$\int_0^\infty \frac{u}{U_\infty}\left(1 - \frac{u}{U_\infty}\right) dy$$

■ 解 き 方

臨界レイノルズ数 Re_c は、流速を U、平板先端からの距離を x、動粘性係数を ν として、$\mathrm{Re}_c = \dfrac{Ux}{\nu}$ で表される。この式に $\mathrm{Re}_c = 1 \times 10^6$、$U = 3.0$ m/s、$\nu = 9.0 \times 10^{-7}$ m²/s を代入すると、遷移位置 x は、次のように求まります。

$$x = \frac{\nu \, \mathrm{Re}_c}{U} = \frac{9.0 \times 10^{-7} \, [\mathrm{m^2/s}] \times 1 \times 10^6}{3.0 \, [\mathrm{m/s}]} = 0.3 \, [\mathrm{m}]$$

解答③

練習問題93　圧力こう配のない空気の一様流中で、流れに平行に置かれた半無限平板上に発達する境界層に関する次の記述のうち、最も不適切なものはどれか。

[令和元年度　Ⅲ－35]

① 境界層の特性を表現するために、粘性作用による流量の欠損を表す排除厚さや運動量の欠損を表す運動量厚さが用いられる。

② 平板の前縁から発達する層流境界層では、その厚さ δ が近似的に $\delta \approx 5.0\sqrt{\nu x / U}$ と表される。ただし、x は平板先端からの距離であり、空気は x の正方向に流れている。また、流れ方向速度を U、動粘性係数を ν とする。

③ 層流境界層は、平板に沿った流れ方向に次第に厚くなり、臨界レイノルズ数を超えると、乱流境界層となる。

④ 境界層の厚さは、速度が一様流の90%に達する位置で定義される。

⑤ 乱流境界層内には壁面の影響が著しい壁領域（内層）があり、内層はさらに3つの領域から成り、壁面側から粘性底層、緩和層（バッファ層）、対数層（対数領域）と呼ばれる。

16.　各種流れの抵抗

> **問題 94**　流体の損失や抵抗に関する次の記述のうち、内容に誤りがあるもの
> を選べ。　　　　　　　　　　　　　　　　　　　［平成16年度　Ⅳ－15］
> ①　一様流中に置かれた平板上の境界層が層流であるとき、その平板の摩擦
> 抗力は一様流の速度に比例する。
> ②　球の周りの流れがストークス域にあるとき、その抗力係数はレイノルズ
> 数に反比例する。
> ③　滑らかな円管の乱流域の圧力損失がブラジウスの式で近似できるとき、
> 圧力損失はその平均流速の1.75乗に比例する。
> ④　流れの中におかれた物体の受ける抗力が速度の2乗に比例するとき、そ
> の抗力係数は一定値となる。
> ⑤　ハーゲン・ポアズイユの流れにおける圧力損失は、流量一定のとき、円
> 管直径の4乗に反比例する。

■ **出題の意図**　　平板、物体、配管内などの流れに対して物体が受ける力に関する知
識を要求しています。

解　説

（1）平板の受ける力（境界層）

平板の**境界層**では、前縁からの距離をx、粘性係数をμ、動粘性係数をν、一様流の流
速をUとすると、**境界層の厚さ**は$\sqrt{\dfrac{\nu x}{U}}$に、平板に加わる**せん断応力**は$\mu U \sqrt{\dfrac{U}{\nu x}}$に比例
します。

（2）物体の受ける力

「13.　物体まわりの流れ―抗力と揚力」で説明したように、流れの中に置かれた物体が
受ける**抗力**は、**抗力係数**×動圧×代表面積で表します。発達した乱流では、抗力係数が
一定となり、また動圧が流速の2乗に比例するので、抗力は流速の2乗に比例することに
なります。レイノルズ数の小さい遅い流れでは、抗力係数はR_eに反比例し、R_eは流速に
比例しているので、抗力係数は流速に比例することになります。

（3）ブラジウスの式

表面が滑らかな円管の乱流の管摩擦係数λは、**ブラジウスの式**（適用範囲$3{,}000 < R_e <$
$80{,}000$）$\lambda = 0.3164\,R_e^{-0.25}$で表されます。また、表面が粗い円管については、管摩擦係数

はレイノルズ数に加えて「表面粗さ／管内径」の影響を受けます（「11. 管内の流れ—1」を参照してください）。

（4）ハーゲン・ポアズイユの流れ

粘性流体が円管を層流で流れる場合、その流れは**ハーゲン・ポアズイユの流れ**（または**ポアズイユの流れ**）と呼ばれ、その流速分布と流量は次のように表されます。

$$u = \frac{\alpha}{4\mu}\left(R^2 - r^2\right)、\quad Q = \frac{\pi\alpha}{8\mu}R^4$$

ここで、uは流速、Qは流量、αは圧力勾配、μは粘性係数、Rは円管の半径、rは中心からの距離です。

■ 解 き 方

① 層流境界層中の板の受ける抗力は、一様流の流速の1.5乗に比例します。よって、この内容は誤りです。

② ストークス域（レイノルズ数が小さく粘性が支配している領域）にあるとき、抗力は流速に比例し、抗力係数はレイノルズ数に反比例します。よって、この内容は正しい。

③ ブラジウスの式より、管摩擦係数は$0.3164\ R_e^{-0.25}$となり流速の0.25乗に反比例します。円管の圧力損失は、管摩擦係数×流速の2乗の形で表されるので、流速の1.75乗に比例することになります。よって、この内容は正しい。

④ 物体の抗力は、抗力係数×動圧×代表面積で表され、動圧が流速の2乗に比例します。したがって、抗力が流速の2乗に比例すれば、抗力係数は一定となります。よって、この内容は正しい。

⑤ ハーゲン・ポアズイユの流れでは、流量は圧力勾配×円管直径の4乗に比例するので、流量を一定とすると、圧力損失は円管直径の4乗に反比例します。よって、この内容は正しい。

■解答①

練習問題94 円管内を流体が一定の圧力勾配で層流で流れている。この流れに関する次の記述のうち、内容に誤りがあるものを選べ。

① 流速分布は放物線となる。

② 壁面での流速は0となる。

③ 円管中央で流速は最大となる。

④ 流量と流速は粘性係数に反比例する。

⑤ 流量は管径の2乗に比例する。

17. 連続の式

問題95　xy平面上の2次元非圧縮流を考える。速度ベクトル$\bar{u}$のx方向成分u、y方向成分vがそれぞれ

$$u = ax + by、$$

$$v = cx + dy、$$

と表されるとき、連続の式を満たすための実定数a、b、c、dの関係を表す式として、適切なものはどれか。　　　　　　［令和3年度　Ⅲ−34］

① $a + d = 0$　　② $a - d = 0$　　③ $b + c = 0$

④ $b - c = 0$　　⑤ $a + b + c + d = 0$

出題の意図　連続の式に関する知識を要求しています。

解説

(1) 連続の式

領域中の任意の体積Vに対して流入・流出する量の総和は、体積V内の質量変化に等しくなります。この質量保存則に基づき導出されるのが**連続の式**であり、次式で表されます。

$$\left(\frac{\partial}{\partial t} + \mathbf{v} \cdot \nabla\right)\rho + \rho\nabla \cdot \mathbf{v} = 0$$

ここで、ρは流体の密度、$\mathbf{v}$は速度ベクトルを、∇は体積表面の法線方向の微分を表します。微分の演算子$\frac{\partial}{\partial t} + \mathbf{v}\nabla$は、流体粒子の動きに沿って時間微分することを意味しており、$\frac{\partial}{\partial t} + \mathbf{v}\nabla = \frac{D}{Dt}$と表すと、連続の式は次式で表されます。

$$\frac{D\rho}{Dt} + \rho\nabla \cdot \mathbf{v} = 0$$

非圧縮性の流体では、$\frac{D\rho}{Dt} = 0$となるので、連続の式は次式となります。

$$\nabla \cdot \mathbf{v} = 0$$

デカルト座標系（xyz座標系）を用いると、連続の式（圧縮性流体）は次のようになります。

$$\left(\frac{\partial}{\partial t} + u\frac{\partial}{\partial x} + v\frac{\partial}{\partial y} + w\frac{\partial}{\partial z}\right)\rho + \rho\left(\frac{\partial u}{\partial x} + \frac{\partial v}{\partial y} + \frac{\partial w}{\partial z}\right) = 0$$

ここで、u, v, wはそれぞれx, y, z方向の流速を表します。また、流体粒子の動きに沿った時間微分の演算子は$\frac{\partial}{\partial t} + \frac{u\partial}{\partial x} + \frac{v\partial}{\partial y} + \frac{w\partial}{\partial z} = \frac{D}{Dt}$です。非圧縮性流体では、連続の式は次式で表されます。

$$\frac{\partial u}{\partial x} + \frac{\partial v}{\partial y} + \frac{\partial w}{\partial z} = 0$$

(2) 運動方程式（オイラーの式）

流体粒子に加わる力がその質量と加速度の積に等しくなるニュートンの法則より、運動方程式は導かれ、非粘性流体では次式となります。

$$\left(\frac{\partial}{\partial t} + \mathbf{v} \cdot \nabla\right)\mathbf{v} = \frac{D\mathbf{v}}{Dt} = -\nabla p + \rho \mathbf{g}$$

この式が、非粘性流体の**オイラー**の**運動方程式**です。ここで、$\mathbf{g}$ は重力加速度のベクトルを示し、左辺が加速度項、右辺第1項が圧力項、第2項が外力項です。デカルト座標系を用いると、運動方程式は、重力ベクトルを $\mathbf{g} = (0, -g, 0)$ で表し（y は鉛直上向きとする）、次式となります。

$$\rho\left(\frac{\partial u}{\partial t} + u\frac{\partial u}{\partial x} + v\frac{\partial u}{\partial y} + w\frac{\partial u}{\partial z}\right) = -\frac{\partial p}{\partial x}$$

$$\rho\left(\frac{\partial v}{\partial t} + u\frac{\partial v}{\partial x} + v\frac{\partial v}{\partial y} + w\frac{\partial v}{\partial z}\right) = -\frac{\partial p}{\partial y} - \rho g$$

$$\rho\left(\frac{\partial w}{\partial t} + u\frac{\partial w}{\partial x} + v\frac{\partial w}{\partial y} + w\frac{\partial w}{\partial z}\right) = -\frac{\partial p}{\partial z}$$

(3) ポテンシャル流れ

非圧縮の理想流体の渦無し流れにおいては、その方向に微分することによりその方向の速度が得られる**速度ポテンシャル** ϕ が存在し、その流れを**ポテンシャル流れ**といいます。速度ポテンシャル ϕ はその定義から、速度との間に以下の関係式が成り立ちます。

$$u = \frac{\partial \phi}{\partial x}, \quad v = \frac{\partial \phi}{\partial y}, \quad w = \frac{\partial \phi}{\partial z}$$

ここで、u, v, w はそれぞれ、x, y, z 方向の流速です。

速度ポテンシャルを連続の式に代入することにより、次式で示すように**ラプラスの方程式**が得られます。

$$\frac{\partial u}{\partial x} + \frac{\partial v}{\partial y} + \frac{\partial w}{\partial z} = \frac{\partial^2 \phi}{\partial x^2} + \frac{\partial^2 \phi}{\partial y^2} + \frac{\partial^2 \phi}{\partial z^2} = \nabla \phi = 0$$

ここで、$\nabla = \frac{\partial^2}{\partial x^2} + \frac{\partial^2}{\partial y^2} + \frac{\partial^2}{\partial z^2}$ です。したがって、ラプラスの方程式の解を、所定の境界条件下で解くことにより、ポテンシャル流れの解が求まります。

なお、速度ポテンシャルを渦度に代入すると、次式で示すように渦度が恒等的に0となります。したがって、ポテンシャル流れ＝渦無し流れとなります。

$$\frac{\partial w}{\partial y} - \frac{\partial v}{\partial z} = \frac{\partial^2 \phi}{\partial z \partial y} + \frac{\partial^2 \phi}{\partial y \partial z} = 0$$

$$\frac{\partial u}{\partial z} - \frac{\partial w}{\partial x} = \frac{\partial^2 \phi}{\partial x \partial z} + \frac{\partial^2 \phi}{\partial z \partial x} = 0$$

$$\frac{\partial v}{\partial x} - \frac{\partial u}{\partial y} = \frac{\partial^2 \phi}{\partial y \partial x} + \frac{\partial^2 \phi}{\partial x \partial y} = 0$$

解き方

2次元非圧縮流の場合、連続の式は $\dfrac{\partial u}{\partial x} + \dfrac{\partial v}{\partial y} = 0$ となります。この式に、$u = ax + by$、$v = cx + dy$ を代入して、次の関係式が得られます。

$$\frac{\partial u}{\partial x} + \frac{\partial v}{\partial y} = a + d = 0$$

解答①

練習問題95　xy平面上の2次元非圧縮性流れにおいて、x方向の速度 u が次式で与えられている。

$$u = x^2 + xy$$

このとき、y方向の速度 v の必要条件を満たすものはどれか。

[令和2年度　Ⅲ-30]

① $v = -2xy - \dfrac{1}{2}y^2$ 　　② $v = -xy - \dfrac{1}{2}y^2$ 　　③ $v = -2x - y$

④ $v = y - 2xy - \dfrac{1}{2}y^2$ 　　⑤ $v = -\dfrac{1}{2}y^2$

---

18. 流体機械の動力

| 問題96 | 室内の空気を軸流ファンにより室外に排出している。室内の空気は静止しており、排出口では空気の流速は15 m/sである。排出口の面積は0.070 m²であり、室内と排出口での圧力は同じとみなしてよい。このファンの動力が0.20 kWのとき、ファンのエネルギー効率として最も近い値はどれか。ただし、空気の密度は1.2 kg/m³とし、管路での摩擦抵抗や流れの旋回は無視する。 [令和元年度 Ⅲ－30]

① 0.04　② 0.05　③ 0.56　④ 0.59　⑤ 0.71

■ 出題の意図　流体機械の動力に関する知識を要求しています。

解　説

ポンプについて以下に説明します。

回転体に取り付けた**翼（羽根車）**の間を液体が通り抜け、そのときに羽根車に沿って加速することによりエネルギーを与える機械を**ターボポンプ**といいます。一方、ピストンなどの往復運動、あるいはギア、スクリューなどを回転させて液体を移動させる機械を**容積ポンプ**といいます。ポンプにおいて、流体がポンプから受け取る全ヘッド（全圧／密度／重力加速度）を**全揚程**または**揚程**といいます。

ターボポンプにおいて、流体が羽根の半径方向に流れるものを**遠心ポンプ**、羽根の回転軸方向に流れるものを**軸流ポンプ**、その中間のものを**斜流ポンプ**といいます。一般に、遠心ポンプは揚程が高く、軸流ポンプは揚程が低く流量が大きくなります。また、容積ポンプは、流体を強制的に移送できるので、ターボポンプに比べて揚程を高くすることができます。

ポンプに必要な**動力** P_w [W] は、次式で表されます。

$$P_w = \frac{\rho g Q H}{\eta}$$

ここで、ρ は流体密度 [kg/m³]、g は重力加速度 [m/s²]、Q はポンプ流量 [m³/s]、H は全揚程 [m]、η はポンプ**効率**です。このポンプ動力の式は、理論動力 $P\rho QH$ を効率 η で除すことにより、実際の動力を求めるものです。他の流体機械の場合も、同様に理論動力を効率で除すことにより実際の動力が求まります。ポンプ効率 η は、**流体効率** η_h、**体積効率** η_v、**機械効率** η_m の積で表されます。流体効率は「実際の揚程／理論揚程」であり、ポンプ内部のエネルギー損失の影響を表します。体積効率は、「ポンプ流量／羽根

を通過する流量」であり、ポンプ内の漏れの影響を表します。機械効率は、羽根車の摩擦、軸受などの機械要素の損失の影響を表します。

　ターボ形ポンプの羽根の性能を表すパラメータとして、**比速度**があります。比速度n_sは次式で表されます。

$$n_s = n\frac{Q^{1/2}}{H^{3/4}}$$

　ここで、nはポンプの回転数、Qは流量、Hは揚程です。比速度の値は単位系により異なりますが、一般に（rpm、$\mathrm{m^3/min}$、m）が使用されることが多いようです。比速度n_sは、羽根の**相似則**より導き出されるパラメータであり、比速度が同じ場合、同じ羽根の性質を有する特徴を持ちます。比速度が大きくなるにしたがって、遠心ポンプ→斜流ポンプ→軸流ポンプと性能が変化します。

■ 解 き 方

　ファンの入口と出口が大気圧であり、動圧のぶんだけファンにより加圧したことになります。動圧は、密度をρ、流速をVとして、次のように求まります。

$$\frac{1}{2}\rho V^2 = \frac{1}{2}\times1.2\times(15)^2 = 135 \ [\mathrm{Pa}]$$

　ファンのエネルギーロスがない場合の動力は、圧力×体積流量で求まるので、次のように表せます。

$$135 \ [\mathrm{Pa}]\times0.07 \ [\mathrm{m^2}]\times15 \ [\mathrm{m/s}] = 141.75 \ [\mathrm{W}] = 0.14175 \ [\mathrm{kW}]$$

　したがって、ファンの効率は、次のように求まります。

$$\frac{0.14175 \ [\mathrm{kW}]}{0.2 \ [\mathrm{kW}]} = 0.70875 \cong 0.71$$

解答⑤

練習問題96　2つの湖の高低差を利用する水力発電を考える。2つの湖水面の高度差が50 mあり、発電用タービンに体積流量4.0 $\mathrm{m^3/s}$の水が流入しているとき、このタービンが取り出しうる動力の最大値として最も近い値を次の中から選べ。ただし、水の密度は$1.0\times10^3 \ \mathrm{kg/m^3}$、重力加速度は9.8 $\mathrm{m/s^2}$とする。

[平成22年度　Ⅳ－32]

① 0.20 MW　　② 0.50 MW　　③ 1.0 MW　　④ 2.0 MW　　⑤ 5.0 MW

19. 回転機械の羽根車

> **問題97** 　下図のように、基準状態における密度 ρ の流体が回転流面上を半径 r_1 で流入し、半径 r_2 で流出する圧縮機がある。この圧縮機の基準状態における体積流量を Q、流入流速を v_1、流入速度が円周方向となす角を α_1 とし、同様に、流出速度、角度を v_2、α_2 とする。この羽根車を回転させるために必要なトルクを与える式を次の中から選べ。 　　　　　　　[平成19年度　Ⅳ−21]
>
> ① 　$\rho Q \left(r_2 v_2 \cos \alpha_2 - r_1 v_1 \sin \alpha_1 \right)$
>
> ② 　$\rho Q \left(r_2 v_2 \cos \alpha_2 - r_1 v_1 \cos \alpha_1 \right)$
>
> ③ 　$\rho Q \left(r_1 v_1 \cos \alpha_1 - r_2 v_2 \sin \alpha_2 \right)$
>
> ④ 　$Q \left(r_2 v_2 \sin \alpha_2 - r_1 v_1 \sin \alpha_1 \right)$
>
> ⑤ 　$Q \left(r_1 v_1 \cos \alpha_1 - r_2 v_2 \cos \alpha_2 \right)$

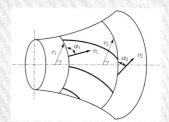

■ 出題の意図 　遠心式回転機械の羽根車のトルクに関する知識を要求しています。

解説

　図5.16に示すように、遠心式回転機械の**羽根車**は多数の羽根を持ち、回転する構造となっています。流体は内側から流入し、羽根車の回転により加速されて外側に流出し、この加速によりエネルギーを与えます。流体が羽根に沿って流れると考え、入口と出口の速度を v_1、v_2、羽根の周速度を u_1、u_2、羽根車からともに回転する座標系から見た速度を w_1、w_2 とすると、図5.17に示す速度三角形の関係が成り立ちます。羽根車に流入する流体の単位時間あたりの**角運動量** $\dot{L}_1$、および羽根車から流失する単位時間あたりの角運動量 $\dot{L}_2$ は次式で表せます。

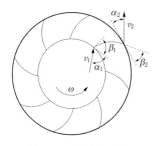

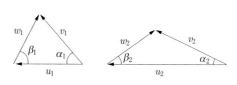

図5.16　羽根車内の流れ 　　　　　　　図5.17　速度三角形

$$\dot{L}_1 = \rho Q \left(r_1 v_1 \cos \alpha_1 \right)、\quad \dot{L}_2 = \rho Q \left(r_2 v_2 \cos \alpha_2 \right)$$

ここで、α_1、α_2 は羽根車に流入および流出する角度、ρ は流体の密度、Q は流量です。回転軸まわりの角運動量の変化が軸まわりの力のモーメント（トルク）T と等しくなるので、この関係は次式で表せます。

$$T = \dot{L}_2 - \dot{L}_1 = \rho Q \left(r_2 v_2 \cos \alpha_2 - r_1 v_1 \cos \alpha_1 \right)$$

ここで、α_1、α_2 は羽根車に流入および流出する角度、ρ は流体の密度、Q は流量です。羽根車を回転させるために必要な動力 W は、トルク T ×角速度 ω に等しくなり、次式で表せます。

$$W = T\omega = \rho Q \omega \left(r_2 v_2 \cos \alpha_2 - r_1 v_1 \cos \alpha_1 \right) = \rho Q \left(u_2 v_2 \cos \alpha_2 - u_1 v_1 \cos \alpha_1 \right)$$

一方、羽根車の動力は、入口と出口の圧力差 ΔP ×流量 Q と等しくなるので、次式が成り立ちます。

$$W = \Delta P Q = \rho g Q H_{th}$$

ここで g は重力加速度、H_{th} は羽根車の揚程です。この式を変形して、羽根車の H_{th} は、次のように表せます。

$$H_{th} = \frac{W}{\rho g Q} = \frac{\rho Q \left(u_2 v_2 \cos \alpha_2 - u_1 v_1 \cos \alpha_1 \right)}{\rho g Q} = \frac{\left(u_2 v_2 \cos \alpha_2 - u_1 v_1 \cos \alpha_1 \right)}{g}$$

この式で表した揚程 H は、粘性の無い羽根車に沿った理想的な流れに対する揚程であり、**理論揚程**と呼ばれます。実際の揚程 H は、理論揚程 H_{th} から内部流れの損失 H_{loss} を引くことにより求まり、次式で表されます。

$$H = H_{th} - H_{\text{loss}}$$

また、羽根車の**水力効率**は次式で表されます。

$$\eta_h = \frac{H}{H_{th}} = 1 - \frac{H_{\text{loss}}}{H_{th}}$$

■ 解 き 方

解説に述べたとおり、羽根車の受けるトルクは、$\rho Q \left(r_2 v_2 \cos \alpha_2 - r_1 v_1 \cos \alpha_1 \right)$ となります。

解答②

練習問題 97　問題 97 と同じ圧縮機の羽根車を回転させるために必要な動力を与える式を次の中から選べ。ただし、羽根の周速度を u_1、u_2 とする。

① $\rho Q \left(u_1 v_1 \cos \alpha_1 - u_2 v_2 \cos \alpha_2 \right)$　　② $\rho Q \left(u_2 v_2 \sin \alpha_2 - u_1 v_1 \sin \alpha_1 \right)$

③ $\rho Q \left(u_2 v_2 \cos \alpha_2 - u_1 v_1 \cos \alpha_1 \right)$　　④ $\rho Q \left(u_1 v_1 \cos \alpha_1 - u_2 v_2 \sin \alpha_2 \right)$

⑤ $\rho Q \left(u_2 v_2 \cos \alpha_2 - u_1 v_1 \sin \alpha_1 \right)$

20. レイノルズ数

> **問題98** 水槽に内径 D の円管が接続されており、水が流出している。円管の入口部では、断面内で流れは一様であり、その流速を U とする。入口部から助走距離 L の位置において、流れは発達し、それより下流では流れ方向に一様な層流となった。U、D、及び水の動粘性係数 ν に基づくレイノルズ数 Re を用いて、無次元化された助走距離は、$L/D = 0.065\,$Re で与えられる。助走距離に関する次の記述のうち、最も適切なものはどれか。
>
> ［平成30年度　Ⅲ－32］
>
> ① 同一の流速、及び管内径において、助走距離は動粘性係数の2乗に反比例する。
> ② 同一の流体、及び流速において、助走距離は管内径の2乗に比例する。
> ③ 同一の流体、及び管内径において、助走距離は流速の2乗に比例する。
> ④ 同一の流体、及び流速において、助走距離は管内径に依存しない。
> ⑤ 同一の流速、及び管内径において、助走距離は動粘性係数の2乗に比例する。

■ **出題の意図**　レイノルズ数に関する知識を要求しています。

■ **解説**

（1）粘性流体の運動方程式（ナビエ・ストークスの式）

粘性流体には、オイラーの運動方程式に粘性項が加わります。非圧縮性流体に対する運動方程式は次式で表され、この運動方程式をナビエ・ストークスの式といいます。

$$\rho \left(\frac{\partial}{\partial t} + \mathbf{v} \cdot \nabla \right) \mathbf{v} = \rho \frac{D\mathbf{v}}{Dt} = -\nabla p + \rho \mathbf{g} + \mu \nabla^2 \mathbf{v}$$

ここで、ρ は流体の密度、$\mathbf{v}$ は速度ベクトル、∇ は体積表面の法線方向の微分、$\mathbf{g}$ は重力ベクトル、μ は粘性係数を表します。デカルト座標系では、ナビエ・ストークスの式は次のようになります。

$$\rho \left(\frac{\partial u}{\partial t} + u\frac{\partial u}{\partial x} + v\frac{\partial u}{\partial y} + w\frac{\partial u}{\partial z} \right) = -\frac{\partial p}{\partial t} + \mu \left(\frac{\partial^2 u}{\partial x^2} + \frac{\partial^2 u}{\partial y^2} + \frac{\partial^2 u}{\partial z^2} \right)$$

$$\rho \left(\frac{\partial v}{\partial t} + u\frac{\partial v}{\partial x} + v\frac{\partial v}{\partial y} + w\frac{\partial v}{\partial z} \right) = -\frac{\partial p}{\partial y} + \mu \left(\frac{\partial^2 v}{\partial x^2} + \frac{\partial^2 v}{\partial y^2} + \frac{\partial^2 v}{\partial z^2} \right) - \rho g$$

$$\rho \left(\frac{\partial w}{\partial t} + u\frac{\partial w}{\partial x} + v\frac{\partial w}{\partial y} + w\frac{\partial w}{\partial z} \right) = -\frac{\partial p}{\partial z} + \mu \left(\frac{\partial^2 w}{\partial x^2} + \frac{\partial^2 w}{\partial y^2} + \frac{\partial^2 w}{\partial z^2} \right)$$

ここで、重力ベクトルは $\mathbf{g} = (0, -g, 0)$ で表しています（y は鉛直上向きとする）。

（2）レイノルズ数

慣性力／粘性力で定義される無次元数を**レイノルズ数**といいます。運動方程式から、

定常状態における慣性力は $\rho\mathbf{v}\nabla\mathbf{v} \approx \dfrac{\rho U^2}{l}$、粘性力は $\mu\mathbf{v}^2\nabla \approx \dfrac{\mu U}{l^2}$ となるので（Uは代表流速、lは代表長さ）、レイノルズ数は $R_e = \dfrac{\dfrac{\rho U^2}{l}}{\dfrac{\mu U}{l^2}} = \dfrac{\rho U l}{\mu} = \dfrac{U l}{\nu}$ となります。ここで、$\nu\left(=\dfrac{\mu}{\rho}\right)$ は動粘性係数です。

　レイノルズ数が小さいときは、粘性力が相対的に大きくなり、流れは層流となります。レイノルズ数が非常に小さく、粘性力が支配的な状態を、**ストークス流れ**といいます。レイノルズ数が大きくなるにしたがって、慣性力が大きくなり、流れは層流から乱流へ遷移します。この遷移するときのレイノルズ数を**臨界レイノルズ数**といいます。

　流れの中におかれた物体に働く力はレイノルズ数とマッハ数（次項の「21. 模型実験」を参照してください）のみの関数であり、圧縮性が無視できる場合は、レイノルズ数が同じ条件であれば、流れは相似となります。これを**レイノルズの相似則**といいます。

　レイノルズ数は、粘性流体の流れに対して重要な無次元数であり、例えば次のようなときに用いられます。

1) 層流から乱流への遷移（円管内の流れでは、レイノルズ数が2,000〜4,000で遷移する）
2) 層流境界層から乱流境界層への遷移
3) 円管内の流れに対する管摩擦係数は、層流状態で $\dfrac{64}{R_e}$、乱流状態では「配管表面粗さ／管内径」と R_e の関数となる
4) 物体の抗力係数は R_e の関数となる
5) 物体まわりの流れにおいて、物体下流で発生する渦の様相は、R_e により異なる
6) 物体まわりの流れにおいて、物体下流で発生するカルマン渦の周期を表すストローハル数は R_e の関数となる（$5\times10^2 < R_e < 2\times10^5$ の範囲では、ほぼ0.2で一定となる）

■ 解き方

① 　$L = 0.065\,\mathrm{Re}\,D = \dfrac{0.065 U D^2}{\nu}$ と表せます。この式より、助走距離 L は動粘性係数 ν に反比例するので、誤った記述です。
② 　助走距離 L は管内径 D の2乗に比例するので、正しい記述です。
③ 　助走距離 L は流速 U に比例するので、誤った記述です。
④ 　助走距離 L は管内径 D の2乗に比例するので、誤った記述です。
⑤ 　助走距離 L は動粘性係数 ν に反比例するので、誤った記述です。

解答②

練習問題98　流体工学等にて使用されるレイノルズ数が表す力の比として、正しいものを次の中から選べ。　　　　　　　　　　　［平成21年度　Ⅳ－29］

① 慣性力／重力　　② 重力／粘性力　　③ 粘性力／慣性力
④ 慣性力／弾性力　　⑤ 慣性力／粘性力

21. 模型実験

> **問題99**　下図のように、一様流中に置かれた翼まわりの流れを調べるため、レイノルズ数を一致させて実機と同じ流体を用いて模型実験を行った。模型実験における翼後縁付近の点Bの流速がu_2のとき、実機における幾何学的に相似な点Aの流速u_1を示す式として、最も適切なものはどれか。ただし、実機及び模型実験の主流流速をU_1、U_2、流れのレイノルズ数をReとする。
>
> [平成30年度　Ⅲ−35]
>
> ① $u_1 = \dfrac{U_2}{U_1} u_2$
>
> ② $u_1 = \dfrac{u_2}{\mathrm{Re}}$
>
> ③ $u_1 = \mathrm{Re} \cdot u_2$
>
> ④ $u_1 = u_2$
>
> ⑤ $u_1 = \dfrac{U_1}{U_2} u_2$

出題の意図　流れの相似則と模型実験に関する知識を要求しています。

解　説

（1）マッハ数

　流速／音速で定義される無次元数を**マッハ数**といいます。流速をU、音速をCとすると、マッハ数は$M_a = \dfrac{U}{C}$となります。一般的にマッハ数が0.3より小さい場合は非圧縮性流体として近似することができますが、マッハ数が0.3より大きい場合は、**圧縮性流体**として取り扱う必要があります。マッハ数の等しい流れでは圧縮性による影響が等しくなり、すなわち圧縮性に関して相似であるといえます。物体まわりの流れにおいて、レイノルズ数および幾何学的形状が一致すれば流れは完全に相似となります。マッハ数が1より小さい流れを**亜音速流れ**といい、マッハ数が1より大きい流れを**超音速流れ**といいます。

（2）フルード数

　（慣性力／重力）の平方根で定義される無次元数を**フルード数**といいます。代表流速をU、代表長さ（水深）をh、重力加速度をgとすると、フルード数は$F_R = \dfrac{U}{\sqrt{gh}}$、となります。フルード数は、流れに対して重力の影響を表すパラメータです。自由表面を有す

る流れでは、フルード数を用いて自由表面の影響を考慮する必要があります。開水路流れにおいて、$\sqrt{gh}$ は水深 h の開水路流れの波の速度を表し、フルード数が 1 より小さい流れを**常流**、フルード数が 1 より大きい流れを**斜流**といいます。流れが斜流から常流に遷移するときに、**跳水現象**が生じ、水深が急激に上昇します。

(3) ウェーバー数

表面張力／慣性力で定義される無次元数を**ウェーバー数**といいます。表面張力を σ、流体密度を ρ、代表流速を U、代表寸法を l とすると、ウェーバー数は $W_E = \dfrac{\sigma}{\rho U^2 l}$ となります。ウェーバー数は、表面張力の影響を表し、気液二相流における液滴または気泡がある状態の流れ、液滴の挙動などはウェーバー数に依存しています。

(4) 模型実験

実物の流れを、縮尺モデルで模型実験を行い再現する場合、流れに影響する無次元数を合わせて行う必要があります。粘性のみの影響がある場合はレイノルズ数を、粘性と圧縮性の影響がある場合はレイノルズ数とマッハ数を、自由表面の流れ、重力による流れではフルード数を合わせて、模型実験を行います。気泡、液滴を含む流れでは、これらの無次元数に加えて、ウェーバー数の影響を考慮する必要があります。

■ **解 き 方**

レイノルズの相似則より、動粘性係数を ν、翼の長さを l_1（実機）、l_2（模型実験）として、次の関係が成り立ちます。

$$\frac{U_1 l_1}{\nu} = \frac{U_2 l_2}{\nu} \ \text{、} \qquad \frac{u_1 l_1}{\nu} = \frac{u_2 l_2}{\nu}$$

この関係式を整理して、次式が得られます。

$$\frac{U_1}{U_2} = \frac{l_2}{l_1} \ \text{、} \qquad u_1 = \frac{l_2}{l_1} u_2 = \frac{U_1}{U_2} u_2$$

解答⑤

練習問題 99　実物の貯水槽の寸法比 1 / 100 の模型の貯水槽を排水するのに 10 分かかった。実際の貯水槽を排水するのに要する時間を次の中から選べ。

[平成 20 年度　Ⅳ－28]

①　14.1 分　　②　98 分　　③　100 分　　④　141 分　　⑤　980 分

---

22. 流れの無次元数

問題100 流体の無次元数に関する次の記述のうち、正しくないものを選べ。

[平成17年度　Ⅳ−18]

① レイノルズ数の大きな流れは慣性力が支配的な流れである。
② ウエーバー数は表面張力と粘性力の比である。
③ フルード数の小さな流れは重力が支配的な流れである。
④ ストローハル数は非定常流れにおいて問題となる量である。
⑤ マッハ数はある点の流れの速度とその点における音速の比である。

出題の意図 流れの無次元数に関する知識を要求しています。

解説

レイノルズ数、ウェーバー数、フルード数、マッハ数は、「20. レイノルズ数」および「21. 模型実験」の解説を参照してください。

(1) ストローハル数

ストローハル数 S_t は、実際に生じる振動数 f と、代表流速 U と代表寸法 l から決まる周波数 $\dfrac{U}{l}$ との比で、$S_t = \dfrac{fl}{U}$ で定義されます。円柱まわりの流れでは、ストローハル数は、一般にレイノルズ数 R_e の関数ですが、$5 \times 10^2 < R_e < 2 \times 10^5$ の範囲ではほぼ0.2で一定となります。

(2) ヌセルト数

（熱伝達による伝熱量）／（熱伝導による伝熱量）で定義される無次元数を**ヌセルト数**といいます。熱伝達率を h、熱伝導率を λ、代表寸法を l、温度差を ΔT とすると、単位面積あたりの熱伝導による伝熱量は $\dfrac{\lambda}{l} \Delta T$ で、単位面積あたりの熱伝達による伝熱量は $h\Delta T$ で表されるので、$N_u = \dfrac{h\Delta T}{\dfrac{\lambda}{l} \Delta T} = \dfrac{hl}{\lambda}$ となります。ヌセルト数が大きいことは、流れによる伝熱量が熱伝導に比べて大きくなることを示しています。

(3) プラントル数

動粘性係数／温度拡散率（温度伝導率あるいは熱拡散率ともいう）で定義される無次元数を**プラントル数**といいます。動粘性係数を ν、温度拡散率を α とすると、プラントル数は $P_r = \dfrac{\nu}{\alpha}$ となります。プラントル数は、粘性により速度が拡散していく現象と、熱伝導により温度が拡散していく現象の比を示しています。プラントル数は、流体の種類により異なり、空気などの気体の場合は約0.7、液体金属では小さく、通常の液体では大きくなります。なお、温度拡散率は、非定常の熱伝導において、温度の伝わる速さを示す係数です。温度の伝わる早さを示すことから温度伝導率、または熱の拡散を示すこ

とから熱拡散率とも呼ばれています。流体の熱伝導率をλ、密度をρ、低圧比熱をc_pとすると、温度拡散率は$\alpha = \dfrac{\lambda}{\rho c_p}$となります。

（4）グラスホフ数

浮力／粘性力で定義される無次元数を**グラスホフ数**といいます。重力加速度をg、体膨張係数をβ、温度差をΔT、代表寸法をl、動粘性係数をνとすると、グラスホフ数は$G_r = \dfrac{g\beta\Delta T l^3}{\nu^2}$となります。グラスホフ数は、自然対流の駆動力を表すパラメータです。一般に、慣性力に対する浮力の比である$\dfrac{G_r}{R_e^2}$が1より大きい場合は自然対流が支配的、1より小さい場合は強制対流が支配的となると判断されます。

（5）レイリー数

グラスホフ数とプラントル数の積で定義される無次元数を**レイリー数**といいます。グラスホフ数をG_r、プラントル数をP_rとすると、レイリー数は$R_a = G_r P_r$となります。レイリー数は、自然対流の発生の有無の判別に用いられます。レイリー数が臨界レイリー数以下では自然対流は発生せず、臨界レイリー数を超えると対流が発生します。代表寸法を流体層の厚さ、温度差を流体層の上下面の温度差とすると、上下面が固体面の場合で臨界レイリー数は1708、下面が固体面で上面が自由表面の場合で臨界レイリー数は1108になります。また、レイリー数が10^9を超えると、自然対流により流れが層流から乱流へ遷移することが知られています。

■ 解 き 方

① レイノルズ数＝慣性力／粘性力であり、レイノルズ数の大きな流れは慣性力が支配的となります。よって、この内容は正しい。

② ウェーバー数＝表面張力／慣性力であり、表面張力と粘性力の比ではありません。よって、この内容の記載は誤りです。

③ フルード数は（慣性力／重力）の平方根で表され、フルード数の小さな流れでは重力が支配的となります。よって、この内容は正しい。

④ ストローハル数は、円柱まわりの流れで円柱の下流で発生する非定常な渦の発生周波数の特徴を表す無次元量です。よって、この内容は正しい。

⑤ マッハ数＝流速／音速です。よって、この内容は正しい。

‖解答②‖

練習問題100　熱と流れに関係する記述として、誤っているものを次の中から選べ。

① 温度拡散率は、定常流れにおける伝熱を示す係数です。

② ヌセルト数は、熱伝達による伝熱量と熱伝導による伝熱量の比を示します。

③ プラントル数は、動粘性係数／温度拡散率で定義される無次元数です。

④ グラスホフ数は、浮力／粘性力で定義される無次元数です。

⑤ レイリー数が臨界レイリー数より大きくなると、熱対流が発生し、伝熱量が増加します。

第6章
難解な問題例（付録）

1. 材料力学

付録1　右図に示すように、天井から鉛直につり下げられた棒（長さl、密度ρ）の底面（B点）に軸荷重Pを作用させたとき、自重と軸荷重Pによって棒に生じる応力が全長にわたってσ_0になるように横断面積を変化させる。このとき、上端（A部）における棒の横断面積として、最も適切なものはどれか。ただし、gは重力加速度とし、eは自然対数の底とする。

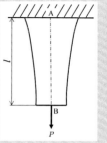

［平成28年度　Ⅲ－2］

① $\dfrac{P}{\sigma_0}$ ② $\dfrac{P + \rho gl}{\sigma_0}$ ③ $\dfrac{P + \rho gl}{\sigma_0}e^{\frac{\rho gl}{\sigma_0}}$ ④ $\dfrac{\rho gl}{\sigma_0}e^{\frac{\rho gl}{\sigma_0}}$ ⑤ $\dfrac{P}{\sigma_0}e^{\frac{\rho gl}{\sigma_0}}$

■ 解　説 ■

第2章「1. 荷重、応力とひずみ―1」および「5. 自重による棒の応力と伸び」を参考にしてください。

■ 解 き 方 ■

底面の棒の断面積をB、上端の断面積をAとします。また、底面から距離xの断面積をAx、$x + dx$の断面積を$Ax + dAx$とします。

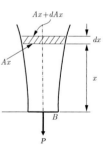

この微小部分（図の斜線部）の上下面の応力は同じσ_0が作用し、かつ微小部分の自重$\rho gAxdx$が下向きに作用します。よって、この微小部分の力の釣合いより以下の式が成り立ちます。

$$(Ax + dAx)\sigma_0 = \sigma_0 Ax + \rho gAxdx \quad \rightarrow \quad dAx\sigma_0 = \rho gAxdx$$

両辺を$\sigma_0 Ax$で除して、さらに両辺を積分すると以下の式が得られます。

$$\frac{dAx}{Ax} = \frac{\rho g}{\sigma_0}dx \quad \rightarrow \quad \log Ax = \frac{\rho g}{\sigma_0}x + C1 \qquad \therefore Ax = e^{C1} \cdot e^{\frac{\rho g}{\sigma_0}x} = Ce^{\frac{\rho g}{\sigma_0}x}$$

ここで$C = e^{C1}$は積分定数ですが、棒の下端$x = 0$では、$A_0 = B = C$　となります。また、底面の応力は、$\sigma_0 = \dfrac{P}{B}$であるから、$C = B = \dfrac{P}{\sigma_0}$となります。

これらの式を上記のAxに代入すれば、以下の式が得られます。

$$Ax = \frac{P}{\sigma_0}e^{\frac{\rho g}{\sigma_0}x} \quad \text{よって上端では}x = l\text{とすれば、} A_1 = A = \frac{P}{\sigma_0}e^{\frac{\rho gl}{\sigma_0}}$$

解答⑤

2. 機械力学・制御 ————————————————

> 付録2-1 時刻 $t = 0$ において静止していた質量 m_0 の雨滴が、周囲の静止し
> た水滴を取込みながら重力場（重力加速度 g）の中を落下していく。ここで、
> 雨滴の質量の単位時間当たりの増加率を定数 α とするとき、時刻 t における
> 速度として、最も適切なものはどれか。　　［令和元年度（再試験）　Ⅲ－17］
>
> ①　$\dfrac{m_0 t + \alpha t}{m_0} g$　　　②　$\dfrac{m_0 t + \alpha t^2}{m_0} g$　　　③　$\dfrac{m_0 t + \dfrac{3}{2} \alpha t^2}{m_0} g$
>
> ④　$\dfrac{m_0 t + \dfrac{3}{2} \alpha t^2}{m_0 + \alpha t} g$　　⑤　$\dfrac{m_0 t + \dfrac{1}{2} \alpha t^2}{m_0 + \alpha t} g$

解　説

第3章「6. 運動方程式」を参考にしてください。

解 き 方

時刻 t における質量を雨滴の質量と速度を m、v、時刻 $t + \Delta t$ における雨滴の質量と速度
を $m + \Delta m$、$v + \Delta v$ とします。質量保存と運動量保存の関係式は、以下のように記述でき
ます。

$$m = m_0 + \alpha t、\Delta m = \alpha \Delta t$$

$$(m + \Delta m)(v + \Delta v) - mv = mg\Delta t$$

整理して、

$$v\alpha\Delta t + m\Delta v = mg\Delta t$$

$$\frac{dv}{dt} = g - \frac{\alpha v}{m_0 + \alpha t}$$

$F = (m_0 t + 0.5\alpha t^2)$、$G = \dfrac{g}{m_0 + \alpha t}$ を、$\dfrac{d(FG)}{dt} = \dfrac{FdG}{dt} + \dfrac{GdF}{dt}$ に代入すると、上の式と
等しくなります。したがって、C を積分定数として、次式が得られます。

$$v = FG + C = \frac{\left(m_0 t + \dfrac{1}{2} \alpha t^2\right)}{(m_0 + \alpha t)} g + C$$

$t = 0$ で $v = 0$ から、$C = 0$ となり、これを上式に代入して、

$$v = \frac{m_0 t + \dfrac{1}{2} \alpha t^2}{m_0 + \alpha t} g$$

解答⑤

> **付録2-2** 下図に示すフィードバック制御系が安定に動作するためのゲイン
> K の範囲として、最も適切なものはどれか。 ［平成29年度　Ⅲ－12］
> ① $0 < K < 1.2$ ② $0 < K < 2$
> ③ $0 < K < 6$ ④ $0 < K < 15$
> ⑤ $0 < K < 30$

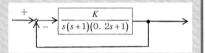

解　説

第3章「23. ラウスの安定判別法」、「24. フルビッツの安定判別法」、および「25. フィードバック制御系の安定性」を参考にしてください。

解 き 方

入力を $X(s)$、出力を $Y(s)$ とすると、伝達関数は次のように表せます。

$$\frac{\dfrac{K}{s(s+1)(0.2s+1)}}{1+\dfrac{K}{s(s+1)(0.2s+1)}}$$

この伝達関数の分母 = 0 となる特性方程式は、次のように表せます。

$$1+\frac{K}{s(s+1)(0.2s+1)}=\frac{s(s+1)(s+5)+5K}{s(s+1)(s+5)}=0$$

$$s(s+1)(s+5)+5K=s^3+6s^2+5s+5K=0$$

この特性方程式に対するラウス数列は、以下のようになります。

s^3　　$R_{11}=1$、　　$R_{12}=5$

s^2　　$R_{21}=6$、　　$R_{22}=5K$

s　　$R_{31}=\dfrac{R_{21}R_{12}-R_{11}R_{22}}{R_{21}}=\dfrac{6\cdot5-5K}{6}=\dfrac{5(6-K)}{2}$

1　　$R_{41}=\dfrac{R_{31}R_{22}-R_{21}R_{32}}{R_{31}}=\dfrac{6}{5(6-K)}\dfrac{5(6-K)\cdot5K}{6}=5K$

特性方程式の係数がすべて正であること、およびラウス数列がすべて正であることから、本フィードバックシステムが安定となる条件は、次のようになります。

$0 < K < 6$

なお、ここではラウスの安定判別法を用いましたが、フルビッツの安定判別法を用いても、解くことができます。

解答③

3. 熱工学

付録3 外径 r_i、長さ L の金属円管を保温のため熱伝導率 k の断熱材で覆った。断熱材の内径は r_i、外径は r_o とする。断熱材外表面から外気への熱伝達率を h とするとき、周囲への熱損失 Q を求める式として、最も適切なものはどれか。ただし、金属円管外表面温度と断熱材内表面温度はともに T_i であり、外気温度は T_∞ とする。また、選択肢中の対数は自然対数である。

［令和元年度（再試験） Ⅲ－26］

① $Q = \dfrac{2\pi L(T_i - T_\infty)}{\dfrac{1}{r_o h}\log\left(\dfrac{r_o}{r_i}\right) + \dfrac{1}{k}}$
② $Q = \dfrac{2\pi L(T_i - T_\infty)}{\dfrac{1}{k}\log\left(\dfrac{r_o}{r_i}\right) + \dfrac{1}{r_o h}}$

③ $Q = \dfrac{2\pi r_o h L(T_i - T_\infty)}{\log\left(\dfrac{r_o}{r_i}\right) + \dfrac{k}{r_o h}}$
④ $Q = \dfrac{2\pi L(T_i - T_\infty)}{\dfrac{r_o}{k(r_o - r_i)} + \dfrac{1}{r_o h}}$

⑤ $Q = \dfrac{2\pi L(T_i - T_\infty)}{\dfrac{1}{h(r_o - r_i)} + \dfrac{1}{k}}$

解 説

第4章「18. 熱伝導」および「19. 対流伝熱」を参照してください。

解き方

伝熱の基本式 $\Delta T = \dfrac{Q}{UA}$ （ΔT：温度差、U：熱伝達率、A：伝熱面積）を用いて計算します。

断熱材の任意の外径における微小厚さを dr、その内側と外側に生じる微小温度差を $d\Delta T$ とすると、上記の基本式において $U = \dfrac{k}{dr}$、$A = 2\pi r L$ であるので、以下の式となります。

$$d\Delta T = \frac{Q}{k2\pi L}\frac{1}{r}dr$$

断熱材の内外の温度差（ΔT_1 とする）は微小温度差 $d\Delta T$ の総和であるから、右辺を定積分することで得られます。

$$\Delta T_1 = \frac{Q}{k2\pi L}\int_{r_i}^{r_o}\frac{1}{r}dr = \frac{Q}{k2\pi L}\log\left(\frac{r_o}{r_i}\right) \quad \cdots\cdots (1)$$

つぎに、断熱材外表面と外気の温度差（ΔT_2 とする）は基本式において $U = h$、$A = 2\pi r_o L$ であるので、以下の式になります。

$$\Delta T_2 = \frac{Q}{h 2\pi r_o L} \quad \cdots\cdots (2)$$

(1) と (2) を辺々加えると、$\Delta T_1 + \Delta T_2 = T_i - T_\infty$ であり、Q の値は相等しいので、以下のとおり計算できます。

$$T_i - T_\infty = \frac{Q}{2\pi L}\left(\frac{1}{k}\log\left(\frac{r_o}{r_i}\right) + \frac{1}{r_o h}\right)$$

$$Q = \frac{2\pi L (T_i - T_\infty)}{\dfrac{1}{k}\log\left(\dfrac{r_o}{r_i}\right) + \dfrac{1}{r_o h}}$$

‖ 解答② ‖

4. 流体工学

付録4-1 下図に示すように、流速 U_∞ の一様流中に2次元物体が固定されている。それを取り囲む矩形の検査体積ABCDを考える。主流方向を x、垂直方向を y とし、原点は境界ABの中点とする。点Aと原点までの距離を h、点Aから点Dまでの距離を L とする。境界AB上における主流方向速度は U_∞ で一定であり、境界CD上における主流方向速度の y 方向の分布が $u(y)$ で与えられるとき、2次元物体に働く奥行き方向単位長さ当たりの抗力を表す式として、適切なものはどれか。ただし、検査体積ABCDの境界は物体から十分に離れているものとし、境界ABCD上では圧力は一様とみなしてよい。また、流体は非圧縮性流体とし、その密度を ρ とする。[令和3年度 III－29]

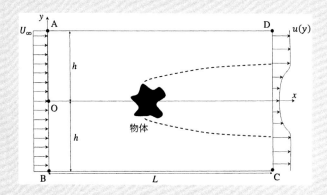

① $\rho \displaystyle\int_{-h}^{h} u(y)\{U_\infty - u(y)\}\,dy$ ② $\rho \displaystyle\int_{-h}^{h} \{U_\infty^2 - u^2(y)\}\,dy$

③ $\rho \displaystyle\int_{-h}^{h} U_\infty \{U_\infty - u(y)\}\,dy$ ④ $\dfrac{\rho}{2} \displaystyle\int_{-h}^{h} U_\infty \{U_\infty - u(y)\}\,dy$

⑤ $\rho \displaystyle\int_{-h}^{h} \{U_\infty - u(y)\}\,dy$

■ 解き方

　物体の存在により、区間ABから流れ込んだ流れの一部は、区間CDの外側に流出します。すなわち、実際の流れは、次ページ図のように、区間A′B′から流入した流れが、区間CDから流出することになり（加えた点線が流線を表す）、物体に加わる力は、区間A′B′CDを対象にした運動量の変化から求めます。

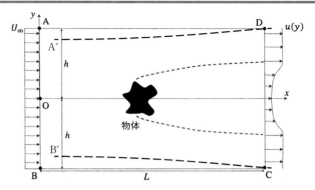

区間 A′ B′ に流入する質量流量 M は、質量保存の関係から次式で表されます。

$$M = \rho \int_{-h}^{h} u(y)\, dy$$

したがって、この区間から流入する流体の運動量は、次式で表されます。

$$MU_{\infty} = \rho \int_{-h}^{h} U_{\infty} u(y)\, dy$$

一方、区間 CD から流出する流れの運動量は、次式となります。

$$MU_{\text{out}} = \rho \int_{-h}^{h} u(y)^2\, dy$$

物体に加わる力 F（抗力）は、区間 A′ B′ に流入する運動量と、区間 CD から流出する運動量の差で表されるので、以下のように求まります。

$$F = \rho \int_{-h}^{h} U_{\infty} u(y)\, dy - \rho \int_{-h}^{h} u(y)^2\, dy = \rho \int_{-h}^{h} \left\{ U_{\infty} - u(y) \right\} u(y)\, dy$$

‖解答①‖

付録4-2 無限に広い空間内で、平板がその面内方向に $U = U_0 \cos(\omega t)$ の速度で振動している。このとき、流体の運動は無限平板の振動方向に平行であり、速度分布 $U(t, y)$ は、以下のように表される。

$$U(t, y) = U_0 \exp\left(-y\sqrt{\frac{\omega}{2\nu}}\right) \cos\left(\omega t - y\sqrt{\frac{\omega}{2\nu}}\right)$$

ここで、t、y、U_0、ω、ν は、それぞれ時間、流体と接する壁面を原点とする壁面垂直方向座標、振動の振幅、角振動数、流体の動粘性係数を表す。

右図は上式の概形を表しており、y 方向に振動振幅が減衰していく様子を示している。ここで、流体の速度変動の振幅が U_0 の1%以上となる領域を境界層と定義する。流体を空気（$\nu = 1.5 \times 10^{-5}$ m²/s）、振動数を 1.0 Hz（$\omega = 2\pi$rad/s）とするとき、境界層厚さ δ の値として、最も近い値はどれか。ただし、必要に応じて、$\log 10 = 2.30$（log は自然対数を表す）を用いよ。

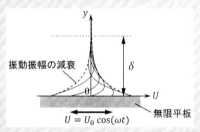

[令和元年度（再試験）　Ⅲ－34]

① 0.10 mm　② 0.40 mm　③ 2.0 mm　④ 10 mm　⑤ 100 mm

解き方

右辺の $\cos\left(\omega t - y\sqrt{\frac{\omega}{2\nu}}\right)$ は、振幅1.0の正弦波なので、振幅の絶対値は $U_0 \exp\left(-y\sqrt{\frac{\omega}{2\nu}}\right)$ で表されます。この数値が U_0 の1%となる条件は、次のようになります。

$$\exp\left(-y\sqrt{\frac{\omega}{2\nu}}\right) = 0.01$$

両辺の log をとって、

$$-y\sqrt{\frac{\omega}{2\nu}} = \log 10^{-2} = -2\log 10$$

変形して、

$$y = 2\frac{\log 10}{\sqrt{\frac{\omega}{2\nu}}}$$

$$y = 2 \times \frac{2.3}{\sqrt{\frac{(2 \times \pi)}{(2 \times 1.5 \times 10^{-5})}}} = 2 \times \frac{2.3}{\sqrt{2 \times \frac{3.14}{30}}} \times 10^{-3} \cong 2 \times 2.3 \times \sqrt{5} \times 10^{-3}$$

$$\cong 10 \times 10^{-3} \text{ [m]} = 10 \text{ [mm]}$$

解答④

付録4-3　固体壁近傍に発達する境界層について考える。境界層厚さを δ、境界層外縁の一様流速を U、壁面垂直方向を y とし、境界層内の速度分布 $u(y)$ が、

$$u = U\left(\frac{y}{\delta}\right)^{\frac{1}{7}}$$

で与えられるとする。$\delta = 40$ [mm] のとき、運動量厚さの値として最も近い値はどれか。　　　　　　　　　　　　　　　　[平成30年度　Ⅲ－34]

① 5.0 mm　② 5.7 mm　③ 3.9 mm　④ 40 mm　⑤ 4.4 mm

解　説

第5章「15. 境界層」を参考にしてください。

解 き 方

運動量厚さは、せん断力により運動量が失われている境界層の厚さで、与えられた流速分布を用いて、次式で表せます。

$$\int_0^\infty \frac{u}{U}\left(1 - \frac{u}{U}\right)dy = \int_0^\infty \left(\frac{y}{\delta}\right)^{\frac{1}{7}}\left(1 - \left(\frac{y}{\delta}\right)^{\frac{1}{7}}\right)dy = \delta\int_0^\infty \left(Y^{\frac{1}{7}} - Y^{\frac{2}{7}}\right)dY \ 、\ Y = \frac{y}{\delta}$$

本問題で与えられた流速の近似式は、境界層内でのみ有効であるので、上式における積分範囲は、$0 \sim \delta$ が妥当です。この関係を用い、また $\delta = 40$ mm を代入して、運動量厚さは、次のように求まります。

$$\int_0^\infty \frac{u}{U}\left(1 - \frac{u}{U}\right)dy = \delta\int_0^1 \left(Y^{\frac{1}{7}} - Y^{\frac{2}{7}}\right)dY = \delta\left[\frac{Y^{\frac{8}{7}}}{\frac{8}{7}} - \frac{Y^{\frac{9}{7}}}{\frac{9}{7}}\right]_0^1 = \delta\left(\frac{7}{8} - \frac{7}{9}\right) = \frac{7}{72}\delta$$

$$= \frac{7}{72} \times 40 = 3.89 \cong 3.9 \ [\text{mm}]$$

解答③

第7章

練習問題の解き方と解答

練習問題1 ■**解き方**

初めに密着させるときに部材1に与える引張荷重をPとすれば、以下のとおりの式となります。

$$\lambda = \frac{Pl_1}{AE_1} \qquad \therefore P = \frac{\lambda AE_1}{l_1}$$

密着後に部材1に発生する引張荷重をP_1、部材2に発生する引張荷重をP_2とすれば、$P = P_1 + P_2$となります。

また、それぞれの引張荷重による伸びはλとなるから、以下の式が得られます。

$$\lambda = \frac{P_1 l_1}{AE_1} + \frac{P_2 l_2}{AE_2} = \delta \frac{l_1}{E_1} + \delta \frac{l_2}{E_2} = \delta \left(\frac{l_1}{E_1} + \frac{l_2}{E_2} \right)$$

$$\therefore \sigma = \frac{\lambda}{\dfrac{l_1}{E_1} + \dfrac{l_2}{E_2}} = \frac{E_1 E_2 \lambda}{l_1 E_2 + l_2 E_1}$$

‖**解答③**‖

練習問題2 ■**解き方**

節点Aまわりの剛体棒に作用する力のモーメントの釣合い式は、以下のとおりです。

$$S_1 a + S_2 b = Pl$$

ABは剛体棒のため直線となるので、引張力S_1、S_2による鋼線の伸びをそれぞれδ_1、δ_2とすると、これらは比例関係にあるので、$\dfrac{\delta_1}{\delta_2} = \dfrac{a}{b}$ の式が成り立ちます。

フックの法則により、伸びは引張力に比例するので、$\dfrac{S_1}{S_2} = \dfrac{a}{b}$ $\qquad \therefore S_2 = S_1 \dfrac{b}{a}$

これをモーメントの釣合い式に代入して、以下のとおりとなります。

$$S_1 a + S_1 \frac{b^2}{a} = Pl \qquad \therefore S_1 = \frac{al}{a^2 + b^2} P \qquad S_2 = S_1 \frac{b}{a} = \frac{bl}{a^2 + b^2} P$$

‖**解答⑤**‖

練習問題3 ■**解き方**

問題3の解説で述べた任意断面に発生する垂直応力とせん断応力の式に、$\theta = 30°$を代入すれば計算できます。

$$\sigma = \frac{P}{A} \cos^2 \theta = \frac{P}{A} \times \left(\frac{\sqrt{3}}{2} \right)^2 = \frac{P}{A} \times \frac{3}{4} = 0.75 \frac{P}{A}$$

$$\tau = \frac{P}{A} \sin \theta \cos \theta = \frac{P}{A} \times \frac{1}{2} \times \frac{\sqrt{3}}{2} = \frac{P}{A} \times \frac{\sqrt{3}}{4} = 0.43 \frac{P}{A}$$

‖**解答⑤**‖

練習問題4　■解き方

この角鋼棒の許容応力は、引張強さと安全率から以下のように計算できます。

$$\sigma_a = \frac{\text{引張強さ}}{\text{安全率}} = \frac{\sigma_t}{S} = \frac{400}{8} = 50 \, [\text{N/mm}^2]$$

角鋼棒の辺長をlとすれば、これに引張荷重Pが作用した場合の発生応力は、以下の式になります。

$$\sigma = \frac{P}{A} = \frac{P}{l^2}$$

この発生応力の最大の限界値が許容応力になりますので、これらの式を整理して数値を代入すると、辺長lは以下のように計算できます。

$$l = \sqrt{\frac{P}{\sigma_a}} = \sqrt{\frac{PS}{\sigma_t}} = \sqrt{\frac{45 \times 10^3 \times 8}{400}} = \sqrt{900} = 30 \, [\text{mm}]$$

解答②

練習問題5　■解き方

問題5の解説で述べたとおり、最大応力は棒の上端部で発生します。

自重による荷重は、棒の断面積をAとすれば、$W = A\rho g l$　となります。

天井の固定点で棒に発生する応力σは、以下のとおり計算できます。

$$\sigma = \frac{W}{A} = \rho g l \qquad \text{よって、破損しないためには、} \quad l < \frac{\sigma_B}{\rho g}$$

解答②

練習問題6　■解き方

小孔が無いときに、繰返し引張荷重が作用する場合の許容応力は、以下の式となります。

$$\sigma_a = \frac{\text{基準強さ}}{\text{安全率}} = \frac{\text{引張疲労限度}}{\text{安全率}} = \frac{\sigma_F}{S}$$

一方で、応力集中を考慮しない場合の平均応力σ_nは、局部的に小孔の端に生じる最大応力σ_{max}と、応力集中係数αを用いると次式となります。

$$\sigma_n = \frac{\sigma_{max}}{\alpha}$$

小孔がある場合に発生する最大応力σ_{max}が許容応力以下になるようにするためには、新たな許容応力σ_aは、次式により計算できます。

$$\sigma_a = \frac{1}{\alpha} \times \frac{\sigma_F}{S} = \frac{1}{3} \times \frac{150}{4} = 12.5 \, [\text{MPa}]$$

解答①

練習問題7　■**解き方**

ΔT_1 の温度が上昇したことにより、δ だけ熱膨張して壁との隙間がなくなったと考えれば以下の式となります。

$$\delta = \alpha \Delta T_1 l \quad \therefore \Delta T_1 = \frac{\delta}{\alpha l}$$

また、棒と壁が接触した後の温度変化を T とすれば、$T = \Delta T_2 - \Delta T_1$ となります。

解説で述べたとおり、温度が T℃上昇したときに棒に発生する圧縮応力 σ は、以下の式になります。

$$\sigma = -\alpha T E = -E\alpha(\Delta T_2 - \Delta T_1)$$

‖解答④‖

練習問題8　■**解き方**

詳細は問題8の解説を参照してください。

$\alpha_S < \alpha_C$ であるので、銅板の熱応力 σ_C は引張応力で、鋼板の熱応力 σ_S は圧縮応力になります。解説の材料1が銅板で、添字1をCに変更して A_C、E_C、α_C として、材料2が鋼板で添字2をSに変更して A_S、E_S、α_S とすれば、以下のとおりの式になります。

$$\sigma_S = \frac{P}{2A_S} = \frac{(\alpha_C - \alpha_S)A_C E_C 2A_S E_S}{2A_S(A_C E_C + 2A_S E_S)}\Delta T = \frac{(\alpha_C - \alpha_S)E_C E_S A_C}{(2E_S A_S + E_C A_C)}\Delta T$$

$$\sigma_C = -\frac{P}{A_C} = -\frac{(\alpha_C - \alpha_S)A_C E_C 2A_S E_S}{A_C(A_C E_C + 2A_S E_S)}\Delta T = -\frac{2(\alpha_C - \alpha_S)E_C E_S A_S}{(2E_S A_S + E_C A_C)}\Delta T$$

よって、この組合せは①となります。

‖解答①‖

練習問題9-1　■**解き方**

はりの長さを l とすれば、はりに作用する最大曲げモーメントは、$M = Wl$ となります。

また、高さが h の、幅 b の長方形断面のはりの断面二次モーメントは $I = bh^3/12$ ですから、最大曲げ応力 σ は、以下のとおり計算できます。

$$\sigma = \frac{M}{Z} = \frac{M}{I} \times \frac{h}{2} = \frac{6Wl}{bh^2}$$

図 (a) のはりの場合：$\sigma_A = \dfrac{M}{Z_A} = \dfrac{6Wl}{2bh^2} = \dfrac{3Wl}{bh^2}$

図 (b) のはりの場合：$\sigma_B = \dfrac{M}{Z_B} = \dfrac{6Wl}{b(2h)^2} = \dfrac{3Wl}{2bh^2}$

$$\therefore \sigma_A : \sigma_B = 2 : 1$$

‖解答①‖

<u>練習問題9-2</u>　■ 解き方

反力 R は、荷重の大きさ（合力）がすべての選択肢で P となるため、$R = P$ となります。

次に、曲げモーメントの大きさは、以下のとおり計算できます。ただし、ここでは反時計回りのモーメントを正としています。

① $M = Pl$

② $M = \dfrac{1}{2} wl^2 = \dfrac{1}{2} Pl$

③ $M = \dfrac{1}{2}(2w) \times \left(\dfrac{l}{2}\right)^2 + (2w) \times \dfrac{l}{2} \times \dfrac{1}{2} l = \dfrac{1}{4} wl^2 + \dfrac{1}{2} wl^2 = \dfrac{3}{4} wl^2 = \dfrac{3}{4} Pl$

　　あるいは、$M = \left((2w) \times \left(\dfrac{l}{2}\right)\right) \times \left(\dfrac{l}{2} + \dfrac{l}{4}\right) = \dfrac{3}{4} wl^2 = \dfrac{3}{4} Pl$

④ 分布荷重による曲げモーメントは、③の $2w$ が w となるので $1/2$ となります。また、集中荷重による曲げモーメントは、①の P が $P/2$ でこれも $1/2$ であることから、それぞれの $1/2$ 同士の合計として計算できます。（重ね合わせの方法）

　　$M = \dfrac{1}{2} Pl + \dfrac{3}{8} Pl = \dfrac{7}{8} Pl$

⑤ $M = \dfrac{1}{2} w \left(\dfrac{l}{2}\right)^2 + \dfrac{1}{2} Pl = \dfrac{1}{8} wl^2 + \dfrac{1}{2} Pl = \dfrac{5}{8} Pl$

したがって、この組合せは③となります。

■ 解答③

<u>練習問題10-1</u>　■ 解き方

支点A、Bの反力を R_A、R_B とすれば、力の釣合いとA点まわりのモーメントの釣合いから以下の式が得られます。

　　$R_A + R_B = 0 \qquad M_A - R_B l - M_B = 0$

　　$R_A = -R_B = \dfrac{M_B - M_A}{l}$

よって、支点Aから x の位置におけるせん断力 F は、$F = -\dfrac{M_A - M_B}{l}$ となります。

■ 解答④

<u>練習問題10-2</u>　■ 解き方

左の集中荷重が作用する場合は、問題10の解説の式に記載したとおり最大曲げモーメントは、中央に発生して、$M = PL/4$ となります。

一方で、右側の一様分布荷重が作用する場合は、同様に最大曲げモーメントは、中央で発生してその値は、$M_A = qL^2/8$ となります。

はりの断面係数をZとすれば、曲げ応力σは、$\sigma = M / Z$で計算できますのでそれぞれの最大曲げ応力が等しい場合には、これらの最大曲げモーメントも等しくなります。

よって、$M = PL / 4 = qL^2 / 8$　したがって、$P = qL / 2$となります。

$$\blacksquare\!\!\!\boxed{解答①}\!\!\!\blacksquare$$

$\boxed{練習問題11}$　　■解き方

直径dの中実丸軸の断面係数は、以下の式で表されます。

$$Z = \frac{\pi}{32} d^3$$

よって、直径$2d$の中実丸軸の断面係数は、直径dの8倍になります。

$$\blacksquare\!\!\!\boxed{解答③}\!\!\!\blacksquare$$

$\boxed{練習問題12}$　　■解き方

せん断力は下向きの荷重を＋とすれば、自由端の$x = L$では$Q = -P$となり、自由端から$x = 0$の壁までの間では$Q = (L - x)w - P$となりxに比例して減少します。その後の$x = 0$の壁では$Q = Lw - P = 0$（ゼロ）になります。

一方、壁からxの位置の曲げモーメントは、反時計回りを＋とすれば以下の式で計算できます。

$$M = (L - x) P - \frac{1}{2}(L - x)^2 w$$

この式から、自由端の$x = L$では（ゼロ）となり、自由端から$x = 0$の壁までの間ではxの指数関数で増加していきます。その後の$x = 0$の壁では$M = LP - \dfrac{L^2 w}{2} = \dfrac{L^2 w}{2} = \dfrac{LP}{2}$になります。よって、この関係する数値を表すSFDとBMDは、②です。

$$\blacksquare\!\!\!\boxed{解答②}\!\!\!\blacksquare$$

$\boxed{練習問題13-1}$　　■解き方

問題13の解説の（3）項で説明したとおり、最大たわみ量は次式の値となります。

$$y_{\max} = y_{x=\frac{1}{2}l} = \frac{Pl^3}{48EI}$$

注記：

　　問題13の片持ちはりの場合のたわみを記憶している場合には、以下のように計算できます。次ページの図のように、荷重Pが作用している点を中心にしてはりを左右に振り分けて分割して考えると、左右のたわみ曲線の形状は片持ちはりのたわみ曲線と相似形となります。すなわち、両端単純支持はりは、次ページの図に示すように片持ちはりが2本連続したものと考えることができます。

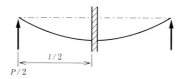

そのため、たわんだ形の対称性から、両端単純支持はりに対して、Pの代わりに$P/2$、lの代わりに$l/2$を入れた値とすれば、荷重P点に相当する場所でのたわみ量δが計算できます。

$$\delta = \frac{\dfrac{P}{2} \times \left(\dfrac{l}{2}\right)^3}{3EI} = \frac{Pl^3}{48EI}$$

解答④

練習問題13-2　■解き方

たわみ曲線の微分方程式およびxにおける曲げモーメントは一定のMであることから、以下の式になります。

$$EI\frac{d^2y}{dx^2} = -M$$

$$EI\frac{dy}{dx} = M(x + C_1)$$

$$EIy = M\left(\frac{1}{2}x^2 + C_1 x + C_2\right)$$

ここで、C_1とC_2は積分定数ですが、はりの境界条件により決まります。

境界条件を考えると、$x = l$ではたわみ角とたわみ量はともに0となります。

これから、C_1とC_2は次式となります。

$$C_1 = -l \qquad C_2 = \frac{1}{2}l^2$$

これらの式から、たわみ量yは、次式で求められます。

$$y = \frac{M}{EI}\left(\frac{1}{2}x^2 - lx + \frac{1}{2}l^2\right)$$

このときの最大たわみ量は、$x = 0$で生じて、次式の値となります。

$$y = \frac{Ml^2}{2EI}$$

解答②

練習問題14-1　■解き方

固定端に発生する抵抗ねじりモーメントを右側がT_1および左側がT_2とすると、釣合いから次式が得られます。

$$T_1 + T_2 = T$$

また、ねじりモーメントT_1およびT_2によるねじれ角は、次式で計算できます。

$$\phi_1 = \frac{T_1 l_1}{GI_{p1}} \qquad \phi_2 = \frac{T_2 l_2}{GI_{p2}}$$

ここで、$I_{p1} = \dfrac{\pi d_1^{\,4}}{32}$　　$I_{p2} = \dfrac{\pi d_2^{\,4}}{32}$　で断面二次極モーメントです。

C点におけるねじれ角は等しくなることから、次式となります。

$$\phi = \phi_1 = \phi_2 = \frac{T_1 l_1}{GI_{p1}} = \frac{T_2 l_2}{GI_{p2}}$$

これらの式から、以下のとおりとなります。

$$\frac{T_1 l_1}{d_1^{\,4}} = \frac{T_2 l_2}{d_2^{\,4}}$$

$$T_1 = \frac{d_1^{\,4} l_2}{d_1^{\,4} l_2 + d_2^{\,4} l_1} T \, 、 \quad T_2 = -\frac{d_2^{\,4} l_1}{d_1^{\,4} l_2 + d_2^{\,4} l_1} T$$

$$\phi = \phi_1 = \frac{32 T_1 l_1}{\pi G d_1^{\,4}} = \frac{32 T l_1 l_2}{\pi G (d_1^{\,4} l_2 + d_2^{\,4} l_1)}$$

▐ 解答④ ▐

▌練習問題14-2▐　■解き方

　問題14の解説に示したように直径dの長さlの丸棒にねじりモーメント（トルク）Tを作用させた場合、棒材料のせん断弾性係数をGとすれば、棒の先端部に発生するねじれ角ϕは次式で計算できます。

$$\phi = l\theta = \frac{lT}{GI_P} = \frac{32lT}{G\pi d^4}$$

ここでI_Pは、断面二次極モーメントで直径dの丸棒では、$I_P = \dfrac{\pi d^4}{32}$ となります。

丸棒Aと丸棒Bの両端部のねじり角が等しくなったことから、次の式が得られます。

$$\phi = \frac{32 l T_A}{G\pi d^4} = \frac{32 \times (3l) \times T_B}{G\pi \times (3d)^4} \qquad よって、\ T_A = \frac{T_B}{27} \qquad \therefore T_A : T_B = 1 : 27$$

▐ 解答② ▐

▌練習問題15▐　■解き方

　問題15の解説で記述したとおり、動力をPとし、回転数をN rpmで考えると以下の式が得られます。

$$P = \frac{2\pi T N}{60} \qquad ここから、\ T = \frac{60P}{2\pi N}$$

また、中実丸軸にかかるトルクをT、軸の直径をd、ねじり応力をτとすれば、以下の式となります。

$$T = \frac{\tau \pi d^3}{16}$$

これらの式から、最大せん断応力は、以下の式で計算できます。

$$\tau = \frac{60P}{2\pi N}\frac{16}{\pi d^3} = \frac{60 \times 150 \times 10^3 \times 16}{2\pi^2 \times 110 \times 0.15^3} = 19.67\,[\text{MPa}]$$

解答⑤

練習問題16 ■**解き方**

最大応力と最大せん断応力は、以下の式となりますので、これに与えられた数値を代入すれば計算できます。

$$\sigma = \frac{16}{\pi d^3}\left(M + \sqrt{M^2 + T^2}\right) = \frac{16}{\pi \times 0.1^3}\left(1 \times 10^3 + \sqrt{\left(1 \times 10^3\right)^2 + \left(2 \times 10^3\right)^2}\right) = 16.5 \times 10^6\,[\text{Pa}]$$
$$= 16.5\,[\text{MPa}]$$

$$\tau = \frac{16}{\pi d^3}\sqrt{M^2 + T^2} = \frac{16}{\pi \times 0.1^3} \times \sqrt{\left(1 \times 10^3\right)^2 + \left(2 \times 10^3\right)^2} = 11.4 \times 10^6\,[\text{Pa}] = 11.4\,[\text{MPa}]$$

解答②

練習問題17-1 ■**解き方**

温度上昇を ΔT とすれば、長さ L の円柱の熱伸び量 ΔL は、$\Delta L = \alpha L \Delta T$ となります。

両端が固定されているので、この熱伸び量のぶんだけ圧縮する場合の圧縮荷重 P は以下のとおりとなります。

$$P = \sigma A = \varepsilon EA = \frac{\Delta L}{L}EA = \frac{\alpha L \Delta T}{L}EA = \alpha \Delta TE \frac{\pi d^2}{4}$$

圧縮されて座屈したとすれば、座屈が発生する条件は、$P_{cr} = P$ となります。

よって、$\dfrac{4\pi^2 EI}{L^2} = \alpha \Delta TE \dfrac{\pi d^2}{4}$ となるので $\quad \therefore \Delta T = \dfrac{16\pi I}{\alpha d^2 L^2}$

解答⑤

練習問題17-2 ■**解き方**

降伏応力 σ_{ys} に達したときの座屈荷重 P_{cr} は、直径 d の長柱の断面積を A として考えると以下となります。

$$\sigma_{ys} = \frac{P_{cr}}{A} = \frac{4P_{cr}}{\pi d^2} \quad \text{これから、}\quad P_{cr} = \sigma_{ys}\frac{\pi d^2}{4} \quad \text{となります。}$$

また、直径 d の円形断面の柱の断面二次モーメントは、$I = \dfrac{\pi d^4}{64}$ ですから、与えられたオイラーの公式にこれらを代入すれば以下の関係式が成り立ちます。

$$P_{cr} = \frac{\pi^2 EI}{L^2} = \frac{\pi^3 Ed^4}{64L^2} = \sigma_{ys}\frac{\pi d^2}{4}$$

この式から長柱の長さ L を求めると以下のようになります。

279

$$L^2 = \frac{\pi^2 d^2 E}{16 \sigma_{ys}} \qquad \therefore L = \frac{\pi d}{4} \sqrt{\frac{E}{\sigma_{ys}}}$$

解答⑤

練習問題18　■解き方

x および y 方向の2軸引張に加えてせん断応力成分が、平面応力状態で作用した場合には、主せん断応力は次式で求められます。

$$\tau_1 \text{ or } \tau_2 = \pm \frac{1}{2} \sqrt{(\sigma_x - \sigma_y)^2 + 4\tau^2_{xy}} = \pm \frac{1}{2} \sqrt{(80 - 20)^2 + 4 \times (30\sqrt{3})^2} = \pm 60 \quad [\text{MPa}]$$

よって、絶対値が最も大きいのは③です。

解答③

練習問題19　■解き方

問題19の図2.33のモールの応力円から、主応力の最大値は50 MPaで最小値は10 MPaであることがわかります。

また、せん断応力の最大値は、以下の式で計算できます。

$$\tau_{max} = \frac{\sigma_x - \sigma_y}{2} = \frac{50 - 10}{2} = 20 \quad [\text{MPa}]$$

解答①

練習問題20　■解き方

①、②および③の記述は、問題19および問題20の解説に示したとおり正しい。

④せん断応力はそれぞれの軸応力の差の半分に等しくなるので同じ軸応力であれば差はゼロになります。よって、この内容は誤りです。

⑤ $\tau = \dfrac{\sigma_x - \sigma_y}{2}$ の式で計算できますが、引張と圧縮が同じ値の応力であれば、$\sigma_x = -\sigma_y$、あるいは $-\sigma_x = \sigma_y$ となり、せん断応力は σ_x あるいは σ_y の値に等しくなります。

よって、この内容は正しい。

解答④

練習問題21　■解き方

ミーゼスの降伏条件の式は以下のとおりです。

$$(\sigma_x - \sigma_y)^2 + (\sigma_y - \sigma_z)^2 + (\sigma_z - \sigma_x)^2 + 6(\tau^2_{xy} + \tau^2_{yz} + \tau^2_{zx}) = 2\sigma_{ys}^2$$

これに、$\sigma_x = \sigma$、$\sigma_y = -\sigma$、$\sigma_z = 0$、$\tau_{xy} = \tau_{yz} = \tau_{zx} = 0$　を代入すれば、以下のとおり計算できます。

$$4\sigma^2 + \sigma^2 + \sigma^2 = 2\sigma_{ys}^{\ 2} \qquad \therefore 3\sigma^2 = \sigma_{ys}^{\ 2} \qquad \text{よって、} \ \sigma = \frac{1}{\sqrt{3}}\sigma_{ys}$$

解答①

練習問題22 ■**解き方**

引張による垂直応力のみが作用する棒のひずみエネルギーを考えます。

外力 P が作用したときに、棒が λ だけ伸びるとすれば、棒に蓄えられている弾性エネルギー U は、次式のように表されます。

$$U = \frac{1}{2}P\lambda$$

棒の断面積を A、長さを l、垂直応力を σ、垂直ひずみを ε、部材の縦弾性係数を E とすれば、フックの法則から次式が得られます。

$$P = A\sigma \qquad \lambda = \varepsilon l \qquad \sigma = E\varepsilon$$

これを上の U の式に代入して整理すれば、棒に蓄えられている弾性エネルギー U は、次式のようになります。

$$U = \frac{1}{2}Al\sigma\varepsilon = \frac{1}{2}AlE\varepsilon^2 = \frac{1}{2E}Al\sigma^2 = \frac{1}{2EA}P^2l$$

この式により、太い丸棒の断面積を A_1、細い丸棒の断面積を A_2、とすれば両方の丸棒の長さと縦弾性係数は同じであるから、両方の棒に蓄えられている弾性エネルギー U は、以下のとおり計算できます。

$$U = \frac{P^2l}{2EA_1} + \frac{P^2l}{2EA_2} = \frac{P^2l}{2E\left(\dfrac{\pi d^2}{4}\right)} + \frac{P^2l}{2E\left(\dfrac{\pi (2d)^2}{4}\right)} = \frac{2P^2l}{E\pi d^2} + \frac{P^2l}{2E\pi d^2} = \frac{5P^2l}{2\pi d^2 E}$$

解答①

練習問題23-1 ■**解き方**

円周方向応力 σ_θ と軸方向応力 σ_z は問題23の解説で述べたように薄肉円筒の直径 d、内圧 P、発生応力 σ と肉厚 t には、以下の関係式が成り立ちます。

$$\sigma_\theta = \frac{dP}{2t} \qquad \sigma_z = \frac{dP}{4t}$$

これらの式に与えられた数値を代入して計算すれば以下のとおりとなります。

$$\sigma_\theta = \frac{dP}{2t} = \frac{370 \times 3}{2 \times 2.5} = 222 \ [\text{MPa}] \qquad \sigma_z = \frac{dP}{4t} = \frac{370 \times 3}{4 \times 2.5} = 111 \ [\text{MPa}]$$

よって、この組合せは③となります。

解答③

練習問題23-2　■解き方

詳細は問題23の解説を参照してください。

この解説（2）で説明したとおり、薄肉球殻容器に発生する円周応力 σ は、以下の式で計算できます。

$$\sigma = \frac{dP}{4t} = \frac{6000 \times 1}{4 \times 3} = 500 \quad [\text{MPa}]$$

■解答③

練習問題24-1　■解き方

上側の棒の長さを l_1、発生する軸力を P_1 とし、上側の棒の長さを l_2、発生する軸力を P_2 とします。

O点の力の釣合いから、以下のとおり軸力 P_1 と P_2 は計算できます。

x 方向： $P_1 \sin\theta + P_2 \sin\theta = 0$ 　　　$\therefore P_1 = -P_2$

y 方向： $P_1 \cos\theta - P_2 \cos\theta - P = 0$

$$P_1 = \frac{P}{2\cos\theta} \qquad P_2 = -\frac{P}{2\cos\theta}$$

それぞれの棒の伸びは、以下のとおり計算できます。

$$\lambda_1 = l_1 \frac{P_1}{AE} = \frac{l}{\sin\theta} \times \frac{P}{2\cos\theta AE} = \frac{Pl}{2\sin\theta\cos\theta AE}$$

$$\lambda_2 = l_2 \frac{P_2}{AE} = -\frac{Pl}{2\sin\theta\cos\theta AE}$$

$$|\lambda_1| = |\lambda_2| = \delta\cos\theta$$

$$\therefore \delta = \frac{\lambda_1}{\cos\theta} = \frac{Pl}{2AE\sin\theta\cos^2\theta}$$

■解答③

練習問題24-2　■解き方

荷重点Dにおける力の釣合い条件から、以下の式が得られます。

$$T_1 + 2T_2\cos\theta = P \qquad (1)$$

次に、T_1 による引張力で棒BDが δ、棒ADとCDが δ_1 だけ伸びて荷重点Dが D_1 に変位したとすれば、$BD_1 = l_1 + \delta$ 　$AD_1 = CD_1 = l_2 + \delta_1 = \frac{l_1}{\cos\theta} + \delta_1$ となります。

ここで、伸び δ と δ_1 は微小であることから、D点から CD_1 に下ろした垂線の交点をYとすれば $YD_1 \fallingdotseq \delta_1$ となり、かつ D_1 点における傾きは初めの傾き θ に近似的に等しいと考えてよいことから、$\delta_1 = \delta\cos\theta$ の関係が得られます。

一方、フックの法則により、各棒の伸び δ と δ_1 は引張力 T_1、T_2 との関係から以下の式

となります。

$$\delta = \frac{T_1 l_1}{A_1 E_1} \qquad \delta_1 = \frac{T_2 l_2}{A_2 E_2} = \frac{T_2 l_1}{A_2 E_2 \cos\theta}$$

よって、上の関係式から以下の式が得られます。

$$\frac{T_2 l_1}{A_2 E_2 \cos\theta} = \frac{T_1 l_1}{A_1 E_1}\cos\theta \qquad (2)$$

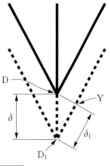

式（1）と式（2）を連立して解けば、T_1、T_2は以下のとおりとなります。

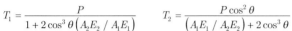

$$T_1 = \frac{P}{1 + 2\cos^3\theta\left(A_2 E_2 / A_1 E_1\right)} \qquad T_2 = \frac{P\cos^2\theta}{\left(A_1 E_1 / A_2 E_2\right) + 2\cos^3\theta}$$

|| 解答⑤ ||

| 練習問題25 | ■解き方 |

② 降伏応力は、フックの法則とミーゼスの条件に関係する用語です。

③ 縦弾性係数は、フックの法則とオイラーの理論式に関係する用語です。

④ 座屈荷重は、オイラーの理論に関係する用語です。

⑤ 主応力は、モールの応力円に関連した用語です。

① 応力集中係数に対応する用語がありません。

|| 解答① ||

| 練習問題26 | ■解き方 |

解説に記載した試験内容を参照してください。

① S－N線図は疲労試験の結果として作成できます。

② 縦弾性係数は、引張試験の結果として評価します。

③ 延性－ぜい性遷移温度は、シャルピー衝撃試験の結果として評価します。

④ 降伏点は、引張試験により評価します。

⑤ 硬さは、硬度試験の結果で評価しますが、B群にはこの試験方法がありません。

|| 解答⑤ ||

| 練習問題27 | ■解き方 |

① 安全率は1より大きい値を用いるので、誤りです。

② 切欠き係数は応力集中係数より一般的に小さな値であるので、誤りです。

③ 基準強さには荷重状況を考慮して異なった値を用いるので、正しい記述です。

④ 動的荷重の方が静的荷重よりも大きな安全率を用いるので、誤りです。

⑤　変形量（ひずみ量）を考慮する場合には、応力だけではなくて弾性係数にも関係
しますので、この内容は誤りです。

||| 解答③ |||

| 練習問題 28 | ■ 解き方 |

2つの物体は、各斜面と平行に同じ加速度で運動します。$m_1 > m_2$、$\theta_1 > \theta_2$ であるので、
$m_1 g \sin\theta_1 > m_2 g \sin\theta_2$ となり、2つの物体は、図に対して左向きに運動することになりま
す。各物体が斜面に平行に左向きに移動する方向を x、張力を T とすると、運動方程式
は次式で表せます。

$$m_1 \frac{d^2 x}{dt^2} = m_1 g\left(\sin\theta_1 - \mu\cos\theta_1\right) - T \quad , \quad m_2 \frac{d^2 x}{dt^2} = m_2 g\left(-\sin\theta_2 - \mu\cos\theta_2\right) + T$$

2つの運動方程式を足して、$(m_1 + m_2)$ で割ると、次式で示すように物体に加わる加速
度が求まります。

$$\frac{d^2 x}{dt^2} = \frac{g\left[m_1\left(\sin\theta_1 - \mu\cos\theta_1\right) - m_2\left(\sin\theta_2 + \mu\cos\theta_2\right)\right]}{m_1 + m_2}$$

||| 解答① |||

| 練習問題 29-1 | ■ 解き方 |

点 O を回転の中心とする力のモーメントを考えます。A 点に F の力を加えているので、
点 P に加わる力を G として、モーメントの和が 0 となる条件は $F \times 2000 = G \times 1000$ とな
ります。これを解いて、$G = 2F = 2 \times 50\,[\mathrm{N}] = 100\,[\mathrm{N}]$ となります。ブレーキに作用す
る摩擦力は、摩擦係数と G と積により求まるので、$0.3G = 0.3 \times 100\,[\mathrm{N}] = 30\,[\mathrm{N}]$ とな
ります。ブレーキに作用するトルクは、この摩擦力に腕の長さ（円筒の半径）を乗ずる
ことにより求まるので、$30\,[\mathrm{N}] \times (1\,\mathrm{m}\,/\,2) = 15\,[\mathrm{Nm}]$ となります。

||| 解答② |||

| 練習問題 29-2 | ■ 解き方 |

点 Q を回転の中心とする力のモーメントを考えます。物体が倒れる方向、すなわち右
回りのモーメントを正とします。重心位置の鉛直方向に加わる力 mg によるモーメントは、
腕の長さが w であり左回りに加わるので、$-mgw$ となります。重心位置の水平方向に加
わる力 F によるモーメントは、腕の長さが h であり右回りに加わるので、Fh となります。
モーメントの和は $Fh - mgw$ となり、この値が正の場合に物体は倒れる方向に回転を始め、
負の場合に静止することになります。したがって、物体が倒れない条件は、$mgw - Fh > 0$
となります。

なお、参考として、物体が倒れないようにする場合には、反力 T_1 はモーメントの和が 0 となるように、すなわち $Fh - mgw + 2T_1w = 0$ となるように働きます。

解答②

練習問題30 ■解き方

円板の直径を軸とする慣性モーメントは、円板の厚みを t として、次式で表せます。

$$I = \frac{1}{12} m \left(3R^2 + t^2 \right)$$

$R \gg t$、すなわち $\frac{t}{R} \cong 0$ の条件では、以下のように近似できます。

$$I = \frac{1}{12} m \left(3R^2 + t^2 \right) = \frac{1}{4} mR^2 \left(1 + \frac{1}{3} \frac{t^2}{R^2} \right) \cong \frac{1}{4} mR^2$$

解答⑤

練習問題31 ■解き方

円柱の斜面と平行な方向に対する運動方程式は、円柱が斜面との接点で斜面に平行に働く力を F として、次式で表せます。

$$M \frac{d^2x}{dt^2} = Mg \sin \alpha - F$$

円柱の回転の運動方程式は、回転方向の角度を θ として、次式で表せます。

$$\frac{1}{2} Mr^2 \frac{d^2\theta}{dt^2} = Fr$$

これらの運動方程式を、$x = r\theta$ の関係式を用いて整理すると、次式が得られます。

$$M \frac{d^2x}{dt^2} = Mg \sin \alpha - F = Mg \sin \alpha - \frac{1}{2} Mr \frac{d^2\theta}{dt^2} = Mg \sin \alpha - \frac{1}{2} M \frac{d^2x}{dt^2}$$

$$\frac{3}{2} M \frac{d^2x}{dt^2} = Mg \sin \alpha$$

$$\frac{d^2x}{dt^2} = \frac{2}{3} g \sin \alpha$$

この式を、初期に $x = 0$、$\frac{dx}{dt} = 0$ の初期条件を用いて解くと、次式が得られます。

$$x = \frac{1}{3} gt^2 \sin \alpha$$

解答①

練習問題32 ■解き方

初期状態から鉛直になった状態において、重心の位置は $\frac{l}{2}$ 変化するので、初期と鉛直となった状態での位置エネルギーの差は、棒の質量を m として、$\frac{mgl}{2}$ となります。一方、

285

棒が鉛直となった状態での回転運動のエネルギーは、棒の慣性モーメントを I、棒の角速度を ω として $\frac{1}{2} I \omega^2$ で表せます。回転軸まわりの棒の慣性モーメントは、平行軸の定理を用いて、次のように表せます。

$$I = \frac{1}{12} ml^2 + m \left(\frac{l}{2} \right)^2 = \frac{1}{3} ml^2$$

位置エネルギーの変化が、回転の運動エネルギーに等しくなる関係から、次式が成り立ちます。

$$\frac{1}{2} mgl = \frac{1}{2} I \omega^2 = \frac{1}{6} ml^2 \omega^2$$

この式から、棒の角速度 ω は次のように求まります。

$$\omega^2 = \frac{3g}{l} 、 \quad \omega = \sqrt{\frac{3g}{l}}$$

‖ 解答③ ‖

| 練習問題33 | ■ 解き方 |

点Aのアームの回転による速度ベクトルは $\begin{Bmatrix} 0 \\ r\omega \end{Bmatrix}$、アームが長くなることによる速度ベクトルは $\begin{Bmatrix} v \\ 0 \end{Bmatrix}$ となり、この2つの速度ベクトルを加えることにより、点Aの速度ベクトルは $\begin{Bmatrix} v \\ r\omega \end{Bmatrix}$ となります。

‖ 解答① ‖

| 練習問題34 | ■ 解き方 |

ロータの回転数を変化させてロータの固有角振動数と一致すると共振により振幅が非常に大きくなります。回転時に不釣合いにより回転軸に対して重心が振動する現象をふれまわりといい、共振時の回転角速度を危険速度と呼びます。危険速度より高い回転数では振幅は回転数の増加とともに徐々に小さくなり、偏心量に漸近していきます。これを自動調心作用といいます。よって、語句の正しい組合せは⑤となります。

‖ 解答⑤ ‖

| 練習問題35-1 | ■ 解き方 |

ばねの変位が $x\cos\alpha$、x 方向に有効なばね定数は $k\cos\alpha$ になります。微小変位において α の変化は小さくなり無視できるので、運動方程式と固有角振動数は以下のようになります。

$$m \frac{d^2 x}{dt^2} + k \cos \alpha^2 x = 0$$

$$f_n = \sqrt{\frac{k}{m}} \cos \alpha$$

■解答①■

練習問題35-2 ■解き方

質量 m の機械に対する運動方程式は、次式で表されます。

$$m \frac{d^2 x}{dt^2} + kx = f_0 \sin \omega t$$

この式を、x について解くと、次式が得られます。

$$x = \frac{A f_0}{k} \cos \omega t \ 、\quad A = \left| \frac{1}{1 - \left(\frac{\omega}{\omega_n} \right)^2} \right| \ 、\quad \omega_n = \sqrt{\frac{k}{m}}$$

ばねに働く力は、kx であるので、その振幅 F は $A f_0$ となり、これが f_0 の 50% 未満となる条件は、次式で表せます。

$$A f_0 < 0.5 f_0 \ 、\quad A = \left| \frac{1}{1 - \left(\frac{\omega}{\omega_n} \right)^2} \right| < 0.5$$

振幅 A は、$\omega \gg \omega_n$ この場合に1より小さくなるので、この式を変形して次式が得られます。

$$\frac{1}{\left(\frac{\omega}{\omega_n} \right)^2 - 1} < 0.5 \ 、\quad \left(\frac{\omega}{\omega_n} \right)^2 > 3 \ 、\quad \omega_n{}^2 < \frac{1}{3} \omega^2$$

$\omega_n{}^2 = \dfrac{k}{m}$ を代入して、

$$\frac{k}{m} < \frac{1}{3} \omega^2 \ 、\quad k < \frac{1}{3} m \omega^2$$

■解答①■

練習問題36-1 ■解き方

ばね定数を k_1、k_2 とすると、2つのばねを並列に接続した場合のばね定数は $k_1 + k_2$、直列に接続した場合のばね定数は $\dfrac{k_1 k_2}{k_1 + k_2}$ となります。この関係を用いて、固有振動数を求めると、次のようになります。

① 質量 m、ばね定数 k、$\quad f_n = \dfrac{1}{2\pi} \sqrt{\dfrac{k}{m}}$ ② 質量 m、ばね定数 $\dfrac{k}{2}$、$\quad f_n = \dfrac{1}{2\pi} \sqrt{\dfrac{k}{2m}}$

③ 質量 m、ばね定数 $2k$、$\quad f_n = \dfrac{1}{2\pi} \sqrt{\dfrac{2k}{m}}$ ④ 質量 m、ばね定数 $3k$、$\quad f_n = \dfrac{1}{2\pi} \sqrt{\dfrac{3k}{m}}$

287

⑤　質量 m、ばね定数 $k + \dfrac{k}{2} = \dfrac{3k}{2}$、$f_n = \dfrac{1}{2\pi}\sqrt{\dfrac{3k}{2m}}$

したがって、最も固有振動数が高いのは④です。

■解答④■

■練習問題36-2■　■解き方

おもりの運動方程式は、おもりの座標を x（下向きを正とする）、ロープの張力を F として、次式で表せます。

$$m\frac{d^2x}{dt^2} = mg - F$$

定滑車の回転の運動方程式は、回転角度を θ（おもりが落ちる方向を正とする）、円盤の慣性モーメントを I として、次式で表せます。

$$I\frac{d^2\theta}{dt^2} = (F - kx)a$$

この2本の方程式から、F を消去し、また $x = a\theta$ の関係を用いて整理することにより、おもりの加速度は次のように求まります

$$m\frac{d^2x}{dt^2} = mg - F = mg - \frac{I}{a}\times\frac{d^2\theta}{dt^2} - kx = mg - \frac{I}{a^2}\times\frac{d^2x}{dt^2} - kx$$

$$\left(m + \frac{I}{a^2}\right)\frac{d^2x}{dt^2} + kx = mg$$

$I = \dfrac{1}{2}Ma^2$ を代入して、整理すると、次式が得られます。

$$\left(\frac{1}{2}M + m\right)\frac{d^2x}{dt^2} + kx = mg$$

この運動方程式から、振動の周期 T は次のように求まります。

$$T = \frac{1}{f_n} = 2\pi\sqrt{\frac{\frac{1}{2}M + m}{k}} = 2\pi\sqrt{\frac{M + 2m}{2k}}$$

■解答②■

■練習問題37-1■　■解き方

①　減衰が存在するとき、共振時の応答は有限となるので、正しい記述です。

②　減衰が存在するとき、自由振動の応答は時間とともに減少し最終的にゼロになるので、正しい記述です。

③　減衰がある場合の固有振動数（共振周波数）ω_D は、減衰が無い場合の固有振動数を ω_0、減衰比を ζ として、$\omega_D = \omega_0\sqrt{1 - \zeta^2}$ で表され、減衰が無い場合に比べて小さくなります。よって、正しい記述です。

④　減衰比が1.0より大きい場合は、過減衰といい、自由振動の振幅は、振動せずに
　ゼロに近づきます。よって、正しい記述です。

⑤　減衰比は無次元であり、誤った記述です。

$$\boxed{\text{解答⑤}}$$

練習問題37-2　■解き方

加振の角振動数 ω が、系の固有振動数 $\sqrt{\dfrac{k}{m}}$ よりはるかに大きいので、運動方程式の加速度項が、ばねの復元力よりはるかに大きくなります。質量 m のペンの絶対変位を x とすると、振動体の変位は $y = A\sin(\omega t)$ であるので、質量 m のペンの運動方程式は、次式で表されます。

$$m\frac{d^2x}{dt^2} + k(x-y) = 0 \;,\; m\frac{d^2x}{dt^2} + kx = ky = kA\sin(\omega t)$$

両辺を m で割って整理すると、

$$\frac{d^2x}{dt^2} + \frac{k}{m}x = \frac{k}{m}A\sin(\omega t)$$

左辺第1項≫左辺2項であるので、相対変位 x は、次式で近似できます。

$$\frac{d^2x}{dt^2} \cong \frac{k}{m}A\sin(\omega t) \;,\; x \cong -\frac{\frac{k}{m}}{\omega^2}\sin(\omega t)$$

$\omega^2 \gg \dfrac{k}{m}$ であるので、$x \cong 0$ となり、振動体が動いても、質量の m のペンは、ほぼ静止することになります。一方、振動体の変位は $A\sin\omega t$ であるので、スクリーンに描かれる波形の振幅は、ほぼ A となります。

$$\boxed{\text{解答⑤}}$$

練習問題38　■解き方

問題38の解説に示したように、転がり振子の固有角振動数 ω_n は、慣性モーメントを I、重力加速度を g として次式になります。

$$\omega_n = \sqrt{\frac{\dfrac{mg}{R-r}}{m + \dfrac{I}{r^2}}}$$

これに、球の慣性モーメント $I = \dfrac{2}{5}mr^2$ を代入すると、次式が得られます。

$$\omega_n = \sqrt{\frac{\dfrac{mg}{R-r}}{m + \dfrac{\frac{2}{5}mr^2}{r^2}}} = \sqrt{\frac{5g}{7(R-r)}}$$

$$\boxed{\text{解答④}}$$

 練習問題39 ■解き方

固有角振動数は $\omega_n \cong \sqrt{\dfrac{k}{m}} = \sqrt{\dfrac{4}{1}} = 2 \ [\mathrm{rad/s}]$、減衰比は $\zeta = \dfrac{c}{2\sqrt{mk}} = \dfrac{1}{2\sqrt{1 \cdot 4}} = 0.25$ 、

加振周波数が0 rad/sに近い非共振時の振幅は $\dfrac{F}{k} = \dfrac{0.004}{4} = 1 \times 10^{-3} \ [\mathrm{m}]$、共振時の最大

振幅は $\dfrac{\frac{F}{k}}{2\zeta} = \dfrac{1 \times 10^{-3}}{2 \times 0.25} = 2 \times 10^{-3} \ [\mathrm{m}]$ となります。この条件に一致する周波数応答線図は

②です。

■解答②■

 練習問題40-1 ■解き方

①　固有振動数は $\dfrac{1}{2}\pi\sqrt{\dfrac{k}{m}}$ で表せ、質量 m が増加すると小さくなるので、正しい記述です。

②　共振しているときは、位相は約90度ずれるので、誤った記述です。

③　2自由度では、固有振動数は一般に2つあるので、正しい記述です。

④　共振しているときの振幅の大きさは減衰係数に依存するので、正しい記述です。

⑤　回転軸が共振する場合に危険速度となるので、正しい記述です。

■解答②■

 練習問題40-2 ■解き方

並進運動については、ばね定数が $2k$、質量が m なので、固有角振動数は $\sqrt{\dfrac{2k}{m}}$ となります。

回転運動については、剛体棒の中心点回りの慣性モーメントが $\dfrac{ma^2}{3}$ であり、左回りの角回転度を θ とするとばねの変位は $a\theta$ となるので、運動方程式は次式で表せます。

$$\frac{ma^2}{3}\frac{d^2\theta}{dt^2} + a^2k\theta + a^2k\theta = 0$$

$$\frac{d^2\theta}{dt^2} + \frac{6k}{m}\theta = 0$$

よって、固有角振動数は $\sqrt{\dfrac{6k}{m}}$ となります。

■解答⑤■

 練習問題41-1 ■解き方

はりの微小長さ Δx を考えます。この微小要素の質量は $\rho A \Delta x$、慣性力は $\rho A \Delta x \dfrac{\partial^2 w}{\partial t^2}$ になります。一方、はりの曲げの曲率半径は $-\dfrac{1}{\dfrac{\partial^2 w}{\partial x^2}}$ で近似でき、曲げモーメントは

$M = -\dfrac{B}{\dfrac{\partial^2 w}{\partial x^2}}$ で表すことができます。微小要素Δxに加わる力は、

$F(x+\Delta x, t) - F(x,t) = \dfrac{\partial F}{\partial x}\Delta x$ で表せます。また、微小要素Δxに曲げにより加わる力の

モーメントのバランスは次式で表されます。

$$M(x+\Delta x, t) - M(x,t) - F(x+\Delta x, t)\Delta x = 0$$

この式から、微小量の2次以上の項を無視して、次の関係式が得られます。

$$\frac{\partial M}{\partial x}\Delta x + \left(F + \frac{\partial F}{\partial x}\Delta x\right)\Delta x \quad \rightarrow \quad F = \frac{\partial M}{\partial x}$$

したがって、はりの運動方程式hが、次のようになります。

$$\rho A \Delta x \frac{\partial^2 w}{\partial t^2} = F = \frac{\partial F}{\partial x}\Delta x = \frac{\partial^2 M}{\partial x^2}\Delta x = -B\frac{\partial^4 w}{\partial x^4}\Delta x$$

整理して、

$$\rho A \frac{\partial^2 w}{\partial t^2} + B\frac{\partial^4 w}{\partial x^4} = 0$$

‖ **解答①** ‖

練習問題41-2 ■**解き方**

問題41の解説より、弦の横振動を表す運動方程式は、次式で表せます。

$$\rho \frac{\partial^2 y}{\partial t^2} - T\frac{\partial^2 y}{\partial x^2} = 0$$

‖ **解答③** ‖

練習問題42 ■**解き方**

問題42の解説に記載したとおり、パラメータ励振、リミットサイクル、マシューの方程式、跳躍現象は非線形振動に関するものです。動吸振器は、主系の外力による振動応答を、主系と同じ固有振動数を持つ付加系により抑制することを目的としたもので、非線形振動に関連するものではありません。

‖ **解答④** ‖

練習問題43 ■**解き方**

① 制御の目的となる量は制御量であり、誤った記述です。

② 制御の目的を達成するために、制御対象に加える量は操作量であり、正しい記述です。

③ 基準量（目標値）と制御量との差は誤差であり、誤った記述です。

④　制御を開始してから十分な時間が経過したときの系の出力は定常応答であり、誤った記述です。

⑤　目標として外部から与えられる値は目標値であり、誤った記述です。

■■解答②■■

練習問題44　■解き方

G_1 の入力を X_1、G_2 の入力を X_2 とすると、次の関係が成り立ちます。

$$X_1 = X - H_2Y - H_1G_1X_1$$

$$Y = G_1G_2X_1$$

これらの式から X_1 を消去することにより、入力 X と出力 Y との関係を示す伝達関数は次のように求まります。

$$X_1 = \frac{X - H_2Y}{1 + H_1G_1}$$

$$Y = G_1G_2X_1 = G_1G_2\frac{X - H_2Y}{1 + H_1G_1}$$

$$Y\left(1 + \frac{H_2G_1G_2}{1 + H_1G_1}\right) = Y\left(\frac{1 + H_1G_1 + H_2G_1G_2}{1 + H_1G_1}\right) = \frac{G_1G_2X}{1 + H_1G_1}$$

$$\frac{Y}{X} = \frac{G_1G_2}{1 + H_1G_1 + H_2G_1G_2}$$

■■解答①■■

練習問題45　■解き方

$$F(s) = \frac{1}{s(s+1)} = \frac{1}{s} - \frac{1}{s+1}$$

$$L^{-1}\left[F(s)\right] = L^{-1}\left[\frac{1}{s}\right] - L^{-1}\left[\frac{1}{s+1}\right] = u(t) - e^{-t} = 1 - e^{-t}$$

■■解答③■■

練習問題46　■解き方

運動方程式 $m\dfrac{d^2y(t)}{dt^2} + c\dfrac{dy(t)}{dt} + ky(t) = kx(t)$ 　をラプラス変換し、初期値を0として、次式が得られます。

$$ms^2Y(s) + csY(s) + kY(s) = kX(s)$$

ここで、$X(s)$、$Y(s)$ は、それぞれ $x(t)$、$y(t)$ のラプラス変換です。したがって、伝達関数は、次のように求まります。

$$G(s) = \frac{Y(s)}{X(s)} = \frac{k}{ms^2 + cs + k}$$

練習問題47　　■解き方

図のフィードバック応答の伝達関数は、フィードバック応答の計算式により、次式で表されます。

$$G(s) = \frac{\dfrac{5}{s+1}}{1+\dfrac{5}{s+1}} = \frac{5}{s+6} = \frac{\dfrac{5}{6}}{\dfrac{s}{6}+1}$$

この式と、問題47の解説で示した1次遅れ系のステップ応答との比較により、時定数は$\dfrac{1}{6}$秒＝0.17秒、ゲインは$\dfrac{5}{6}$＝0.83となります。

練習問題48　　■解き方

出力のラプラス変換は、次に示すように求まります。

$$Y(s) = \frac{G(s)}{1+G(s)}\frac{1}{s} = \frac{\dfrac{K}{(s+a)(s+b)}}{1+\dfrac{K}{(s+a)(s+b)}}\frac{1}{s} = \frac{K}{(s+a)(s+b)+K}\frac{1}{s}$$

最終値定理を用いて、$t\to\infty$のときの出力$y(t)$ は、次のように求まります。

$$\lim_{t\to\infty} y(t) = \lim_{s\to0} sY(s) = \lim_{s\to0} \frac{K}{(s+a)(s+b)+K} = \frac{K}{ab+K}$$

残留偏差eは入力と出力の差であるから、次のように求まります。

$$e = \lim_{t\to\infty}\big(x(t)-y(t)\big) = 1 - \frac{K}{ab+K} = \frac{ab}{ab+K}$$

練習問題49　　■解き方

$$G = \frac{s-1}{s^2+3s+2} = \frac{s-1}{(s+1)(s+2)}$$

上式より、分子が0となる零点は1、分母が0となる極は-1，-2となります。2つの極の実部が、いずれも負であるから、この系は安定です。零点は径の安定性とは関係ありません。これらの事象に合致するのは①だけです。

練習問題50　　■解き方

特性方程式から、次のようにラウス数列を作ります。

s^3　$R_{11} = 1$、　$R_{12} = 4$

s^2　$R_{21} = 3K$、　$R_{22} = 1$

s^1　$R_{31} = \dfrac{R_{21}R_{12} - R_{11}R_{22}}{R_{21}} = \dfrac{12K - 1}{3K}$

s^0　$R_{41} = \dfrac{R_{31}R_{22} - R_{21}R_{32}}{R_{31}} = \dfrac{\dfrac{12K - 1}{3K} - 3K \times 0}{\dfrac{12K - 1}{3K}} = 1$

1）特性方程式の係数 a_i がすべて正であること、および2）ラウス数列 a_{i1}（$i = 3, 4, \cdots, n$）がすべて正であることから、安定条件は次式となります。

$R_{21} > 0$　より　$K > 0$

$R_{31} > 0$　より　$\dfrac{12K - 1}{3K} > 0$　→　$12K - 1 > 0$　→　$K > \dfrac{1}{12}$

以上の2つの条件 $K > 0$ および $K > \dfrac{1}{12}$ を整理すると、次式となります。

$K > \dfrac{1}{12}$

||解答③||

||練習問題51||　■解き方

　フルビッツの方法で安定判別を行います。まず係数がすべて正である条件に適合するのは、③および④です。次にフルビッツの行列式が正である条件を用います。③の $s^5 + 2s^4 + 3s^3 + 4s^2 + 2s + 1$ に対して、フルビッツの行列式は、以下に示すようにすべて正となるので安定です。

$$H_2 = \begin{vmatrix} 2 & 4 \\ 1 & 3 \end{vmatrix} = 2$$

$$H_3 = \begin{vmatrix} 2 & 4 & 1 \\ 1 & 3 & 2 \\ 0 & 2 & 4 \end{vmatrix} = 2$$

$$H_4 = \begin{vmatrix} 2 & 4 & 1 & 0 \\ 1 & 3 & 2 & 0 \\ 0 & 2 & 4 & 1 \\ 0 & 1 & 3 & 2 \end{vmatrix} = 1$$

$$H_5 = \begin{vmatrix} 2 & 4 & 1 & 0 & 0 \\ 1 & 3 & 2 & 0 & 0 \\ 0 & 2 & 4 & 1 & 0 \\ 0 & 1 & 3 & 2 & 0 \\ 0 & 0 & 2 & 4 & 1 \end{vmatrix} = 1$$

　④の $s^5 + 3s^4 + 2s^3 + 5s^2 + 3s + 2$ に対して、フルビッツの行列式は、以下に示す H_3 が負となるので不安定です。

$$H_2 = \begin{vmatrix} 3 & 5 \\ 1 & 2 \end{vmatrix} = 1$$

$$H_3 = \begin{vmatrix} 3 & 5 & 2 \\ 2 & 2 & 3 \\ 0 & 3 & 5 \end{vmatrix} = -16$$

解答③

練習問題52 ■解き方

特性方程式は以下のように表せます。

$$1 + \mathrm{K}(s)\mathrm{G}(s) = 1 + (k_1 s + k_0)\frac{2s+1}{s^2+s+1} = \frac{s^2+s+1+2k_1 s^2 + 2k_0 s + k_1 s + k_0}{s^2+s+1}$$

$$= \frac{(2k_1+1)s^2 + (2k_0 s + k_1 + 1)s + (1+k_0)}{s^2+s+1} = 0$$

一方、2つの極が $-\dfrac{2}{3}$ と -1 となることから、特性方程式の分子は、次のように表せます。

$$\left(s + \frac{2}{3}\right)(s+1) = s^2 + \frac{5}{3}s + \frac{2}{3}$$

両方の式の、s^2、s^1、s^0 の係数が比例関係にあり、その係数を A として、次の関係式が成り立ちます。

$$2k_1 + 1 = A 、 2k_0 + k_1 + 1 = \frac{5}{3}A 、 1 + k_0 = \frac{2}{3}A$$

この式より、A を消去し、k_0 と k_1 は次のように求まります。

$$2k_0 + k_1 + 1 = \frac{5}{3}(2k_1 + 1) 、 1 + k_0 = \frac{2}{3}(2k_1 + 1)$$

$$6k_0 - 7k_1 - 2 = 0 、 3k_0 - 4k_1 + 1 = 0$$

$$k_0 = 5, \ k_1 = 4$$

解答②

練習問題53 ■解き方

伝達関数のゲイン $|G(j\omega)|$ は、次のように求まります。

$$\left| G(j\omega) \right| = \left| \frac{5}{(j\omega)^3 + 2(j\omega)^2 + 3j\omega + 1} \right| = \left| \frac{5}{(1 - 2\omega^2) + j(-\omega^3 + 3\omega)} \right|$$

$$= \frac{5}{\sqrt{(1 - 2\omega^2)^2 + \omega^2(3 - \omega^2)^2}}$$

解答②

練習問題 54　■解き方

②の S-N 線図とは材料が疲労破断する応力と繰返し回数との関係を表した線図で、制御工学で用いられる図ではありません。よって、誤りです。

①、③、④と⑤は、問題 54 の解説で説明したとおり、制御工学に用いられるものです。

解答②

練習問題 55-1　■解き方

可観測行列ランクを、次のように求めます。

$$C^T = \begin{bmatrix} -1 \\ 1 \\ 0 \end{bmatrix}, \quad A^T = \begin{bmatrix} 0 & 0 & 2 \\ 1 & 0 & 1 \\ 0 & 1 & a \end{bmatrix}, \quad (A^T)^2 = \begin{bmatrix} 0 & 2 & 2a \\ 0 & 1 & 2+a \\ 1 & a & 1+a^2 \end{bmatrix}, \quad A^T C^T = \begin{bmatrix} 0 \\ -1 \\ 1 \end{bmatrix}$$

$$(A^T)^2 C^T = \begin{bmatrix} 2 \\ 1 \\ -1+a \end{bmatrix}$$

$$\mathrm{rank}\begin{bmatrix} C^T & A^T C^T & (A^T)^2 C^T \end{bmatrix} = \mathrm{rank}\begin{bmatrix} -1 & 0 & 2 \\ 1 & -1 & 1 \\ 0 & 1 & -1+a \end{bmatrix} = \mathrm{rank}\begin{bmatrix} -1 & 0 & 2 \\ 0 & -1 & 3 \\ 0 & 1 & -1+a \end{bmatrix}$$

（2 行に 1 行を加える）

$$= \mathrm{rank}\begin{bmatrix} 1 & 0 & -2 \\ 0 & 1 & -3 \\ 0 & 1 & -1+a \end{bmatrix} = \mathrm{rank}\begin{bmatrix} 1 & 0 & -2 \\ 0 & 1 & -3 \\ 0 & 0 & 2+a \end{bmatrix} = \begin{array}{l} 3\ (a \neq -2) \\ 2\ (a = -2) \end{array}$$

（1 行と 2 行に -1 を乗じる）　（3 行から 2 行を引く）

よって、$a = -2$ の場合に、$\mathrm{rank} = 2 < 3$（行列 x の次元数）となり、不可観測となります。

解答①

練習問題 55-2　■解き方

問題より、$A - BF$ を次のように求めます。

$$(A - BF) = \begin{bmatrix} 1 & 2 \\ -3 & -4 \end{bmatrix} - \begin{bmatrix} 2 \\ 3 \end{bmatrix}\begin{bmatrix} f_1 & f_2 \end{bmatrix} = \begin{bmatrix} 1-2f_1 & 2-2f_2 \\ -3-3f_1 & -4-3f_2 \end{bmatrix}$$

この行列の固有値を λ とすると、次式が成り立ちます。

$$\begin{vmatrix} 1-2f_1-\lambda & 2-2f_2 \\ -3-3f_1 & -4-3f_2-\lambda \end{vmatrix} = \lambda^2 + \left(3 + 2f_1 + 3f_2\right)\lambda + \left(2 + 14f_1 - 9f_2\right) = 0$$

一方、固有値が−2および−3であることから、次式が成り立ちます。

$$(\lambda + 2)(\lambda + 3) = \lambda^2 + 5\lambda + 6 = 0$$

2つの関係式より、次式が成り立ちます。

$$3 + 2f_1 + 3f_2 = 5、2 + 14f_1 - 9f_2 = 6$$

この式を、f_1、f_2について解くと、$f_1 = \dfrac{1}{2}$、$f_2 = \dfrac{1}{3}$ となります。

解答⑤

練習問題56-1 ■**解き方**

2 Lの水の重さ Wは、$W = 1,000 \,[\mathrm{kg/m^3}] \times 2,000 \,\mathrm{cm^3} = 2 \,\mathrm{kg}$

飲んだ水が体内で5℃から36℃まで上昇するのに必要な熱量（エネルギー）Q_1は、

$$Q_1 = (36 - 5)\,[\mathrm{K}] \times 4.18\,[\mathrm{kJ/(kg \cdot K)}] \times 2\,[\mathrm{kg}] = 260 \,\mathrm{kJ}$$

半分が蒸発するので、それに必要な Q_2は、$Q_2 = 2430\,[\mathrm{kJ/kg}] \times 1\,[\mathrm{kg}] = 2430 \,\mathrm{kJ}$

よって、必要なエネルギー Qは、$Q = Q_1 + Q_2 = 260 \,\mathrm{kJ} + 2430 \,\mathrm{kJ} = 2690 \,\mathrm{kJ}$

最も近い値は2700 kJとなります。

解答⑤

練習問題56-2 ■**解き方**

水1 Lを1℃上昇するのに必要な熱量は、4.1868 kJです。

これから、水1.5 Lを20℃から80℃に加熱するために必要な熱量 Qは、以下で計算できます。

$$Q = 1.5 \times (80 - 20) \times 4.1868 = 376.8 \quad [\mathrm{kJ}]$$

この熱量（すなわち仕事）を得るのに必要な時間 Sは、動力 Wとなる1.2 kWの電熱器を使って効率50％で加熱するために、以下で計算できます。

$$S = \frac{Q}{W \times 0.5} = \frac{376.2}{1.2 \times 0.5} = 627 \quad [\mathrm{sec}]$$

よって、最も近い値は630 sとなります。

解答③

練習問題57 ■**解き方**

解説のとおりに、SI単位系では以下のとおりになります。

熱量：J、比熱：J/(kg・K)、動力：W、熱流束：W/m²、熱伝導率：W/(m・K)

よって、この組合せは、④です。

解答④

練習問題 58 　■解き方

（ア）は不可逆変化ですから誤りです。

（イ）は「熱平衡」の状態といいますので、誤りです。

（エ）の説明は熱力学の第2法則ですから、第1法則ではありません。

（ウ）と（オ）は正しい内容です。

■解答④■

練習問題 59-1 　■解き方

解説に示したとおり理想気体では、圧力 P [Pa]、体積 V [m^3]、質量 m [kg]、温度 T [K] の間には、以下の状態式が成り立ちます。

$$PV = mRT$$

この式から、使用前にボンベに入っている酸素の質量 m_1 は、以下のとおり計算できます。

$$m_1 = \frac{P_1 V}{R T_1} = \frac{15 \times 10^6 \,[\text{Pa}] \times 40\,[\text{L}] \times 10^{-3}\,[\text{m}^3/\text{L}]}{260\,[\text{J}/(\text{kg} \cdot \text{K})] \times (273 + 20)\,[\text{K}]} = 7.88\,[\text{kg}]$$

また、使用後の酸素の質量 m_2 は、以下のとおりに計算できます。

$$m_2 = \frac{P_2 V}{R T_2} = \frac{3 \times 10^6 \,[\text{Pa}] \times 40\,[\text{L}] \times 10^{-3}\,[\text{m}^3/\text{L}]}{260\,[\text{J}/(\text{kg} \cdot \text{K})] \times (273 + 15)\,[\text{K}]} = 1.60\,[\text{kg}]$$

使用した酸素の質量 m は、以下のとおりとなります。

$$m = m_1 - m_2 = 7.88 - 1.60 = 6.28\,[\text{kg}]$$

よって、最も近い値は③となります。

■解答③■

練習問題 59-2 　■解き方

詳細は問題59の解説（3）を参照してください。

理想気体では定圧比熱 c_p と定容比熱 c_v の差が気体定数 R になります。

これをマイヤーの関係といいます。

$$c_p - c_v = R$$

また、定圧比熱と定容比熱の比 $\dfrac{c_p}{c_v} = \kappa$ が比熱比として定義されています。

これらの式から、以下のとおりとなります。

$$c_p = \kappa c_v \quad \rightarrow \quad \kappa c_v - c_v = R \quad \rightarrow \quad \therefore c_v = \frac{1}{\kappa - 1} R$$

また、$c_v = \dfrac{c_p}{\kappa} \quad \rightarrow \quad c_p - \dfrac{c_p}{\kappa} = R \quad \rightarrow \quad \therefore c_p = \dfrac{\kappa}{\kappa - 1} R$

■解答①■

練習問題60　■解き方

カルノーサイクルの熱効率ηの式は、以下で表されます。

$$\eta = \frac{W}{Q_H} = \frac{Q_H - Q_L}{Q_H} = 1 - \frac{Q_L}{Q_H} = 1 - \frac{T_L}{T_H}$$

この式から、温度差が大きいほど効率は良くなります。よって、無効エネルギーが一番小さくなるのは効率が一番良くなるときですから、以下の式で計算できます。

$$Q_L = Q_H \frac{T_L}{T_H} = 400 \times \frac{(27 + 273)}{(900 + 273)} = 102 \ [\text{kJ}]$$

よって、最も近い値は100［kJ］です。

解答⑤

練習問題61-1　■解き方

問題61の解説で述べた式から、部屋1と部屋2のエントロピーを計算すると以下となります。

$$部屋1は、\quad dS_1 = \frac{dQ_1}{T_1} = \frac{10 \times 10^3}{1000} = 10 \ [\text{J/K}]$$

$$部屋2は、\quad dS_2 = \frac{dQ_2}{T_2} = \frac{10 \times 10^3}{400} = 25 \ [\text{J/K}]$$

この2つの部屋の熱容量は非常に大きく、それぞれの温度変化は無視できるので熱は高温物体から低温物体に移動して、エントロピーは増加します。

その増加したエントロピー（変化量）は、$dS_2 - dS_1 = 25 - 10 = 15 \, [\text{J/K}]$　となります。

解答④

練習問題61-2　■解き方

物体の持つ運動エネルギーが摩擦熱に変化したと考えれば解けます。

物体の速度v[m/s]は、時速72 kmですから秒速にすれば、以下のとおりとなります。

$$V = 72 \ [\text{km/h}] = \frac{72 \times 10^3 \, [\text{m/h}]}{3600 \, [\text{s/h}]} = 20 \ [\text{m/s}]$$

物体の運動エネルギーは、以下の式で計算できます。

$$U = \frac{1}{2}\sigma V^2 = \frac{1}{2} \times 1500 \, [\text{kg}] \times 20^2 \, [\text{m/s}] = 3 \times 10^5 \, [\text{J}] = 300 \, [\text{kJ}]$$

このエネルギーが、摩擦熱となり入熱として周囲の環境に拡散したが、温度変化はなかったので、エントロピーの変化量Δdsは、以下のとおり計算できます。

$$\Delta ds = \frac{\Delta dQ}{T} = \frac{300 \, [\text{kJ}]}{(273 + 20) \, [\text{K}]} = 1.02 \, [\text{kJ/K}]$$

よって、一番近い値は⑤となります。

解答⑤

練習問題 62-1 ■ **解き方**

問題 62 の解説で説明したとおり、以下の式で表される変化をポリトロープ変化といい、定数 n をポリトロープ指数といいます。

$$P_1 V_1{}^n = P_2 V_2{}^n = P V^n = 一定$$

この式から以下のとおりとなります。

（ア）n が 0 のときは、$P V^0 = P = 一定$　で等圧変化となるので、誤りです。

（イ）n が 1 のときは、$P V^1 = P V = 一定$　で等温変化となるので、誤りです。

（ウ）（ア）と同じで等圧変化となるので、誤りです

（エ）（イ）で説明したとおり等温変化となるので、正しい内容です。

（オ）（ア）で説明したとおり等圧変化となるので、正しい内容です。

よって、正しい組合せは（エ）と（オ）です。

■ **解答④** ■

練習問題 62-2 ■ **解き方**

問題 62 の解説で説明したとおり、比熱比を κ とすれば、ポアソンの関係式から、

$$P_1 v_1{}^\kappa = P_2 v_2{}^\kappa = P v^\kappa = 一定　となります。$$

また、ボイル・シャルルの法則の式 $\dfrac{P_1 v_1}{T_1} = \dfrac{P_2 v_2}{T_2} = \dfrac{P v}{T} = 一定$　も同時に成り立つので、これらの式の両辺同士を割ると、$T_1 v_1{}^{\kappa-1} = T_2 v_2{}^{\kappa-1} = T v^{\kappa-1} = 一定$　の関係式が得られます。

よって、$T_2 / T_1 = (v_1 / v_2)^{\kappa-1} = (v_2 / v_1)^{1-\kappa}$　の式になります。

■ **解答④** ■

練習問題 63-1 ■ **解き方**

状態 1 の比エンタルピーが 285.1 kJ/kg、圧縮後に比エンタルピーが 517.1 kJ/kg になったとして、等エントロピー変化（効率 100 %）をした場合のコンプレッサーの動力 W は、以下の式で計算できます。

$$W = m(h_o - h_i) = 0.1 \times (517.1 - 285.1) = 23.2 \,[\text{kJ}/\text{s}] = 23.2 \,[\text{kW}]$$

コンプレッサーの断熱効率が 80 % ですから、圧縮機が消費した入力動力 L は、

$$L = \frac{W}{効率} = \frac{23.2}{0.8} = 29.0 \quad [\text{kW}]$$

■ **解答③** ■

練習問題 63-2 ■ **解き方**

詳細は問題 63「エンタルピーと仕事」の解説を参照してください。

この解説（2）に記載したとおり、蒸気のエネルギーを単位質量あたりで考えると以

下のようになります。

$$e_i = h_i + \frac{w_i^2}{2} + gz_i \qquad (h は比エンタルピー)$$

膨張する前後でのエネルギーは同じで、膨張前は蒸気は制止しているので流速は0（ゼロ）であること、また、位置エネルギーは変化しないことから、膨張したときの速度は以下のとおり計算できます。

$$w_i = \sqrt{2 \times (2942 - 2622) \times 1000} = 800 \ [\mathrm{m/s}]$$

┃解答⑤┃

練習問題64 ■**解き方**

理論上の最大の仕事であるエクセルギー E_Q は、次式で計算できます。

$$E_Q = Q_H \left(1 - \frac{T_L}{T_H} \right) = 100 \times \left[1 - \frac{(20 + 273)}{(1000 + 273)} \right] = 77 \ \mathrm{kW}$$

得られた実際の仕事 L_{act} は40 kWですから、エクセルギー効率 η_H は以下となります。

$$\eta_H = \frac{L_{act}}{E_Q} = \frac{40}{77} = 0.52$$

┃解答④┃

練習問題65 ■**解き方**

問題65の解説で説明したようにオットーサイクルの理論効率 η は、圧縮率を ε、比熱比を κ とすると、以下の式になります。

$$\eta = 1 - \left(\frac{1}{\varepsilon} \right)^{\kappa-1} = 1 - \varepsilon^{1-\kappa}$$

圧縮比が $\varepsilon = 6$ のときの効率は、0.512となります。

圧縮比を10％向上させて、$\varepsilon = 6.6$ としたときの効率は、0.53となります。

これより、圧縮比を10％向上させた場合の理論効率は、1.8％向上します。

┃解答②┃

練習問題66 ■**解き方**

1時間運転して10 kgの燃料を消費したので、エンジンへの入熱量は以下で計算できます。

$$Q_H = \frac{10 \ \mathrm{kg/h} \times 5 \times 10^7 \ \mathrm{J/kg}}{3600 \ \mathrm{s/h}} = 138.9 \ [\mathrm{kW}]$$

出力を L とすれば、エンジンの熱機関の効率 η は、次式で計算できます。

$$\eta = \frac{L}{Q_H} = \frac{100\,\text{PS} \times 0.735\,\text{kW/PS}}{138.9\,\text{kW}} = 0.529$$

よって、最も近い値は53%です。

解答③

練習問題67-1 ■解き方

乾き度とは、乾き蒸気の中に含まれている乾き飽和蒸気と飽和液の割合を表す指標のことです。湿り蒸気1 kgの中に乾き蒸気がx kgで、飽和液が残りの$(1-x)$ kg含まれているときに、この湿り蒸気の乾き度はxであるといいます。

よって、乾き度xの湿り蒸気とは、質量比xの飽和蒸気と、残り$(1-x)$の飽和水（水滴として存在）の混合蒸気のことです。この湿り蒸気の比エンタルピーhは、各々の比エンタルピーにこの質量比を掛け合わせて算出できます。

設問では飽和水質量が1 kgとなっているので、質量1 kgで考えます。

比エンタルピーh_w、飽和水蒸気の比エンタルピーをh_sとして、飽和水に熱量Qを加えた場合に、以下の式が成り立ちます。

$$h_w + Q = xh_s + (1-x)h_w \qquad \therefore x = \frac{Q}{h_s - h_w} = \frac{1600}{2706 - 505} = 0.727$$

よって、最も近い値は④です。

解答④

練習問題67-2 ■解き方

乾き度とは、乾き蒸気の中に含まれている乾き飽和蒸気と飽和液の割合を表す指標のことです。

湿り蒸気1 kgの中に乾き蒸気がx kgで、飽和液が残りの$(1-x)$kg含まれているときに、この湿り蒸気の乾き度はxであるといいます。

よって、乾き度0.85の湿り蒸気とは、質量比85％の飽和蒸気と、残り15％の飽和水（水滴として存在）の混合蒸気のことであるので、この湿り蒸気の比エンタルピーhは、各々の比エンタルピーにこの質量比を掛け合わせて算出できます。

$$h = 2638 \times 0.85 + 1571 \times 0.15 = 2478\ [\text{kJ/kg}]$$

解答⑤

練習問題68 ■解き方

冷凍機械の動作係数ε_Rは次式で表されます。

$$\varepsilon_{R(\max)} = \frac{Q_L}{L} = \frac{T_L}{T_H - T_L}$$

この式から必要な最小電力 L は、以下のように計算できます。

$$L = Q_L \frac{T_H - T_L}{T_L} = 72 \times \frac{(27 + 273) - (-3 + 273)}{(-3 + 273)} = 8 \quad [\text{W}]$$

解答③

練習問題69 ■**解き方**

① 問題65の「火花点火機関のサイクル」で説明したとおり、オットーサイクルはガソリンエンジンの基本サイクルで火花点火機関であるので、正しい組合せです。

② サバティサイクルは、定圧および定容の両サイクルを組み合わせたもので、現在の高速で回転するディーゼルエンジンの基本サイクルですので、正しい組合せです。

③ 問題67の「蒸気タービンサイクル」で説明したとおり、ランキンサイクルは蒸気タービンサイクルのものであり、ガスタービンは解説で説明したとおりブレイトンサイクルです。よって、この組合せは誤りです。

④ 問題66の「スターリングサイクル」で説明したとおり、スターリングエンジンの理論効率はカルノーサイクルに等しくなるので、正しい組合せといえます。

⑤ 問題68の「冷凍サイクル」に記載したとおり、正しい組合せです。

解答③

練習問題70 ■**解き方**

問題70の解説に詳細を記載したとおりですが、アは理論空気量、イは空燃比、ウは燃空比、エは空気比、オは当量比となります。

解答④

練習問題71 ■**解き方**

メタンの分子式は、CH_4 です。分子量は、炭素の原子量の12と水素の原子量1の4倍ですから、$12 + 4 = 16$ となります。これから、メタン1kg中の原子の質量割合から、炭素は $12/16 = 0.75$ kgで、水素が $4/16 = 0.25$ kgであることがわかります。

炭素および水素の完全燃焼の場合の基礎式は、問題71の解説で説明したとおりです。炭素1kgが燃焼するのには酸素が $32/12 = 2.66$ kg必要になります。

また、水素1kgが燃焼するのに酸素が8kg必要になります。

よって、完全燃焼に必要な理論空気量 A_V は、以下で計算できます。

$$A_V = (2.66 \times 0.75 + 8 \times 0.25) \div 0.232 = 17.2 \quad [\text{kg}]$$

解答④

練習問題72　■解き方

①、②および③は、問題73の「熱伝導」で解説したとおり正しい内容です。

④は、問題74の「対流伝熱」で解説したとおり、この内容は誤りです。

⑤は、問題75の「ふく射伝熱」で解説したとおり正しい内容です。

解答④

練習問題73　■解き方

　熱伝導により冷凍庫が外部から熱を受けていて、内部温度を保持するため外部からの熱を取り除く目的で冷凍機に仕事（動力）を与えている、と考えれば以下のとおり計算できます。

　外部から受ける1時間あたりの熱量 Q は、以下のとおりです。

$$Q = \frac{k(T_1 - T_2)At}{L} = \frac{0.05\,[\mathrm{W/(m \cdot k)}] \times (20 - (-20))\,[\mathrm{K}] \times 6\,[\mathrm{m^2}] \times 1\,[\mathrm{h}]}{5 \times 10^{-2}\,[\mathrm{m}]} = 240\,[\mathrm{W \cdot h}]$$

COP = 2　であるから、年間の必要な電力使用量 W は、以下のとおり計算できます。

$$\mathrm{W} = \frac{Q}{2} = \frac{240\,[\mathrm{W \cdot h}] \times 365\,[\mathrm{H}] \times 24\,[\mathrm{h/H}]}{2} = 1.051 \times 10^6\,[\mathrm{W \cdot h}] = 1051\,[\mathrm{kW \cdot h}]$$

よって、最も近い値は④となります。

解答④

練習問題74-1　■解き方

　熱損失は、発熱する固体球の表面から空気中に対流伝熱により放射する熱量と考えれば計算できます。解説で説明したとおり、対流伝熱による単位時間あたりの伝熱量 Q は、固体球の表面温度を T_1、空気の温度を T_2、固体球の表面積を A、熱伝達率を α とすれば、以下のとおりとなります。

$$Q = \alpha(T_1 - T_2)A = 7\,[\mathrm{W/(m^2 \cdot K)}] \times (450 - 300)\,[\mathrm{K}] \times \pi \times 1 \times 10^{-4}\,[\mathrm{m^2}]$$
$$= 0.3297\,[\mathrm{W}] \fallingdotseq 330\,[\mathrm{mW}]$$

解答③

練習問題74-2　■解き方

熱伝導による熱の移動量 Q は、以下の式で計算できます。

　　$Q = \lambda(T_1 - T_2)A$　　ここで、λ は熱伝達率で A は電熱面の面積です。

この式に与えられた数値を代入すれば以下のとおりとなります。

$$Q = \lambda(T_1 - T_2)A = 10,000\,[\mathrm{W/(m^2 \cdot K)}] \times (115 - 100)\,[\mathrm{K}] \times (0.1 \times 0.1)^2\,[\mathrm{m^2}]$$
$$= 1,500\,[\mathrm{W}]$$

解答②

練習問題75 ■解き方

太陽から屋根に入射するふく射エネルギー E_1 は、屋根の面積 A に太陽エネルギー q を掛ければ計算できます。

$$E_1 = Aq = 3 \,[\mathrm{m}] \times 5 \,[\mathrm{m}] \times 1 \,[\mathrm{kW/m^2}] = 15 \,[\mathrm{kW}]$$

一方、屋根から放射されるふく射エネルギー E_2 は、ステファンボルツマンの法則から、

$$E_2 = A\sigma T^4 = 3 \,[\mathrm{m}] \times 5 \,[\mathrm{m}] \times 5.67 \times 10^{-8} \,[\mathrm{W/(m^2 \cdot K^4)}] \times (70 + 273)^4 \,[\mathrm{K}]$$
$$= 11.8 \,[\mathrm{kW}]$$

よって、屋根が正味として受け取るエネルギー E は、以下のようになります。

$$E = E_1 - E_2 = 15 \,[\mathrm{kW}] - 11.8 \,[\mathrm{kW}] = 3.2 \,[\mathrm{kW}]$$

■解答②

練習問題76 ■解き方

問題76の解説で説明したように、以下の式になります。

（ア）動粘性係数：$\nu = \dfrac{\mu}{\rho}$ 、（イ）温度伝導率：$\alpha = \dfrac{k}{\rho c_p}$ 、（ウ）プラントル数：

$P_r = \dfrac{\nu}{\alpha} = \dfrac{\mu c_p}{k}$ 、（エ）レイノルズ数：$R_e = \dfrac{UL}{\nu} = \dfrac{\rho UL}{\mu}$ 、（オ）ヌセルト数：$N_u = \dfrac{hL}{k}$

■解答②

練習問題77-1 ■解き方

熱流束とは、単位面積、単位時間あたりの伝熱量ですから、熱流束 q は解説に記載した式に設問の図で示された記号を代入すれば、以下の式となります。

$$q = K(T_1 - T_2) \qquad ここで、\quad K = \frac{1}{R} = \frac{1}{\dfrac{1}{h} + \dfrac{L}{k}} = \frac{kh}{hL + k}$$

$$\therefore q = \frac{kh}{hL + k}(T_1 - T_2)$$

■解答①

練習問題77-2 ■解き方

室内の熱が熱通過により、すなわち室内の対流伝熱と壁と屋根からの熱伝導により、失われていて、室内温度を保持するための熱量を電気ヒーターで与える、と考えれば以下のとおり計算できます。熱通過率を K とすれば、

$$Q = AK(T_{\mathrm{in}} - T_{\mathrm{out}}) = \frac{A(T_{\mathrm{in}} - T_{\mathrm{out}})}{\dfrac{1}{\alpha_1} + \dfrac{\delta}{\lambda_2} + \dfrac{1}{\alpha_3}} = \frac{(3 \times 6 \times 4 + 6 \times 6) \times (25 - 0)}{\dfrac{1}{25} + \dfrac{0.1}{2.3} + \dfrac{1}{10}} = 14{,}716 \ \ [\mathrm{W}]$$

よって、最も近い値は 15 kW になります。

||解答②||

||練習問題 78|| ■ 解き方

（ア）問題 78 の解説で説明したとおり、向流型熱交換器では、低温側流体の温度が高温
　　　側流体の出口温度を超えることがあるので、正しい内容です。

（イ）熱通過率は、隔板の厚さと熱伝導率に影響しますが、密度には影響しないので、
　　　誤りです。問題 77 の「熱通過と熱抵抗」の解説を参照してください。

（ウ）問題 78 の解説で説明したとおり、対数平均温度差は、高温側流体の出入口温度と
　　　低温側流体の出入口温度が与えられないと計算できないので、誤りです。

（エ）解説の図に示したとおり、この記述は正しい内容です。

（オ）解説で説明した式に示したとおり、熱交換量は伝熱面積も必要となるので、誤り
　　　です。

　　　よって、正しい組合せは（ア）と（エ）です。

||解答④||

||練習問題 79|| ■ 解き方

問題 79 の解説より、アルミ粉末の動きは、流体粒子の動きを表す流跡線になります。

||解答⑤||

||練習問題 80|| ■ 解き方

　①層流から乱流に遷移する流速はレイノルズ数により決まり、流速と密度が同じで
あっても粘度が異なれば遷移する流速も異なります。よって、この内容は誤りです。

　②、③、④と⑤は、問題 80 の解説で説明したとおり正しい内容です。

||解答①||

||練習問題 81-1|| ■ 解き方

　2 次元流れの渦度（xy 平面に直交する方向）は、$\dfrac{\partial u}{\partial y} - \dfrac{\partial v}{\partial x}$ で表され、$u = A(x + y)$、
$v = A(x - y)$ を代入して、次のように求まります。

$$\frac{\partial u}{\partial y} - \frac{\partial v}{\partial x} = \frac{\partial\left[A(x+y)\right]}{\partial y} - \frac{\partial\left[A(x-y)\right]}{\partial x} = A - A = 0$$

||解答⑤||

練習問題81-2 ■**解き方**

渦度が0となる条件は、$\dfrac{\partial u}{\partial y} - \dfrac{\partial v}{\partial x} = 0$ で表されるので、$u = ax + by$、$v = cx + dy$ を代入して、次式が成り立ちます。

$$\frac{\partial u}{\partial y} - \frac{\partial v}{\partial x} = b - c = 0 \qquad \therefore b = c$$

■**解答①**

練習問題82 ■**解き方**

圧力が釣り合う条件から、次式が成り立ちます。

$$p_A + \rho_A g h_A = p_B + \rho_B g h_B + \rho g L \sin\theta$$

この式を変形して、

$$p_A - p_B = \rho_B g h_B + \rho g L \sin\theta - \rho_A g h_A$$

■**解答④**

練習問題83 ■**解き方**

氷がちょうど水没した状態を考えます。この氷の体積を V とすると、氷に働く浮力は、水の密度を ρ、氷の密度を ρ_B として、次式で表せます。

$$F = (\rho - \rho_B) g V$$

この浮力が、氷の上に乗る人の重量（mg）に釣り合うので、次式が成り立ちます。

$$mg = (\rho - \rho_B) g V \qquad \therefore V = \frac{m}{\rho - \rho_B}$$

与えられた数値の、$\rho = 1000 \ \mathrm{kg/m^3}$、$\rho_B = 920 \ \mathrm{kg/m^3}$、$m = 72 \ \mathrm{kg}$ を代入することにより、氷の体積（水没しないですむ氷の体積の最小値）は以下のように計算できます。

$$V = \frac{m}{\rho - \rho_B} = \frac{72}{1000 - 920} = 0.90 \ [\mathrm{m^3}]$$

■**解答②**

練習問題84 ■**解き方**

断面①の圧力を P_1、断面2の圧力を P_2 として、断面①と断面②にベルヌーイの式を適用して、次の関係が成り立ちます。

$$P_1 + \frac{1}{2}\rho\left(\frac{Q}{A}\right)^2 = P_2 + \frac{1}{2}\rho\left(\frac{Q}{\frac{A}{2}}\right)^2 + \rho g h$$

この式を変形して、断面①と断面②の圧力差 $\Delta P = P_1 - P_2$ は次のように求まります。

$$\Delta P = P_1 - P_2 = \rho g h + \frac{1}{2}\rho\left(\frac{Q}{\frac{A}{2}}\right)^2 - \frac{1}{2}\rho\left(\frac{Q}{A}\right)^2 = \rho g h + \rho\frac{3\rho Q^2}{2A^2}$$

解答②

練習問題85　■解き方

高度4,000 m、空気の温度4℃、気圧632 hPaにおける空気の密度は、次のように求まります。

$$1.29 \times \frac{273+0}{273+4} \times \frac{632}{1013} = 0.793 \ \left[\mathrm{kg/m^3}\right]$$

航空機の先端部（よどみ点）における圧力上昇は、動圧 $\frac{1}{2}\rho U^2$ に等しくなるので、次のように求まります。

$$\frac{1}{2}\rho U^2 = \frac{0.793 \times \left(950 \times \frac{1000}{3600}\right)^2}{2} = 27618 \ \left[\mathrm{Pa}\right] \ = 276 \ \left[\mathrm{hPa}\right]$$

この圧力に最も近いのは③です。

解答③

練習問題86　■解き方

問題86の解説で説明した式より、H から $\frac{H}{2}$ まで低下する時間 T_1、および $\frac{H}{2}$ から0になる時間 T_0 は、次のように求まります。

$$T_1 = \sqrt{\frac{2}{g}}\frac{A}{a}\left(\sqrt{H} - \sqrt{\frac{H}{2}}\right) = \sqrt{\frac{2}{g}}\frac{A}{a}\left(1 - \sqrt{\frac{1}{2}}\right)\sqrt{H} \ , \quad T_0 = \sqrt{\frac{2}{g}}\frac{A}{a}\sqrt{\frac{H}{2}}$$

$$\therefore \frac{T_0}{T_1} = \frac{\sqrt{\frac{1}{2}}}{1-\sqrt{\frac{1}{2}}} = \frac{1}{\sqrt{2}-1} = \frac{1}{\sqrt{2}-1} \times \frac{\sqrt{2}+1}{\sqrt{2}+1} = \sqrt{2}+1 = 1+2^{1/2}$$

解答⑤

練習問題87-1　■解き方

断面1には、右向きに $p_1 A + \rho V^2 A$ の力が加わり、この力について点Xに作用するモーメントの腕の長さは h_1 なので、点Xには $p_1 h_1 A + \rho V^2 A h_1$ のトルクが左回り方向に加わることになります。同様に、断面2には左向きに $p_2 A + \rho V^2 A$ の力が加わり、点Xに作用するモーメントの腕の長さは h_2 なので、点Xには $p_2 h_2 A + \rho V^2 A h_2$ のトルクが右回り方向に加わることになります。この2つのトルクを加えると、点Xに加わるトルク（右回り方向）は、以下のようになります。

$$-p_1 h_1 A - \rho V^2 A h_1 + p_2 h_2 A + \rho V^2 A h_2 = (p_2 h_2 - p_1 h_1) A + \rho V^2 A (h_2 - h_1)$$

解答②

練習問題 87-2　■解き方

ノズルから噴出する流速は $\dfrac{Q}{2A}$ であり、回転方向の流速は $\dfrac{Q}{2A}\sin\theta$ となります。スプリンクラーは、ノズルからの噴出部での運動量変化に伴う反力により、トルクが加わり回転しますが、噴出部でのノズルの速度（回転方向）と回転方向の噴出流速が等しくなると、運動量変化が0となり、スプリンクラーに加わるトルクが0となって、一定の回転速度となります。この条件は、以下のようになります。

$$R\omega = \frac{Q}{2A}\sin\theta$$

この式から、角速度 ω は次のように求まります。

$$\omega = \frac{Q}{2RA}\sin\theta$$

解答④

練習問題 88-1　■解き方

固定曲面にあたって流れ方向が θ 変化するので、噴流が固定曲面に及ぼす力は、流れの方向の変化に伴う運動量の変化から求まります。運動量をベクトル表示すると、曲面にあたる前が $(\rho A U^2, 0)$、曲面にあたった後が $(\rho A U^2\cos\theta, \rho A U^2\sin\theta)$ となり、運動量の差は $(\rho A U^2(1-\cos\theta), -\rho A U^2\sin\theta)$ となります。したがって、噴流が固定曲面に及ぼす力は次のように求まります。

$$F = \rho A U^2 \sqrt{(1-\cos\theta)^2 + \sin^2\theta} = \rho A U^2\sqrt{2(1-\cos\theta)}$$

解答⑤

練習問題 88-2　■解き方

流入部の面積を A_A、流出部の面積を A_B とすると、流入部と流出部での、運動量と圧力により受ける力のバランスから、次式が成り立ちます（拡がり直後の圧力は p_A にほぼ等しく、その下流ではく離に伴って渦が発生して圧力が p_B に変化します。したがって、流入部Aにおいて流体に加わる力は、壁面の面積ぶんも加えて、$p_A A_B$ となります）。

$$p_A A_B + \rho A_A U_A{}^2 = p_B A_B + \rho A_B U_B{}^2$$

この式および、流入部と流出部での流量が等しくなる $A_A U_A = A_B U_B$ の関係を用いて、$(p_A - p_B)$ が次のように求まります。

$$(p_{\mathrm{A}} - p_{\mathrm{B}})A_{\mathrm{B}} = \rho(A_{\mathrm{B}}U_{\mathrm{B}}{}^2 - A_{\mathrm{A}}U_{\mathrm{A}}{}^2)$$

$$p_{\mathrm{A}} - p_{\mathrm{B}} = \rho\left(U_{\mathrm{B}}{}^2 - \frac{A_{\mathrm{A}}}{A_{\mathrm{B}}}U_{\mathrm{A}}{}^2\right) = \rho(U_{\mathrm{B}}{}^2 - U_{\mathrm{A}}U_{\mathrm{B}}) = -\rho U_{\mathrm{B}}(U_{\mathrm{A}} - U_{\mathrm{B}})$$

解答①

練習問題89 ■**解き方**

層流の場合の管摩擦係数は、密度をρ、動粘性係数を$\nu = \mu / \rho$として次のように表せます。

$$\lambda = \frac{64}{R_e} = \frac{64}{UD / \nu} = 64\frac{\mu}{\rho UD}$$

層流の場合の配管の圧力損失は次のように表せます。

$$\Delta P = \lambda\frac{l}{D}\frac{\rho U^2}{2} = 64\frac{\mu}{\rho UD}\frac{l}{D}\frac{\rho U}{2}\frac{Q}{\pi D^2 / 4} = 128\frac{\mu l Q}{\pi D^4}$$

この式より、流量は次のように表せます。

$$Q = \frac{\pi D^4 \Delta P}{128\mu l}$$

したがって、流量はDの4乗に比例し、μに反比例します。

解答③

練習問題90 ■**解き方**

配管内の流速は$\dfrac{Q}{\dfrac{\pi D^2}{4}} = \dfrac{4Q}{\pi D^2}$、サージタンクへの入口部分の損失係数が1.0（動圧がす

べて損失する）、出口部分の損失係数がζなので、サージタンクにおける圧力損失は次式
で表されます。

$$\frac{1}{2}(1 + \zeta)\rho\left(\frac{4Q}{\pi D^2}\right)^2$$

解答②

練習問題91 ■**解き方**

抗力は次のように求まります。

$$D = C_D \times 0.5\rho U^2 S = 0.4 \times 0.5 \times 1.204 \times \left(\frac{160 \times 1000}{3600}\right)^2 \times \frac{\pi}{4}(30 \times 0.001)^2 = 0.34 \quad [\mathrm{N}]$$

解答④

練習問題92 ■**解き方**

④　円柱の固有振動数がカルマン渦の発生周波数に近くなると、カルマン渦の発生周

310

波数が円柱の固有振動数に引き込まれるロックイン現象が起きます。ロックイン領域では円柱の固有振動数で振動するので、流速が増加しても振動数は変化しません。よって、この内容は誤りです。

①、②、③と⑤は、問題92の解説で説明したとおり正しい内容です。

$$\boxed{解答④}$$

練習問題93 ■**解き方**

① 境界層の特性を表すものとして、粘性作用により流速が遅くなったぶんだけ境界層がせり出したと考える厚さを排除厚さ、せん断応力によって運動量（エネルギー）が失われている部分すべてを含める運動量厚さ、などがあります。よって、正しい記述です。

② 平板の前縁から発達する層流境界層の厚さは、近似的に $5\sqrt{vx/U}$ で表されるので、正しい記述です。

③ 下流にいくに従い境界層は次第に厚くなり、臨界レイノルズ数を超えると乱流境界層となるので、正しい記述です。

④ 境界層の厚さについては3つの考え方があり、その一つは主流（一様流）に対し99%の速度になるところまでであり、誤った記述です。

⑤ 乱流境界層内には壁面の影響が著しい壁領域（内層）があり、内層は粘性底層、遷移域（バッファ層）、対数層（対数領域）の3つの領域に分けられます。よって、正しい記述です。

$$\boxed{解答④}$$

練習問題94 ■**解き方**

①②③円管内の層流流れは、流速分布が放物線となり、壁面での流速は0、円管中央で流速が最大となります。④⑤流量は $Q = \dfrac{\pi \alpha}{8\mu} R^4$ で表され、粘性係数に反比例し、管径の4乗に比例します。よって、⑤の流量は管径の2乗に比例するという記述は誤りです。

$$\boxed{解答⑤}$$

練習問題95 ■**解き方**

連続の式から、次の関係式が成り立ちます。

$$\frac{\partial u}{\partial x} + \frac{\partial v}{\partial y} = 2x + y + \frac{\partial v}{\partial y} = 0 \quad、\quad \frac{\partial v}{\partial y} = -2x - y$$

y で積分して、

$$v = -2xy - \frac{1}{2}y^2 + F(x)、F(x) \text{ は}x\text{の任意の関数}$$

この式において、$F(x)$ は任意のxの関数であり、$F(x) = 0$とすれば①に合致するので、①が速度yの必要条件を満たします。一方、②〜⑤は、この関係式を満たさないので、連続の式が成り立ちません。

┃解答①┃

練習問題96　■**解き方**

発電用タービンの動力の計算には、ポンプの動力と同じ考え方が適用できます。

発電用タービンの動力P_tは、水頭差と流量の積で得られるエネルギーに効率ηを乗じることにより、次式で表されます（加えるエネルギーに効率を乗じることにより使用できるエネルギーになります。したがって、タービンでは、ポンプと異なり、効率を乗じて発電エネルギーを求めることになります）。

$$P_t = \rho g Q H \eta$$

この式に与えられた数値の$\rho = 1.0 \times 10^3 \text{ kg/m}^3$、$g = 9.8 \text{ m/s}^2$、$Q = 4.0 \text{ m}^3/\text{s}$、$H = 50 \text{ m}$、$\eta = 1.0$（得られる動力の最大値に対応する）を代入すれば、タービンが取り出しうる動力の最大値は次のように計算できます。

$$P_t = 1.0 \times 10^3 \times 9.8 \times 4.0 \times 50 \times 1.0 = 1,960,000 \text{ [W]} = 1.96 \text{ [MW]}$$

よって、選択肢の中で最も近い値は、2.0［MW］となります。

┃解答④┃

練習問題97　■**解き方**

羽根車の動力は、問題97の解説より、次式で表されます。

$$W = T\omega = \rho Q \omega (r_2 v_2 \cos\alpha_2 - r_1 v_1 \cos\alpha_1) = \rho Q(u_2 v_2 \cos\alpha_2 - u_1 v_1 \cos\alpha_1)$$

┃解答③┃

練習問題98　■**解き方**

問題98の解説で説明したように、レイノルズ数は慣性力/粘性力で表される無次元数です。

┃解答⑤┃

練習問題99　■**解き方**

貯水槽から排水する流れは、重力により流速が決まるので、フルード数による相似則

が成り立ちます。実物の水槽の高さと排水流速を、h と U とし、模型水槽の高さと排水流速を、h' と U' とすると、フルード数 F_R が等しくなる条件から、次式が得られます。

$$F_R = \frac{U}{\sqrt{gh}} = \frac{U'}{\sqrt{gh'}}$$

$h' = \dfrac{1}{100}h$ の関係を代入すると、実物の排水流速は、次のように求まります。

$$U = U'\sqrt{\frac{h}{h'}} = U'\sqrt{100} = 10U'$$

模型水槽の排水口の面積を A'、実物の排水口の面積を $A = 100^2 A'$ とすると、実物の排水流量 Q は、模型水槽の排水流量を Q' として、次式で表されます。

$$Q = UA = \left(10U'\right)\left(100^2 A'\right) = 10^5 U'A' = 10^5 Q'$$

模型水槽の容積を V'、実物の容積を $V = 100^3 V'$ とすると、実物の排水時間 T は、模型水槽の排水時間を T' として、次のように求まります。

$$T = \frac{CV}{Q} = C\frac{10^6 V'}{10^5 Q'} = 10\frac{CV'}{Q'} = 10T'$$

なお、流量 Q は液面の低下とともに減少するので、そのために排出時間が延びる影響を係数 C で表しており、この係数 C は、実物と模型とで同じ数値になります。この式に、$T' = 10$ 分　を代入すると、$T = 10T' = 100$ 分　となります。

‖ 解答③ ‖

‖ 練習問題100 ‖　■ 解き方

①　温度拡散率は、非定常の熱伝導において、温度の伝わる速さを示す係数で、定常流れにおける伝熱を示す係数ではありません。よって、この内容は誤りです。

②、③、④と⑤は、問題100の解説で説明したとおり正しい内容です。

‖ 解答① ‖

巻 末 資 料

巻末資料—1〈参考文献〉

詳しく勉強したい受験者への参考図書として記載しておきます。

第1章　材料力学

『材料力学　JSMEテキストシリーズ』日本機械学会

『材料力学　機械工学便覧　基礎編 α 3』日本機械学会

『絵とき材料力学基礎のきそ』井山裕文著、日刊工業新聞社

『図解入門　よくわかる材料力学の基本　初歩からわかる材料力学の基礎』

菊池正紀、和田義孝著、秀和システム

『明解・材料力学のABC』香住浩伸著、技術評論社

『大学演習　材料力学』大学演習材料力学編集会編、裳華房

第2章　機械力学・制御

『振動学』JSMEテキストシリーズ、日本機械学会

『機械力学　機械工学便覧　基礎編 α 2』日本機械学会

『制御工学』JSMEテキストシリーズ、日本機械学会

『演習制御工学』JSMEテキストシリーズ、日本機械学会

『計測工学　機械工学便覧　デザイン編 β 5』日本機械学会

『制御システム　機械工学便覧　デザイン編 β 6』日本機械学会

『ハンディブック機械　改訂2版』萩原芳彦監修、オーム社

『振動工学』藤田勝久著、森北出版

第3章　流体工学

『流体力学』JSMEテキストシリーズ、日本機械学会

『流体工学　機械工学便覧　基礎編 α 4』日本機械学会

『流体機械　機械工学便覧　応用システム編 γ 2』日本機械学会

『流体力学　前編』今井功著、裳華房

『圧縮性流体の力学』生井武文、松尾一泰著、理工学社

『流体機械』須藤浩三編、朝倉書店

第4章　熱工学

『熱力学』JSMEテキストシリーズ、日本機械学会

『伝熱工学』JSMEテキストシリーズ、日本機械学会

『絵ときでわかる熱工学』佐野洋一郎、安達勝之著、オーム社

『おもしろ話で理解する熱力学入門』久保田浪之介著、日刊工業新聞社

『工業熱力学』平山直道、他共著、産業図書

『熱機関工学』西脇仁一編著、朝倉書店

『伝熱学の基礎』吉田駿著、理工学社

その他　機械設計、機械要素、機械材料、加工法

『機械材料』JSMEテキストシリーズ、日本機械学会

『材料力学　機械工学便覧　基礎編 α 3』日本機械学会

『設計工学　機械工学便覧　デザイン編 β 1』日本機械学会

『JISハンドブック　機械要素』日本規格協会

『JISハンドブック　ねじ』日本規格協会

『機械の設計考え方・解き方』須藤亘啓著、東京電機大学出版局

『機械設計法・第2版』塚田忠夫、他共著、森北出版

『絵とき機械材料基礎のきそ』坂本卓著、日刊工業新聞社

『機械材料』佐野元著、共立出版社

『機械設計（上・下)』岩浪繁蔵編著、産業図書

『図解・機械要素のABC』渡辺忠著、技術評論社

『機械工作法』平井三友、他共著、コロナ社

『ハンディブック機械　改訂2版』萩原芳彦監修、オーム社

巻末資料—2 〈過去の出題問題分析〉

1.「**材料力学**」 平成 16 年度から令和 3 年度までに出題された技術項目 (1/5)

技術項目の分類	平成 16 年度	平成 17 年度	平成 18 年度	平成 19 年度
荷重と応力	引張荷重、引張応力、せん断応力	引張荷重、垂直応力、せん断応力	せん断応力	引張荷重、せん断応力
応力とひずみ	熱応力、線膨張係数、塑性変形、延性材料、縦弾性係数	降伏点、縦弾性係数、応力集中係数	熱応力、縦弾性係数、応力集中、フックの法則、真応力、相当応力、ヤング率	自重による発生応力、縦弾性係数、降伏応力、弾性限度、塑性変形
材料の強さと許容応力	引張強さ、疲労破壊、ぜい性破壊、切欠き、クリープ、衝撃荷重、許容応力	疲労強度、安全率、繰返し引張力、引張疲労限界、許容応力、高温強度	安全率、切欠き、S–N 曲線、クリープ、降伏、疲労限度	静的荷重、許容応力、平均応力、切り欠き、クリープ、安全率
はりの曲げ	最大曲げ応力、片持ちはり	曲げモーメント、最大曲げ応力、集中荷重、分布荷重	最大曲げ応力、せん断応力、断面係数	断面二次モーメント、両端支持はり、最大曲げ応力、断面係数、集中荷重、分布荷重
軸のねじり	伝達トルク			軸のねじり強さ、伝達動力
柱の座屈			長柱の座屈	オイラーの座屈荷重
組合せ応力	最大主応力、トレスカの条件、多軸負荷	モールの応力円	平面組合せ応力、ミーゼスの条件	平面組合せ応力、主応力、主せん断応力
その他				薄肉円筒の肉厚（応力）

1. 「**材料力学**」 平成 16 年度から令和 3 年度までに出題された技術項目 (2/5)

技術項目の分類	平成 20 年度	平成 21 年度	平成 22 年度	平成 23 年度
荷重と応力	引張荷重、軸荷重、せん断応力、圧縮応力	引張荷重、引張力、引張応力		引張荷重、圧縮応力、せん断応力
応力とひずみ	熱応力、熱膨張係数、縦弾性係数、フックの法則、段付き丸棒の伸び	伸び、ヤング係数、熱応力、熱膨張係数、縦弾性係数、フックの法則、降伏応力		縦ひずみ、横ひずみ、ポアソン比、応力-ひずみ線図、ひずみ、比例限度、公称ひずみ、対数ひずみ、熱膨張係数、縦弾性係数、フックの法則、真応力、相当応力、共役、ヤング率
材料の強さと許容応力	許容応力、降伏応力、疲労強度	疲労限度、疲労試験、S-N 曲線、応力振幅、塑性変形、応力拡大係数、応力集中係数	クリープ、応力集中、残留応力	引張強さ、安全率、塑性拘束、疲労試験、S-N 曲線、応力振幅、繰返し数、疲労限度、応力拡大係数、不静定、降伏、破壊靱性
はりの曲げ	片持ちはり、最大曲げ応力、断面二次モーメント、断面係数、集中荷重、分布荷重		片持ちはり、集中荷重、分布荷重、曲げモーメント、反力、断面係数、せん断力図、曲げモーメント図	片持ちはり、両端支持はり、等分布荷重、曲げ応力、断面係数
軸のねじり	軸のねじり強さ、伝達動力、曲げモーメント、トルク、許容せん断応力	せん断弾性係数、最大せん断応力、ねじれ角、断面二次極モーメント、中実丸軸のねじり、トルク		中実丸軸、ねじりモーメント、ねじれ角
柱の座屈	オイラーの座屈荷重		オイラーの座屈荷重、縦弾性係数、断面二次モーメント	
組合せ応力		平面組合せ応力、ミーゼスの条件	平面組合せ応力、主応力、せん断応力	平面組合せ応力、ミーゼスの降伏条件
その他				薄肉円筒容器、内圧、円周方向応力、軸方向応力

1.「**材料力学**」 平成 16 年度から令和 3 年度までに出題された技術項目 (3/5)

技術項目の分類	平成 24 年度	平成 25 年度	平成 26 年度	平成 27 年度
荷重と応力	引張荷重、圧縮荷重、軸荷重、垂直応力、せん断応力、圧縮応力	引張荷重、垂直応力、せん断応力、圧縮荷重、圧縮応力	引張荷重、引張応力、垂直応力、せん断応力	引張荷重、垂直応力、せん断応力、軸荷重、圧縮荷重
応力とひずみ	伸び、縦弾性係数、線膨張係数、熱伸び、熱応力、降伏応力	伸び、縦弾性係数、線膨張係数、熱伸び、熱応力、フックの法則、真応力、相当応力、共役、ヤング率	縦弾性係数、伸び、線膨張係数、熱伸び	降伏応力、フックの法則、縦弾性係数、弾性ひずみエネルギー、線膨張係数、熱応力、熱伸び
材料の強さと許容応力	引張強さ、破断、繰返し引張荷重、安全率、応力集中係数、許容応力、引張疲労限度	応力拡大係数、不静定、降伏、破壊じん性、降伏応力	疲労限度、降伏点、許容応力、安全率、基準強さ、使用応力、引張強さ、破断	応力集中係数、許容引張応力、降伏応力
はりの曲げ	両端支持はり、最大曲げ応力、集中荷重、曲げ荷重、断面係数	片持ちはり、集中荷重、分布荷重、曲げモーメント、反力、最大曲げ応力、断面二次モーメント、曲げ剛性、両端支持はり、荷重点のたわみ、断面係数	両端単純支持はり、集中荷重、分布荷重、曲げモーメント、最大曲げ応力、はりのひずみエネルギー、支持反力	片持ちはり、集中荷重、はりの最大たわみ、はりの曲げ剛性、最大曲げ応力、断面係数、断面二次モーメント
軸のねじり	中実丸軸、ねじりモーメント、ねじれ角、断面二次極モーメント、極断面係数	中実丸軸、ねじりモーメント、ねじれ角、断面二次極モーメント、極断面係数	中実丸軸、最大せん断応力、ねじりモーメント	丸棒、ねじりモーメント、ねじれ角
柱の座屈	座屈荷重、オイラーの公式、断面二次モーメント	座屈荷重、オイラーの公式、断面二次モーメント、縦弾性係数	座屈荷重、オイラーの公式、曲げ剛性、円柱の座掘	座屈荷重、オイラーの理論
組合せ応力	平面組合せ応力、主せん断応力	平面組合せ応力、主応力、主せん断応力、垂直応力成分、ミーゼスの条件	モールの応力円	平面組合せ応力、主応力、ミーゼスの条件、モールの応力円
その他	トラス構造、節点、滑節	薄肉円筒圧力容器、内圧、円周方向応力、軸方向応力	薄肉円筒容器、肉厚、内圧、円周方向応力、軸方向応力	カスチリアノの定理、薄肉球殻容器、内圧、肉厚

1. 「**材料力学**」 平成 16 年度から令和 3 年度までに出題された技術項目 (4/5)

技術項目の分類	平成 28 年度	平成 29 年度	平成 30 年度
荷重と応力	軸荷重、引張荷重、引張応力	引張荷重、引張応力、軸力、垂直応力、せん断応力	引張荷重、垂直応力、せん断応力、軸力、軸荷重、圧縮荷重
応力とひずみ	伸び、縦弾性係数、線膨張係数、熱伸び、熱応力	縦弾性係数、フックの法則、ヤング率、伸び、線膨張係数、熱応力、熱伸び	縦弾性係数、線膨張係数、熱応力
材料の強さと許容応力	降伏応力、許容応力、安全率、基準強さ、使用応力、応力集中	応力集中係数、降伏応力	S–N 線図、降伏点、降伏応力
はりの曲げ	片持ちはり、集中荷重、分布荷重、曲げモーメント、反力、最大曲げ応力、両端支持はり、最大たわみ、曲げ剛性	両端単純支持はり、片持ちはり、集中荷重、等分布荷重、曲げモーメント、反力	片持ちはり、自由端のたわみ、両端単純支持はり、集中荷重、等分布荷重、曲げモーメント、断面二次モーメント
軸のねじり	丸棒、せん断弾性係数、ねじりモーメント、ねじれ角、断面二次極モーメント	中実丸軸、回転数、許容せん断応力、伝達動力	中実丸棒、中空丸棒、ねじりモーメント、ねじりせん断応力
柱の座屈	座屈荷重、オイラーの公式、断面二次モーメント、縦弾性係数	座屈荷重、オイラーの理論、曲げ剛性、固定条件	座屈荷重、オイラーの公式
組合せ応力	平面組合せ応力、主せん断応力	平面応力成分、主応力、主せん断応力、ミーゼスの条件、モールの応力円	平面組合せ応力、主応力
その他	薄肉円筒圧力容器、内圧、円周方向応力、軸方向応力	カスティリアーノの定理、トラス構造、薄肉円筒容器、肉厚、内圧、円周方向応力、軸方向応力	薄肉球殻容器、内圧、円周方向応力、トラス構造、節点、滑節、回転支点、移動支点

1. 「**材料力学**」 平成 16 年度から令和 3 年度までに出題された技術項目 (5/5)

技術項目の分類	令和元年度（再試験含む）	令和 2 年度	令和 3 年度
荷重と応力	軸荷重、応力、引張応力	軸力、引張力、荷重、圧縮荷重	せん断応力、相当応力、軸荷重、圧縮力、垂直応力
応力とひずみ	縦弾性係数、線膨張係数、伸び、ポアソン比	縦弾性係数、伸び、線膨張係数、熱応力、ポアソン比	フックの法則、降伏、共役、ヤング率、相当応力、真応力、縦弾性係数
材料の強さと許容応力	引張強さ、応力集中	降伏点、S-N 線図	応力拡大係数
はりの曲げ	単純支持はり、集中荷重、せん断力、曲げモーメント、片持ちはり、等分布荷重、曲げ応力、はりのたわみ、曲げ剛性、支点、単純支持、固定端、支持反力、ひずみエネルギー	片持ちはり、自由端、集中荷重、等分布荷重、曲げ応力、たわみ、曲げ剛性	断面係数、片持ちはり、等分布荷重、曲げモーメント図、自由端、集中荷重、たわみ、曲げ剛性、ひずみエネルギー
軸のねじり	中実丸棒、ねじりモーメント、せん断応力、ねじれ角	ねじりモーメント、ねじり角、横弾性係数	中実丸棒、中空丸棒、ねじりモーメント
柱の座屈	座屈荷重、曲げ剛性、固定条件、座屈、オイラーの公式	座屈荷重、固定支持、曲げ剛性	固定支持、自由端、座屈荷重
組合せ応力	平面応力状態、主せん断応力、垂直応力	平面応力状態、主せん断応力	ミーゼスの条件、モールの応力円
その他	弾性ひずみエネルギー、トラス構造、節点、滑節、変位、薄肉円筒圧力容器、円周方向応力、軸方向応力、円周方向ひずみ、軸方向ひずみ	滑節、節点、円筒状圧力容器、内圧、円筒軸方向ひずみ	不静定、破壊じん性、トラス構造、節点、滑節、変位、球形薄肉圧力容器、内径、肉厚、内圧、円周方向応力

2.「**機械力学・制御**」 平成 16 年度から令和 3 年度までに出題された技術項目 (1/5)

技術項目の分類	平成 16 年度	平成 17 年度	平成 18 年度	平成 19 年度
静力学	力の釣り合い、滑車	転倒しない条件	ボルト締めの変位	
質点系の力学	エネルギー保存、摩擦エネルギー、完全弾性衝突、衝突			回転するモータの伝達動力
剛体の力学	剛体の運動方程式、慣性モーメント、回転モーメント、可変速機構、ばねの復元モーメント	剛体の運動方程式、慣性モーメント、回転モーメント、回転速度	回転する剛体棒の角速度、棒の慣性モーメント、円板の回転トルク	クランク-スライダ機構の駆動トルク、原動節回転角、回転するロータの軸受に働く力、角速度
摩擦	動摩擦係数、静摩擦、摩擦係数	摩擦係数		
振動	ばね-質量系、固有振動数、固有角振動数、振動防止、危険速度、振れ回り、減衰振動、ダンパ、減衰係数、動吸振器	ばね-質量系、固有振動数、自励振動、1 自由度振動系	ばね-質量系、円板の振動周期、固有振動数、位相ずれ、減衰係数、危険速度、1 自由度振動系	剛体振子の固有振動数、質量-ばね-粘性減衰振動系の変位、減衰定数、変位-時間の変化、固有振動数解析手法
制御	伝達関数、アクティブ制御、系の安定性、分解能、ビット、測定誤差、測定、ブロック線図	伝達関数、ブロック線図、フィードバックシステムの安定性判別、倒立振子の安定性、ステップ応答の過渡応答と安定性	質量-ばね-ダンパ機械振動系、伝達関数、ブロック線図、ボード線図、位相余裕を用いたフィードバック制御系の安定性判別	ブロック線図、伝達関数、フィードバック制御の安定性、ラプラス演算子
その他				

2. 「**機械力学・制御**」 平成 16 年度から令和 3 年度までに出題された技術項目 (2/5)

技術項目の分類	平成 20 年度	平成 21 年度	平成 22 年度	平成 23 年度
静力学		力のつり合いモーメント		
質点系の力学				
剛体の力学	剛体振子、慣性モーメント、カム機構、カムの駆動トルク	運動エネルギー、角運動量方程式、転がり振子、角速度、慣性モーメント、慣性力、慣性乗積、慣性偶力、慣性主軸、慣性テンソル、制動トルク、回転数、転がる円筒の力の釣り合い、回転角	慣性モーメント、落下加速度、円板の慣性モーメント	
摩擦	動摩擦係数	クーロン摩擦、静摩擦係数、動摩擦係数		
振動	固有角振動数、1 自由度粘性減衰振動系、減衰定数、振幅倍率曲線、2 自由度振動系の固有角振動数、振動数方程式、非線形振動（パラメータ励振、リミットサイクル、マシューの方程式、跳躍現象）、振動するはりの支持条件	1 自由度非減衰振動系、調和励振力、微小振動、固有角振動数	ばね-質量系、ばね定数、微小振動、回転振動、固有角振動数、1 自由度振動系、固有振動数、調和振動、共振、強制振動、加振力、共振振動数、共振振幅、励振振動数、はりの横振動、振動するはりの支持条件	ばね-質量系、ばね定数、固有振動数、角振動数、1 自由度振動系、減衰係数、粘性減衰器、慣性モーメント、臨界減衰系、はりの横振動、振動するはりの支持条件、係数励振、リミットサイクル、スティックスリップ、調和運動、反共振、2 自由度振動系、固有角振動数
制御	一巡伝達関数、残留偏差、伝達関数の零点と極、ラプラス演算子、ブロック線図、伝達関数、フィードバック制御系の安定条件、逆ラプラス変換、制御工学の用語（ベクトル軌跡、ボード線図、ナイキスト線図、根軌跡）	ブロック線図、誤差、制御器、操作量、制御対象、フィードバック系、伝達関数、2 次遅れ系の伝達関数、単位ステップ応答、逆ラプラス変換、ラプラス変換、ステップ関数、指数関数、状態方程式、状態フィードバック制御、係数ベクトル、システム行列の固有値、制御の安定性条件、特性方程式の根（極）	ラプラス変換、逆ラプラス変換、時間関数、ブロック線図、伝達関数、周波数伝達関数、根軌跡、ベクトル軌跡、ボード線図、ナイキスト線図、ゲイン線図、位相線図、フィードバック制御系、外乱、減衰係数、インディシャル応答、臨界制動、時定数、ゲイン定数、定常位置偏差、制御の安定性条件	ラプラス変換、逆ラプラス変換、ブロック線図、伝達関数、入力関数、応答、ランプ応答、インパルス応答、インディシャル応答、フィードバック制御系、位相遅れ補償、ゲイン、ハイパスフィルタ、2 自由度制御系、フィードフォワード制御、ベクトル軌跡、安定条件、閉ループ伝達関数、微分制御、偏差、比例制御、フィードバック制御系の特性根
その他	回転機械のロータの振動、危険速度、自動調心作用			

2. ［**機械力学・制御**］ 平成 16 年度から令和 3 年度までに出題された技術項目 (3/5)

技術項目の分類	平成 24 年度	平成 25 年度	平成 26 年度	平成 27 年度
静力学		力のモーメント	力のモーメント	力のつり合い、モーメントのつり合い
質点系の力学				角速度、角運動量、ボールの打上げ
剛体の力学	棒の慣性モーメント、慣性モーメント、落下加速度、円板の慣性モーメント、並進運動、回転運動	重心、回転運動のエネルギー、偏心量、回転するローターの軸受けに働く力、角速度	並進運動、回転運動、慣性モーメント、張力、複合ばね	並進運動、回転運動、滑車、慣性モーメント
摩擦			摩擦力、摩擦ブレーキ、動摩擦係数	
振動	角振動数、ばね定数、粘性減衰係数、ダンパー、固有角振動数、過減衰、不足減衰、臨界減衰、はりの横振動、振動するはりの支持条件（自由端、支持端、固定端）、調和振動、加振力、振幅、振動数、共振、共振振動数、強制振動、固有振動数、不減衰系、1 自由度振動系、ばね-質量系	固有角振動数、ばね定数、粘性減衰係数、1 自由度振動系、加振台、振幅、角振動数、周波数応答線図、はりの横振動、振動するはりの支持条件（自由端、単純支持端、固定端）、2 自由度振動系、振動数方程式	固有角振動数、ばね定数、合成ばね定数、粘性減衰係数、ダンパ、1 自由度振動系、振幅、角振動数、周波数応答線図、はりの横振動、振動するはりの支持条件（自由端、単純支持端、固定端）、調和振動、加振力、共振、固有（共振）振動数、不減衰系	固有角振動数、ばね定数、減衰係数、減衰比、1 自由度振動系、はりの振動、2 自由度振動系、振動数方程式、過減衰、共振周波数
制御	伝達関数の安定性、ブロック線図、逆ラプラス変換、ラプラス変換、単位ステップ関数、指数関数、制御量、周波数特性、ゲイン	ラプラス変換、逆ラプラス変換、ブロック線図、伝達関数、フィードバック制御系、特性方程式、極（根）、ベクトル軌跡、ボード線図、ナイキスト線図、周波数伝達関数、ゲイン、位相、ナイキスト安定判別、ゲイン線図、位相線図、閉ループ系、制御対象、複素数、複素関数、周波数特性、角周波数、根軌跡	ラプラス変換、逆ラプラス変換、ブロック線図、ステップ応答、遅れ時間、立ち上がり時間、オーバーシュート、行き過ぎ時間、整定時間、伝達関数、フィードバック制御系、極（根）、制御対象、コントローラ	ブロック線図、特性方程式、極（根）、フィードバック制御系、コントローラ、外乱、伝達関数、制御対象、目標値、操作量、制御量
その他				

2.「**機械力学・制御**」 平成 16 年度から令和 3 年度までに出題された技術項目（4/5）

技術項目の分類	平成 28 年度	平成 29 年度	平成 30 年度
静力学	力の釣合い、張力、慣性力		
質点系の力学		運動エネルギー、位置エネルギー	
剛体の力学	クランクの運動、トルク、アームの回転運動	並進運動、回転運動、慣性モーメント、張力、定滑車	並進運動、回転運動、慣性モーメント、運動エネルギー、位置エネルギー
摩擦			
振動	固有振動数、固有角振動数、ばね定数、粘性減衰係数、複合ばね、1 自由度振動系、ダンパ、過減衰、臨界減衰、不足減衰、共振、位相、2 自由度振動系、剛体棒の振動、危険速度	固有角振動数、周期、ばね定数、粘性減衰係数、ダンパ、1 自由度振動系、振幅、変位、角振動数、周波数応答線図、はりの横振動、振動するはりの支持条件（自由端、単純支持端、固定端）、加振力、共振、剛体棒の振動、滑車を含む系の振動、臨界減衰係数	固有角振動数、ばね定数、複合ばね、減衰係数、減衰比、1 自由度振動系、はりの縦振動、2 自由度振動系、動滑車を含む系の振動
制御	ラプラス変換、逆ラプラス変換、ブロック線図、伝達関数、フィードバック系、安定性、単位ステップ関数、特性方程式、極、零点、誤差、制御器、制御対象、操作量、不可観測	ブロック線図、PID 制御、目標値、制御量、偏差、P 制御、I 制御、PI 制御、D 制御、PD 制御、定常偏差、むだ時間、応答性、伝達関数、フィードバック制御系、安定性、グラフ表現、周波数伝達関数、周波数特性、ゲイン、位相、ナイキスト安定判別、一巡伝達関数、根軌跡、ボード線図、ベクトル軌跡、ナイキスト線図	ラプラス変換、逆ラプラス変換、ブロック線図、伝達関数、フィードバック制御、特性方程式、安定性、極（根）、零点、ランプ応答、インパルス応答、ステップ応答
その他			

2.「**機械力学・制御**」 平成 16 年度から令和 3 年度までに出題された技術項目 (5/5)

技術項目の分類	令和元年度（再試験含む）	令和 2 年度	令和 3 年度
静力学			
質点系の力学	運動方程式、自由落下		
剛体の力学	アームの回転運動、角速度、速度、速度ベクトル、加速度、運動方程式、回転運動、慣性モーメント、張力、定滑車、運動エネルギー、位置エネルギー	重心、慣性モーメント、ロータ、角速度、角運動量保存	
摩擦			
振動	固有振動数、固有角振動数、慣性モーメント、ばね定数、直列ばね、並列ばね、粘性減衰要素、単振り子、単振動、U 字管、液柱の振動、剛体棒の振動、弦の振動、減衰、減衰振動、減衰比。臨界減衰、1 自由度系、2 自由度系、共振、応答、自由振動。強制振動、振幅、変位、角振動数、はりの横振動、境界条件、自由端、単純支持端、固定端、運動方程式、並進振動、回転振動	振動系、減衰、自由振動、強制振動、共振、減衰係数、減衰比、過減衰、共振周波数、共振振動数、固有振動数、固有角振動数、ばね定数、直列ばね、並列ばね、並進運動、回転運動、1 自由度振動系、外力、調和振動、振幅、振動数、不減衰系、変位、はりの曲げ振動、曲げ剛性	1 自由度系、固有振動数、加振力、共振、変位、位相、2 自由度系、危険速度、ねじりばね定数、振動系、慣性モーメント、ばね定数、微小並進運動、固有角振動数、周期、抵抗、接触面積、減衰、定滑車、固有周期、減衰係数、臨界減衰系、角周波数、正弦波状の力、定常状態、周期的な力、振幅、2 自由度振動系
制御	目標値、誤差、制御対象、制御量、制御器、操作量、ラプラス変換、逆ラプラス変換、ブロック線図、伝達関数、フィードバック制御系、特性方程式、安定性、極、零点、グラフ表現、周波数伝達関数、角周波数、周波数特性、ゲイン、位相、ナイキスト安定判別、ゲイン線図、位相線図、一巡伝達関数、ボード線図、ナイキスト線図、ベクトル軌跡、根軌跡	制御対象、制御装置、コントローラ、遅れ時間、立ち上がり時間、行き過ぎ時間、整定時間、ラプラス変換、伝達関数、フィードバック制御系、閉ループ系、特性方程式、安定化、特性根、動的システム、ステップ応答、デルタ関数、単位ステップ関数	目標値、制御量、偏差、PID 制御、P 制御、I 制御、PI 制御、D 制御、PD 制御、むだ時間、応答性、定常偏差、伝達関数、定常出力、フィードバック制御系、制御対象、コントローラ、安定性、入力、出力、ラプラス変換、単位ステップ入力
その他			

3. 「熱工学」 平成 16 年度から令和 3 年度までに出題された技術項目 (1/5)

技術項目の分類	平成 16 年度	平成 17 年度	平成 18 年度	平成 19 年度
熱力学の基礎		比熱		
熱力学の法則		エントロピ	エントロピー	
理想気体		理想気体の特性、ガス定数、アボガドロ数、内部エネルギ、比熱比		
サイクル	熱機関、冷凍機、オットーサイクル、サバティサイクル、ランキンサイクル、カルノーサイクル、逆カルノーサイクル、スターリングエンジン、ディーゼル機関	熱効率、自動車用四サイクル火花点火機関、オットーサイクル、圧縮比、カルノーサイクル、サイクル効率	熱効率、カルノーサイクル、カルノーエンジンの出力、冷凍の最小電力	カルノーサイクル、無効エネルギー、スターリングサイクル、オットーサイクル、ディーゼルサイクル、理論効率、等温変化、等容変化、等圧変化
燃焼	ガスの完全燃焼、理論空気量	プロパンの燃焼、理論空気		メタン燃焼、完全燃焼、排ガスの CO_2 濃度、バイオ燃料、再生可能エネルギー、CO_2 排出量
伝熱	熱伝導、熱伝導率、熱伝達率、熱通過率、熱交換器	熱伝達、熱伝達率、動粘性係数、温度伝導率、自然対流、ふく射、ステファンボルツマンの法則、ヌセルト数、プラントル数、グラスホフ数	放射熱伝導、対流熱伝達、熱損失、プラントル数、グラスホフ数、ヌッセルト数、キルヒホッフの法則、フィン効率	放射熱伝達、熱伝導率、熱損失量、断熱材、熱交換器、熱通過係数、比熱、伝熱面積、熱伝導、ふく射、キルヒホッフの法則、フーリエの法則、ヌッセルト数
その他	温度計測（熱電対、ゼーベック効果、ペルチェ効果、トムソン効果）			

328

3. 「熱工学」 平成 16 年度から令和 3 年度までに出題された技術項目 (2/5)

技術項目の分類	平成 20 年度	平成 21 年度	平成 22 年度	平成 23 年度
熱力学の基礎	熱量、力、比熱、動力、SI 単位	加熱、熱量、比熱	定圧比熱	比熱、SI 単位
熱力学の法則	エントロピー、エンタルピー、内部エネルギー、熱移動、不可逆変化、仕事、第2種永久機関、熱力学第1法則	エクセルギー、カルノー効率、自由エネルギー、エクセルギー損失、無効エネルギー、電気エネルギー	エンタルピー、比エンタルピー、エントロピー、断熱効率	比エンタルピー、エントロピー
理想気体		理想気体、比熱比、定容比熱、定圧比熱、モル数、一般ガス定数、ボイルの法則		理想気体、比熱比
サイクル	熱サイクル図、カルノーサイクル、スターリングサイクル、オットーサイクル、ランキンサイクル、$P\text{-}V$ 線図、$T\text{-}S$ 線図、等温変化、等容変化、等圧変化	可逆カルノーサイクル、高熱源、低熱源、熱機関、出力、廃熱、蒸気タービンサイクル、ボイラ、復水器、サイクル効率、再熱サイクル、再生サイクル	熱サイクル図、$T\text{-}S$ 線図、オットーサイクル、ディーゼルサイクル、カルノーサイクル、スターリングサイクル、ランキンサイクル、ブレイトンサイクル、冷凍サイクル	可逆断熱圧縮
燃焼	燃料、燃焼、燃焼熱、発熱量、完全燃焼、不完全燃焼、高発熱量、低発熱量	燃料、完全燃焼、理論空気量		
伝熱	熱流束、円筒の熱伝導、熱伝導率、保温効果、熱損失量		熱交換、熱伝達率、熱伝導率、熱抵抗、ふく射伝熱、黒体面、全放射能、ステファン・ボルツマン定数、灰色面、放射率、密度、動粘性係数、温度伝導率、プラントル数、レイノルズ数、ヌセルト数	熱流速、熱伝達率、熱伝導率、ヌセルト数、プラントル数、ペクレ数、レイノルズ数、レイリー数、温度境界層、速度境界層、無次元数、温度勾配
その他	ボイラ、加熱器、冷凍機、凝縮器	電熱器の加熱		

3.「**熱工学**」 平成 16 年度から令和 3 年度までに出題された技術項目 （3/5）

技術項目の分類	平成 24 年度	平成 25 年度	平成 26 年度	平成 27 年度
熱力学の基礎	熱量、比熱、動力、SI 単位	密度、定圧比熱、動粘性係数、粘性係数、蒸発潜熱、比熱、エネルギー、融解潜熱	加熱、熱量、仕事、エネルギー、比熱、蒸発潜熱	太陽エネルギー
熱力学の法則	比エンタルピー、熱損失、運動エネルギー、位置エネルギー、内部エネルギー、エントロピー	エントロピー、比エンタルピー		
理想気体	理想気体		理想気体、比熱比、定容比熱、定圧比熱、モル数、一般ガス定数	理想気体、比熱比
サイクル	蒸気タービン、タービン出力、可逆的膨張（等温、等圧、断熱）、可逆カルノーサイクル、高熱源、低熱源、熱機関、出力、廃熱、蒸気タービンサイクル、ボイラ、タービン、復水器、サイクル効率、再熱サイクル、再生サイクル	熱サイクル図、T–S 線図、オットーサイクル、ディーゼルサイクル、カルノーサイクル、スターリングサイクル、ランキンサイクル、ブレイトンサイクル、冷凍サイクル、蒸気サイクル、飽和液線、乾き飽和蒸気線、等圧線、理論熱効率	熱機関、熱効率、発熱量	可逆断熱圧縮
燃焼	メタン燃焼、完全燃焼、理論空気量		メタン燃焼、完全燃焼、CO_2 排出量	メタン燃焼、完全燃焼、理論空気量
伝熱	熱流速、熱伝達率、熱伝導率、熱交換器、熱通過（総括伝熱係数）	熱伝達率、熱伝導率、動粘性係数、温度伝導率、プラントル数、レイノルズ数、ヌセルト数、熱通過、断熱材、ふく射伝熱、黒体面、全放射能、ステファン・ボルツマン定数、灰色面、放射率	熱伝達率、熱伝導率、熱通過率、断熱	熱交換器、熱伝達率、熱伝導率、熱通過率、総括伝熱係数、断熱材、自然対流、熱損失、黒体面、ふく射、放射、ステファン・ボルツマン定数
その他				冷凍庫、成績係数

3. 「**熱工学**」 平成 16 年度から令和 3 年度までに出題された技術項目 (4/5)

技術項目の分類	平成 28 年度	平成 29 年度	平成 30 年度
熱力学の基礎	加熱、熱量、比熱、蒸発熱	熱源、吸熱、放熱、飽和水、飽和蒸気、乾き度	熱流量
熱力学の法則	エントロピー、エンタルピー、内部エネルギー	熱力学第一法則、比エンタルピー、エントロピー、内部エネルギー、エンタルピー、断熱変化	エンタルピー
理想気体	理想気体、マイヤーの関係式、定容比熱、定圧比熱、気体定数、比熱比、等圧変化	理想気体、定積比熱、気体定数	理想気体、状態変化、等積変化、等温変化、等圧変化、等エントロピー変化、ポリトロープ指数、P–V 線図
サイクル	熱サイクル図、$T-S$ 線図、オットーサイクル、ディーゼルサイクル、カルノーサイクル、スターリングサイクル、ランキンサイクル、ブレイトンサイクル、冷凍サイクル		冷凍庫の最小電力
燃焼			メタン燃焼、完全燃焼、CO_2 排出量
伝熱	熱伝導率、熱伝達率、保温、断熱材、熱損失、熱移動、ふく射伝熱、黒体面、全放射能、ステファン・ボルツマン定数、対流、鏡面	熱伝達率、熱伝導率、熱通過率、断熱、温度境界層、速度境界層、熱伝達の無次元数、プラントル数、ヌセルト数、レイノルズ数、レイリー数、強制対流、自然対流、乱流、黒体面、ふく射、放射、ステファン・ボルツマン定数、太陽エネルギー、放熱、伝熱促進、熱流束、総括熱抵抗	熱交換器、向流熱交換器、並流熱交換器、対数平均温度差、熱交換量、熱伝達率、熱伝導率、熱通過率、熱抵抗、自然対流
その他		冷凍機、成績係数、フィン（拡大伝熱面）、蒸気タービン	冷凍庫

331

3.「**熱工学**」 平成 16 年度から令和 3 年度までに出題された技術項目 (5/5)

技術項目の分類	令和元年度 (再試験含む)	令和 2 年度	令和 3 年度
熱力学の基礎	融解潜熱、比熱、圧力、比熱比	比熱、熱容量	発熱量
熱力学の法則	エントロピー、比エンタルピー	エントロピー、比エンタルピー	比エンタルピー、エントロピー
理想気体	定圧比熱、定積比熱、理想気体、断熱変化、等エントロピー変化、気体定数	理想気体、一般ガス定数、比熱比、定圧比熱、定容比熱、モル数	
サイクル	ディーゼルサイクル、$p-V$ 線図、行程、理論熱効率	蒸気サイクル、$T-S$ 線図、理論熱効率	
燃焼			
伝熱	温度伝導率、熱拡散率、熱伝導率、熱流速、沸騰伝熱、熱伝達率、熱損失、対流熱伝達率、断熱、吸熱、放熱	熱伝導率、熱量、向流型熱交換器、対数平均温度差、対流熱伝達率、放熱、熱流束、放射率、ステファン・ボルツマン定数	熱伝導率、熱伝達率、熱通過率、温度境界層、速度境界層、強制対流、自然対流、乱流、無次元数、プランドル数、ヌセルト数、レイノルズ数、レイリー数、ペクレ数
その他	冷凍庫 (機)、成績係数 (COP)、断熱材、消費電力		熱供給、電力、湿り水蒸気、湿り水蒸気の乾き度、飽和水、飽和水蒸気

4.「**流体工学**」 平成 16 年度から令和 3 年度までに出題された技術項目 （1/5）

技術項目の分類	平成 16 年度	平成 17 年度	平成 18 年度	平成 19 年度
流体の性質	レイノルズ数	レイノルズ数、マッハ数、フルード数、ストローハル数、壁面せん断応力	レイノルズ数、マッハ数、ウェーバー数、ストローハル数、相似流れ	レイノルズの相似則、相似流れ、レイノルズ数
流体の流れ	層流、乱流、流速	二次元非圧縮性流れの速度分布	せん断応力、層流-乱流流遷移	乱流、非定常流
静止流体の力学		流体の圧力	液体ヘッド	液体の圧力（絶対圧力）
理想流体の流れ	ベルヌーイの式			
運動量の法則	噴流、運動量			運動量
管内の流れ	圧力損失、ブラジウスの式	管路流れ、管摩擦係数	管摩擦、圧力損失	圧力損失、損失係数
物体まわりの流れ	摩擦抵抗、抗力係数		カルマン渦	流体中の抗力、抗力係数、流体中の翼まわりの流速
流体の運動	ピトー管、全圧、流体の運動エネルギー	流体の運動エネルギー、ノズル	よどみ点圧力	渦の運動
流体機械	仕事率		ポンプの動力	圧縮機の羽根車の回転トルク、流入速度、流出速度、体積流量
その他	境界層			境界層

4.「**流体工学**」 平成 16 年度から令和 3 年度までに出題された技術項目 （2/5）

技術項目の分類	平成 20 年度	平成 21 年度	平成 22 年度	平成 23 年度
流体の性質	流れの相似則（貯水槽の排水）	レイノルズ数	非圧縮性流体、流体の密度、レイノルズ数	レイノルズの相似則、風洞実験、密度、粘度
流体の流れ		乱流境界層、乱流境界層厚み	二次元非圧縮流れ、連続の式	強制対流、自然対流、乱流、層流、せん断応力
静止流体の力学	シリンダ内の圧力、マノメータ、U 字管	ピストン内の圧力、油圧、水頭圧	浮力、マノメータ、U 字管	
理想流体の流れ			ベルヌーイの式	ベルヌーイの式
運動量の法則				
管内の流れ	円管内の粘性流体の流れ、助走区間、壁法則、管内の圧力損失	円管内の層流流れ、管内の圧力損失、ダルシー・ワイズバッハの式、圧力損失ヘッド、管摩擦係数、圧力損失	曲り管が受ける力、管摩擦係数、層流、乱流	流体が曲がり管に及ぼす力、管内の流れ、圧力損失
物体まわりの流れ	噴流が平板に及ぼす力	流体の粘度、抗力、抗力係数	抗力、抗力係数	
流体の運動	渦、強制渦、ピトー管、よどみ点圧力			よどみ点圧力
流体機械		ジェットエンジンの推力、水車の動力	水車の動力	換気扇の動力
その他		境界層、境界層厚み		

4. **「流体工学」** 平成16年度から令和3年度までに出題された技術項目 (3/5)

技術項目の分類	平成24年度	平成25年度	平成26年度	平成27年度
流体の性質	ストローハル数、密度、粘性、体積流量、レイノルズ数、動粘性係数	レイノルズ数、模型実験、非圧縮性流体、密度	密度、非圧縮性流体、レイノルズ数	密度、非圧縮性流体
流体の流れ	一様流、流速	流速、定常流れ、一様流	連続の式、流速、二次元圧縮流れ、速度ベクトル、一様流	流速、定常流れ
静止流体の力学	浮力	シリンダ内の圧力、マノメータ		水頭圧
理想流体の流れ	ベルヌーイの式	質量保存の式（連続の式）、ベルヌーイの定理、よどみ点圧力	ベルヌーイの定理、よどみ点圧力	ベルヌーイの定理
運動量の法則				
管内の流れ	円管内の流れ、圧力差、管の摩擦損失、層流、ハーゲン・ポアズイユの式、圧力損失ヘッド、ダルシー・ワイズバッハの式、管摩擦係数	水流が曲り管に及ぼす力、圧力損失	円管内の流れ、ハーゲン・ポアズイユの式、助走距離、層流、粘性係数、動粘性係数、摩擦損失	水流が曲り管に及ぼす力、圧力損失
物体まわりの流れ	カルマン渦、放出周波数、噴流が平板に及ぼす力		平板が受ける力、抗力係数	抗力、抗力係数、噴流が平板に及ぼす力
流体の運動				強制渦
流体機械		ファンの動力、エネルギー効率、摩擦抵抗		ファンの動力、エネルギー効率、摩擦抵抗
その他	境界層、層流境界層、乱流境界層、境界層厚さ、運動量厚さ、排除厚さ、平板上の境界層、臨界レイノルズ数、粘性底層、遷移域（バッファー域）、対数則域			

4.「**流体工学**」 平成 16 年度から令和 3 年度までに出題された技術項目 (4/5)

技術項目の分類	平成 28 年度	平成 29 年度	平成 30 年度
流体の性質	非圧縮性流体、ニュートン流体、粘性、せん断力	強制渦	乱流、レイノルズの相似則、強制渦
流体の流れ	流体粒子、定常流、非定常流	連続の式	
静止流体の力学	マノメータ、圧力	圧力	
理想流体の流れ	質量保存の式（連続の式）、ベルヌーイの定理、ポテンシャル流れ	ベルヌーイの定理	ベルヌーイの定理、連続の式
運動量の法則	運動量保存則	噴流、スプリンクラー、トルク	急拡大管
管内の流れ		円管内の流れ、圧力損失、配管摩擦係数、層流、粘性係数、レイノルズ数	円管内の流れ、助走距離、動粘性係数、レイノルズ数
物体まわりの流れ			
流体の運動	強制渦		強制渦
流体機械			
その他	乱れ、境界層、乱流、渦拡散		境界層、境界層厚さ、運動量厚さ

4.「**流体工学**」 平成 16 年度から令和 3 年度までに出題された技術項目 (5/5)

技術項目の分類	令和元年度（再試験含む）	令和 2 年度	令和 3 年度
流体の性質	粘性、せん断力、非圧縮性流体、動粘性係数、非圧縮性流れ	粘度、動力、層流、せん断力	
流体の流れ	連続の式、流線、流脈線、流跡線、速度、質量保存の式、速度ベクトル	2 次元非圧縮性流れ、連続の式、流線、流脈線、流跡線、渦管、速度ポテンシャル	2 次元非圧縮流、速度ベクトル、連続の式
静止流体の力学	マノメータ		
理想流体の流れ	よどみ点、よどみ圧、ベルヌーイの式、ポテンシャル流れ、トリチェリの定理	よどみ点、ベルヌーイの式	圧力差、水銀柱、円管内断面平均速度、ベルヌーイの式、粘性
運動量の法則	運動量の法則、配管が受ける力		
管内の流れ			円管、発達した流れ、ニュートン流体、断面平均流速、壁面、レイノルズ数、層流、管摩擦係数、乱流、乱流域、不規則な渦運動、流体の混合
物体まわりの流れ		抗力、抗力係数	抗力、非圧縮性流体、レイノルズ数、円柱、ストローハル数、カルマン渦の放出周波数
流体の運動	強制渦、渦度	2 次元流れ、渦度	2 次元流れ、循環
流体機械	ファン、動力、効率、ベルヌーイの式		
その他	平板境界層、粘性作用、排除厚さ、運動量厚さ、層流境界層、乱流境界層、臨界レイノルズ数、壁領域、内層、粘性底層、緩和層、バッファ層、対数層、対数領域、遷移位置		

技術項目の分類	平成 16 年度	平成 17 年度	平成 18 年度	平成 19 年度
機械設計	JIS 製図法、寸法補助記号、生産システム用語、多品種少量生産、ラピッドプロトタイピング、価値分析、キーの設計手順	信頼性設計、生産工程の最適生産量、故障率、フェイルセイフ設計、フールプルーフ設計、冗長性設計	システムの信頼性、生産工程の最適生産量	
機械材料	面心立方格子、体心立方格子、稠密六方格子、塑性変形、ぜい性破壊、切欠き、格子欠陥、クリープ、疲労破壊	硬さ、弾性係数、降伏点、靱性、高温強度、シャルピー試験、ビッカース試験、クリープ試験、バウシンガー効果、マイナー則、疲労強度、残留応力、金属材料の JIS 記号	バウシンガ効果、加工硬化、クリープ、残留応力、塑性変形、弾性限度、永久変形	塑性変形、クリープ、弾性限度
機械要素	すべり軸受け（スラスト軸受け、ジャーナル軸受け）、ねじ、歯車（ピッチ円、モジュール）、リベット継手、クラッチ、平行キー			軸継手、締結ねじ
加工法	切削加工、仕上げ面粗さ、深絞加工、研削加工、引抜加工、溶接加工、長さの精密測定機器	深絞り、プレス機械、加工法の種類、切削、放電加工、レーザ切断、圧延、鋳造、アーク溶接、鍛造、電気めっき、バフ研磨、スポット溶接、ウォータージェット加工、ラッピング、超音波加工、電鋳、工作機械の運動、旋盤、フライス盤、平削り盤、平面研削盤	切削加工、工具、研削加工、砥石、放電加工、プレス加工	切削加工、切削速度、工具寿命

5.「**機械設計、機械材料、機械要素、加工法**」 平成 16 年度から令和 3 年度までに出題された技術項目 (2/5)

技術項目の分類	平成 20 年度	平成 21 年度	平成 22 年度	平成 23 年度
機械設計				
機械材料	鉄鋼材料の疲労強度、表面硬化、熱処理、組織の微細化、残留応力		マルテンサイト変態、加工硬化、塑性変形、変態、結晶構造、熱処理、焼ならし、焼なまし、焼戻し	引張試験片
機械要素	平行キー、ねじ締結	転がり軸受、転動体、玉軸受、ころ軸受、滑り軸受、軸受圧力、pv 値、摩擦係数、軸受特性係数、歯車列（入力軸、出力軸）、歯車の歯数、モジュール、ねじ、有効径、リード、つる巻き線、多条ねじ		
加工法				

5. 「**機械設計、機械材料、機械要素、加工法**」 平成 16 年度から令和 3 年度までに出題された技術項目 (3/5)

技術項目の分類	平成 24 年度	平成 25 年度	平成 26 年度	平成 27 年度
機械設計			強度設計、荷重条件、使用環境	
機械材料			硬さ、延性-ぜい性遷移温度、引張試験、ビッカース試験、破壊靭性試験、シャルビー衝撃試験、クリープ試験	
機械要素				
加工法				

5.「**機械設計、機械材料、機械要素、加工法**」平成 16 年度から令和 3 年度までに出題された技術項目 (4/5)

技術項目の分類	平成 28 年度	平成 29 年度	平成 30 年度
機械設計	強度設計、荷重条件、使用環境		
機械材料		ねじ、有効径、山径、谷径、リード、ピッチ、つる巻き線、ねじれ角	硬さ、延性―ぜい性遷移温度、引張試験、疲労試験、破壊靭性試験、シャルピー衝撃試験、クリープ試験
機械要素			
加工法			

5.「**機械設計、機械材料、機械要素、加工法**」平成 16 年度から令和 3 年度までに出題された技術項目 (5/5)

技術項目の分類	令和元年度（再試験含む）	令和 2 年度	令和 3 年度
機械設計			
機械材料		硬さ、延性−脆性遷移温度、引張試験、疲労試験、クリープ試験、シャルピー衝撃試験、破壊靭性試験	
機械要素			
加工法			

索　引

A4 サイズに拡大コピーしてお使い
ください（本ページのみコピー可）

(フリガナ)		技術部門	部門
氏名			

受 験 番 号

左づめで番号を記入し、マークもすること。

注 意 事 項

1) マークは必ず HB 又は B の鉛筆を使用すること。
2) マークは次のようにすること。
　　良い例（ ◯　→　● ）
　　悪い例（ ●　⊖　◔　⊗　◉ ）
3) 訂正するときは、消しゴムで完全に消すこと。
4) 答案用紙は、汚したり折り曲げたりしないこと。
5) 受験番号欄を正しく記入・マークしていない場合
　は、失格となります。
6) 問III-1〜35の35問題から25問題選択し解答すること。
　26問題以上解答した場合は、失格となります。
7) 解答を2つ以上マークした問題は、採点の対象と
　なりません。

専 門 科 目 解 答 欄

問題番号	解			答	
問Ⅲ－1	①	②	③	④	⑤
問Ⅲ－2	①	②	③	④	⑤
問Ⅲ－3	①	②	③	④	⑤
問Ⅲ－4	①	②	③	④	⑤
問Ⅲ－5	①	②	③	④	⑤
問Ⅲ－6	①	②	③	④	⑤
問Ⅲ－7	①	②	③	④	⑤
問Ⅲ－8	①	②	③	④	⑤
問Ⅲ－9	①	②	③	④	⑤
問Ⅲ－10	①	②	③	④	⑤
問Ⅲ－11	①	②	③	④	⑤
問Ⅲ－12	①	②	③	④	⑤
問Ⅲ－13	①	②	③	④	⑤
問Ⅲ－14	①	②	③	④	⑤
問Ⅲ－15	①	②	③	④	⑤
問Ⅲ－16	①	②	③	④	⑤
問Ⅲ－17	①	②	③	④	⑤
問Ⅲ－18	①	②	③	④	⑤
問Ⅲ－19	①	②	③	④	⑤
問Ⅲ－20	①	②	③	④	⑤

問題番号	解			答	
問Ⅲ－21	①	②	③	④	⑤
問Ⅲ－22	①	②	③	④	⑤
問Ⅲ－23	①	②	③	④	⑤
問Ⅲ－24	①	②	③	④	⑤
問Ⅲ－25	①	②	③	④	⑤
問Ⅲ－26	①	②	③	④	⑤
問Ⅲ－27	①	②	③	④	⑤
問Ⅲ－28	①	②	③	④	⑤
問Ⅲ－29	①	②	③	④	⑤
問Ⅲ－30	①	②	③	④	⑤
問Ⅲ－31	①	②	③	④	⑤
問Ⅲ－32	①	②	③	④	⑤
問Ⅲ－33	①	②	③	④	⑤
問Ⅲ－34	①	②	③	④	⑤
問Ⅲ－35	①	②	③	④	⑤

お わ り に

　JABEE認定校の卒業証書をお持ちでない方々が技術士になるためには、第一歩として技術士第一次試験に合格する必要があります。

　私は、将来に技術士の資格を取得しようと考えている方には、できる限り若いうちに技術士第一次試験を受験するようにお勧めしています。

　その理由は、技術士第一次試験の出題範囲が、理工学系の大学卒業者の基礎知識の程度であるためです。また、大学卒業後は、ほとんどの方が企業の技術者として就職されますが、時間の経過とともに理工学系の基礎知識を忘れることや、業務が多忙で勉強する時間が十分に取れなくなるからです。

　本書は、「はじめに」で述べましたように「技術士第一次試験　機械部門　専門科目　必修テキスト」の実践本として、過去問題を具体的に詳細に解くための解説書です。過去問題で出題された重要と思われる技術項目や繰り返し出題されている問題を厳選して記載しました。

　また、練習問題を解くことにより、理解度のチェックができるように配慮しました。ただし、紙面の制約により説明不足でわからない部分があれば、各科目の教科書を参考にして勉強してください。その後に、再度過去問題や練習問題を解くことにより、理解度がさらに深まるものと考えます。

　最後になりましたが、本書を作成するに際して、筆者の不得意とする部分の執筆に多大な協力をしていただきました、技術士仲間の井土久雄氏（技術士・機械部門）にはこの紙面をお借りして厚く御礼申し上げます。また、執筆の機会を与えていただいた、日刊工業新聞社の鈴木徹氏には大変感謝いたします。

　本書が、これから受験を目指す方々に取って少しでも役に立てば、筆者としてこれ以上の喜びはありません。受験者の皆様が合格して、社会で活躍することを願っています。

　末筆ですが、多くの読者の皆さんの合格を心からお祈り申し上げます。

2022年2月

大 原 良 友

【著者】

大原　良友（おおはら　よしとも）

技術士（総合技術監理部門、機械部門）

大原技術士事務所　代表（元エンジニアリング会社勤務　主席技師長）

所属学会：日本技術士会（CPD認定会員）、日本機械学会

学会・団体の委員活動：（現在活動中のもの）

　　　公益社団法人・日本技術士会：男女共同参画推進委員会・委員

　　　一般社団法人・日本溶接協会：化学機械溶接研究委員会　圧力設備テキスト作成小委員会・副委員長

　　　国土交通省：中央建設工事紛争審査会・特別委員

資格：技術士（総合技術監理部門、機械部門）、米国PM協会・PMP試験合格

著書：『技術士第二次試験「機械部門」対策と問題予想　第4版』、『技術士第二次試験「機械部門」択一式問題150選　第3版』、『技術士第二次試験「機械部門」対策〈解答例＆練習問題〉　第2版』、『技術士第二次試験　「機械部門」要点と〈論文試験〉解答例』、『技術士第二次試験「機械部門」過去問題〈論文試験たっぷり100問〉の要点と万全対策』、『技術士第二次試験「筆記試験」突破講座』（共著）、『技術士第一次試験「機械部門」専門科目受験必修テキスト　第4版』、『建設技術者・機械技術者〈実務〉必携便利帳』（共著）、『トコトンやさしい「圧力容器の本』』（日刊工業新聞社）

取得特許：特許第2885572号「圧力容器」など10数件

受賞：日本機械学会：産業・化学機械と安全部門　部門功績賞（2008年7月）

神奈川県高圧ガス保安協会：感謝状（2019年11月）など数件

技術士第一次試験「機械部門」
合格への厳選 100 問　第 5 版
合否を決める信頼の 1 冊！　　　　　　　　　　　NDC 507.3

2011 年　4 月 20 日　初版 1 刷発行
2012 年　9 月 28 日　初版 3 刷発行
2013 年　5 月 24 日　第 2 版 1 刷発行
2015 年　6 月 26 日　第 2 版 4 刷発行
2016 年　2 月 24 日　第 3 版 1 刷発行
2017 年　5 月 31 日　第 3 版 3 刷発行
2019 年　2 月 20 日　第 4 版 1 刷発行
2021 年　7 月　9 日　第 4 版 4 刷発行
2022 年　5 月 17 日　第 5 版 1 刷発行
2023 年 10 月 13 日　第 5 版 2 刷発行

（定価は、カバーに表示してあります）

　　　ⓒ 著　者　　大　原　良　友
　　　　発行者　　井　水　治　博
　　　　発行所　　日 刊 工 業 新 聞 社
　　　　　　　東京都中央区日本橋小網町 14-1
　　　　　　　（郵便番号 103-8548）
　　　電話　書籍編集部　03-5644-7490
　　　　　　　販売・管理部　03-5644-7403
　　　　　　　　　　　　FAX　03-5644-7400
　　　　　　　振替口座　00190-2-186076
　　　　　　　URL　https://pub.nikkan.co.jp/
　　　　　　　e-mail　info_shuppan@nikkan.tech

　　　　印刷・製本　新日本印刷（POD1）
　　　　組　　版　メディアクロス

落丁・乱丁本はお取り替えいたします。　　　2022 Printed in Japan

ISBN 978-4-526-08211-5 C3053